建筑节能技术与实践丛书

Building Energy Efficiency Technology and Application

江 亿 主编

温湿度独立控制空调系统
Temperature and Humidity Independent Control Air-conditioning System

刘晓华 江 亿 等著

中国建筑工业出版社

图书在版编目（CIP）数据

温湿度独立控制空调系统/刘晓华，江亿等著. —北京：中国建筑工业出版社，2005
（建筑节能技术与实践丛书）
ISBN 7-112-07840-7

Ⅰ.温... Ⅱ.①刘...②江... Ⅲ.①建筑—温度—空气调节系统：控制系统②建筑—湿度—空气调节系统：控制系统 Ⅳ.TU831.3

中国版本图书馆 CIP 数据核字（2005）第 128040 号

建筑节能技术与实践丛书
Building Energy Efficiency Technology and Application
江 亿 主编

温湿度独立控制空调系统
Temperature and Humidity Independent Control
Air-conditioning System
刘晓华 江 亿 等著

*

中国建筑工业出版社出版、发行（北京西郊百万庄）
新 华 书 店 经 销
北京嘉泰利德公司制版
北京建筑工业印刷厂印刷

*

开本：787×1092毫米 1/16 印张：24$\frac{1}{4}$ 字数：430千字
2006年1月第一版 2006年6月第二次印刷
印数：3,001—5,000 定价：**62.00** 元
ISBN 7-112-07840-7
(13794)

版权所有 翻印必究
如有印装质量问题，可寄本社退换
（邮政编码 100037）
本社网址：http://www.cabp.com.cn
网上书店：http://www.china-building.com.cn

内容提要

空调是建筑能耗的主要部分。温湿度独立控制空调系统应该是降低能耗，改善室内环境，与能源结构匹配的有效途径。本书共分八章，对温湿度独立控制系统进行了全面的阐述，主要内容包括：对温湿度环境控制的本质的认识，温湿度独立控制系统的设想，液体吸湿剂的空气全热回收装置和新风处理装置，间接蒸发冷却装置及温湿度独立控制系统工程实例分析等。

* * *

责任编辑：姚荣华　田启铭　石枫华

责任设计：赵　力

责任校对：刘　梅　王金珠

建筑节能技术与实践丛书
编委会

主 编　江　亿

编 委　朱颖心　张寅平　付　林　田贯三
　　　　薛志峰　林波荣　刘晓华　燕　达

总 序

能源是中国崛起的动力。要贯彻十六大报告里全面建设小康社会的历史任务、保证中国经济 2020 年比 2000 年翻一番，就不得不先解决能源问题。不容置疑的是，中国能源发展正面临着越来越严峻的挑战，能源供不应求和末端低效利用的矛盾越来越突出。而长期以来受"先生产、后生活"的计划经济思想影响，我国政府一直偏重于工业节能，而忽略了建筑节能。据统计，到 2000 年底，能够达到建筑节能设计标准的建筑累计仅占全部城乡建筑总面积的 0.5%，占城市既有供暖居住建筑面积的 9%，绝大部分新建建筑仍是高能耗建筑。

需要注意的是，伴随着我国城市化的飞速发展，建筑能耗所占社会商品能源总消费量的比例也持续增加，对国民经济发展和人民的正常工作生活的影响日益突出。例如，我国空调高峰负荷已经超过 4500 万 kW，相当于 2.5 倍三峡电站满负荷出力。由于这期间工业结构调整导致电力消费持续下降，空调负荷的增加才没有使得电力供应不足的问题过于凸现。然而，随着工业结构调整的完成和经济的继续增长，工业生产能耗的降低将难以补足建筑能耗的飞速增加，建筑能耗增加导致能源短缺的问题将更加突出。据统计，目前建筑能耗所占社会商品能源总消费量的比例已从 1978 年的 10% 上升到 25% 左右。而根据发达国家经验，随着我国城市化进程的不断推进和人民生活水平不断提高，建筑能耗的比例将继续增加，并最终达到 35% 左右。因此，建筑将超越工业、交通等其他行业而最终成为能耗的首位，建筑节能将成为提高全社会能源使用效率的首要方面。

建筑节能的经济效益和社会效益无疑是十分重大的，然而长期以来单纯依靠建筑节能设计标准中强制性条文实施却难以得到推动，这既有政策法规的原因，也与缺乏深入地开展科学建筑规划与设计、加快节能新技术的开发及应用有关。

20世纪90年代以来，清华大学建筑技术科学系在优化建筑规划设计（从小区微气候模拟预测优化到建筑单体节能模拟设计优化）、加强新型建筑围护结构材料和部品的应用与开发、高效通风与排风热回收装置、热泵技术、降低输配系统能耗、新型空调供暖方式开发（如湿度温度独立控制系统）、区域供热与能源规划研究、建筑式热电冷三联供系统研究等领域开展了全面的科研和实践工作，并得到了国家自然基金委、科技部、建设部、北京市科委、北京市政管委、北京市发改委等各级部门的大力支持，完成了大量理论成果和应用成果。本系列丛书即是这些成果的纪录。

清华大学近年来承担的与建筑节能相关的大型项目

项目名称	项目来源	期限
住区微气候的物理问题研究	自然科学基金委重点项目	1999~2004
与城市能源结构调整相适应的采暖方式综合比较	建设部	2001~2003
北京市采暖方式研究	北京市政府科技顾问团项目	2002~2004
新建建筑能耗评估体系与超低能耗示范建筑的建立与实践研究	北京市科委	2002~2004
区域性天然气热电冷联供系统应用研究与示范	北京市科委	2002~2004
绿色奥运建筑评估体系及奥运园区能源系统综合评价分析	北京市科委	2002~2003
奥运绿色建筑标准研究	科技部奥运十大科技专项之一	2002~2003
SARS在空气中的传播规律	自然科学基金委	2003~2003
湿空气处理过程的热力学分析及应用	自然科学基金委	2003~2005
溶液除湿空调系统应用研究与示范	北京市科委	2003~2004

续表

项目名称	项目来源	期限
天然气末端应用方式研究	中国工程院咨询项目	2004~2005
降低建筑物能耗的综合关键技术研究	科技部"十五"科技攻关项目	2004~2006

  建筑节能是一个系统的工程，应该立足于我国不同建筑的用能特点和建筑的全生命周期过程，在规划、设计、运行等各个阶段通过技术集成化的解决手段，降低建筑能源需求、优化供能系统设计、开发新型能源系统方式、提高运行效率。基于此，本丛书对相应的技术方法、要点进行了系统全面地阐述。其中既包括前沿基础技术研究成果的综述与探讨，也提供了工程应用背景强的技术成果总结；既突出了先进技术研究在建筑节能中的指引作用，也注重对一些经验性成果进行总结和罗列来直接指导工程设计。特别地，还通过"清华大学超低能耗楼"这一集成平台，把各种技术的集成应用给予了示范。

  本套丛书能顺利出版，得到了中国建筑工业出版社张惠珍副总编和姚荣华、田启铭、石枫华编辑的大力支持，在此表示深深的谢意。

  衷心希望本丛书的出版能对我国建筑节能工作的全面开展有所助益。

江 亿
2005 年 3 月

前　言

室内的温度、湿度控制是空调系统的主要任务。目前，常见的空调系统都是通过向室内送入经过处理的空气，依靠与室内的空气交换完成温湿度控制任务。然而单一参数的送风很难实现温湿度双参数的控制目标，这就往往导致温度、湿度不能同时满足要求。由于温湿度调节处理的特点不同，同时对这二者进行处理，也往往造成一些不必要的能量消耗。温湿度控制的本质是什么？完成这一控制任务热力学意义上需要的最小做功是多少？从热力学意义上看现行的空调方式的效率如何？什么样的空调系统构成才可能最好地接近热力学最小功方式？25 年前我在清华大学做研究生时，在彦启森教授的指导下，就多次与当时也做研究生的何鲁敏（亚都加湿器的开创者）探讨这一系列的问题，但一直不得要领。多少年来为其所惑，成为经常思考的问题之一。10 年后何鲁敏开始了加湿器的研究，20 年后我和我的几位学生也沉浸于新的除湿方法研究中。与通常的热系统相比，空气调节的特殊性就在于其过程中同时存在湿度的变化。以湿度为突破口，换一个角度重新考察建筑环境控制和空调过程控制问题，就会得到全新的认识。

25 年前，针对我们当时热衷于基于传热学开展对建筑环境控制系统的研究，我的硕士生导师王兆霖教授曾对我说，如果你们能从热力学方面也作这样研究，意义就不一样了。这句话 25 年来在我头脑里回味过无数次。开始根本就不得其要领，近年来，不断重读热力学的原著，理解热力学基本原理，尝试着按照热力学的方法，建立室内热湿环境控制的热力学分析框架，并尝试着由此出发，具体分析解决一些实际工程问题，慢慢尝到了甜头。热力学可以帮助我们从错综复杂的事物中抓到其本质，从而从整体上、从宏观上把握研究对象。目前的工作仅是在此方向上的初步尝试，然而大门似乎已敲开，大量的宝藏正等待挖掘和收获。

1995 年，美国 UTRC（美国联合技术公司研发中心）的 James Frihaut 博士来访，与我们探讨"humidity independent control"（湿度独立控制）的想法，并委托我们研究利用一种高分子透湿膜除湿的可行性。这开始了我们持续至今的独立除湿研究。感谢美国 UTRC 融洪研究基金，清华大学基础研究基金，国家自然科学基金以及北京市科委的科研经费的大力支持，使这一研究得以持续，并产生理论和应用的丰硕结果。

承担这一持续研究的是清华大学建筑技术科学系的"除湿小组"。陆续参加其中工作的有：张寅平教授、张立志博士［他们的成果已在张立志编著的"除湿技术"（化学工业出版社，2004）中全面反映］、袁卫星博士、李震博士、刘晓华博士研究生、陈晓阳硕士、曲凯阳博士、谢晓云博士研究生、刘拴强博士研究生、张伟荣硕士研究生、李海翔硕士研究生和一些陆续加入该组的新同学。相关工作还得到清华大学建筑技术科学系的其他教师和研究生的大力支持与协助，并有绍兴吉利尔公司袁一军等热衷于湿度控制的许多人士的参与和支持。"除湿小组"形成的良好的学术研究环境是这一工作能持续进展，不断有新的成果出现，不断培养出新的研究人才的基础。

从 1996 年起开始基本理论的探讨，并走了很大的弯路后，10 年来主要取得的进展如下：

- 湿空气㶲分析方法，尤其是零㶲点的确定方法（见附录 D）。这奠定了湿空气热力学的基础，澄清了我们多年不清楚的问题。

- 对温湿度环境控制的本质的认识（见第 2 章）。得到排出余热余湿所需要的最小功，接近最小功的可能途径等。这为评价各种空调方式，探寻新的可能的空调方式奠定了基础。

- 温湿度独立控制系统的设想（见第 2 章）。提出用干燥新风通过变风量方式调节室内湿度，用高温冷水通过独立的末端（辐射或对流）调节室内温度的方案。这可能是近百年来延续至今的空调方式在整体思路上的突破。

- 研制出基于液体吸湿剂的空气全热回收装置和新风处理装置（第 5、6 章）。使空气可以等温地减湿，加湿；使同一装置可对空气进行热回收，减湿，加湿，调温等各种处理，它成为实现温度湿度独立控制的关键设备。

- 研制出新的间接蒸发冷却装置（第 7 章）。不通过制冷装置，在湿球温度 22°C 的新疆石河子通过间接蒸发冷却，制备出 17°C 的冷水。用工程实例证实㶲分析方法的有效性。

2003 年 SARS 猖獗，适逢我们在溶液除湿研究上有所突破。为使当时非典重灾区北京人民医院急诊病房能安全的再度开业，在绍兴吉利尔公司，清华同方人工环境设备公司的支持下，我们日夜奋战，一周内研制出集热泵、溶液全热回收和溶液除湿技术于一体的新风处理机（见第 6 章），其性能完全达到预测值。这是"除湿小组"完成的第一台采用液体除湿技术的整机，也是由于抗击"非典"的形势所迫而逼出来的。如果说"非典"给我们什么收益的话，这可能也是其中的一项。

感谢北京市科委的大力支持和北京市热力集团的大力协助，我们在北京双榆树供热厂 2000m² 办公楼建成了第一个完整意义上的"温湿度独立控制"系统。这一系统两年来运行良好，室内环境舒适宜人。陈晓阳硕士和马学桃师傅承担了全部的设计、施工、调试和运行工作，从工程全过程全面实践了"温湿度独立控制系统"。

感谢新疆绿色使者公司于向阳先生敢于第一个"吃螃蟹"的精神，投资建造了第一个间接蒸发冷却式冷水机组，并建成基于这样冷源的温度湿度独立控制空调。目前这一系统良好运行，这为新疆这类干燥炎热地区的环境控制问题给出一条能够大幅度节能的新途径。

本书是"除湿小组"近年部分成果的总结，也是近年来我们对室内热湿环境控制的理解的初步总结。我提出全书的写作方案，各章的完成者分别为：

第1章　刘晓华、江　亿

第2章　江　亿、刘晓华、魏庆芃、李　震

第3章　魏庆芃、赵　彬、欧阳沁、刘晓华

第4章　刘晓华、张伟荣

第5章　江　亿、刘晓华、李　震

第6章　陈晓阳、刘晓华、李　震、江　亿

第7章　石文星、刘晓华、谢晓云、谢晓娜

第8章　刘晓华、陈晓阳、刘拴强、谢晓云、张永宁、江　亿

本书的许多提法和结论是基于我们的初步研究结果第一次尝试性提出，很可能有很多不妥之处。衷心希望各界同仁能批评指正，提出更好的建议，共同推进温湿度独立控制系统的发展。当前，建筑节能正在被全社会广泛重视。空调是建筑能耗的主要部分。温湿度独立控制系统应该是降低能耗，改善室内环境，与能源结构匹配的有效途径。希望这种方式能更快、更广泛的推广开，为建筑节能事业发挥其应有的作用。

江　亿

于清华园

2005 年 7 月 31 日

目 录

第 1 章　目前空调系统形式及其特点　　1
　1.1　目前室内环境的处理方法　　1
　　1.1.1　现有空调系统的处理方式　　1
　　1.1.2　室内温湿度环境的控制策略　　2
　　1.1.3　典型的空气处理过程　　2
　1.2　现有空调系统存在的问题　　3
　　1.2.1　温湿度联合处理的损失　　3
　　1.2.2　难以适应温湿度比的变化　　4
　　1.2.3　对环境及室内空气品质的影响　　5
　　1.2.4　能源供给与品位问题　　6
　　1.2.5　室内末端装置　　8
　　1.2.6　输送能耗　　8
　1.3　对新空调方式的要求　　10

第 2 章　室内环境控制策略　　13
　2.1　室内环境控制系统的任务　　13
　2.2　排除余热的方法　　15
　　2.2.1　余热的来源与特点　　15
　　2.2.2　排除余热的思路　　17
　　2.2.3　排除余热的理想效率　　18
　　2.2.4　实际空调系统排热效率分析　　20
　2.3　排除余湿的方法　　23
　　2.3.1　余湿的来源与特点　　23
　　2.3.2　理想除湿理论效率　　27
　　2.3.3　实际除湿装置的效率分析　　32

2.4 排除 CO_2 与异味的方法   34
 2.4.1 CO_2 和异味的来源   34
 2.4.2   所需的新风量要求   35
2.5 温湿度独立控制的核心思想与基本形式   36
 2.5.1   去除余湿与 CO_2 要求新风量的一致性   36
 2.5.2   温湿度独立控制系统与组成形式   39
2.6 温湿度独立控制系统要求的装置和需要解决的问题   40
 2.6.1   余热消除末端装置   40
 2.6.2   送风末端装置   41
 2.6.3   高温冷源   41
 2.6.4   新风处理方式   42

第3章 末端装置   43

3.1 余热去除末端装置 I——辐射板   43
 3.1.1   辐射末端装置的特点   43
 3.1.2   辐射末端装置的结构形式   45
 3.1.3   辐射冷却方式下室内余热排出过程   49
 3.1.4   室内长波辐射场原理及应用   54
3.2 余热去除末端装置 II——干式风机盘管   76
 3.2.1   干式风机盘管的结构与特点   76
 3.2.2   传热能力计算   80
3.3 送风末端装置 I——置换通风   83
 3.3.1   技术原理和特点   83
 3.3.2   基于温湿度独立控制的置换通风系统设计   87
3.4 送风末端装置 II——个性化送风   97
 3.4.1   工作原理与末端装置   97
 3.4.2   基于温湿度独立控制的个体化送风系统设计   100

第4章 盐溶液处理空气的基本原理   109

4.1 盐溶液的吸湿性能   109
 4.1.1   用于除湿系统的盐溶液期望的性质   109
 4.1.2   常用溶液除湿剂的性质   112
4.2 典型的除湿—再生过程分析   114
 4.2.1   除湿—再生基本循环   114
 4.2.2   影响除湿/再生效果的主要因素   116

4.3	与其他除湿方式的比较	121
	4.3.1 其他除湿方式	122
	4.3.2 溶液除湿与其他除湿方式的比较	124
4.4	溶液除湿空调系统的蓄能能力	126
	4.4.1 蓄能的相关研究	126
	4.4.2 蓄能能力的计算	127
4.5	对室内空气品质的作用	128
	4.5.1 过滤除尘作用	128
	4.5.2 去除空气中的污染物	129
	4.5.3 溶液带液问题检测	130
4.6	以前的工程应用及存在的问题	131

第5章 盐溶液处理空气的基本模块与装置　　135

5.1	可调温的单元喷淋模块	135
	5.1.1 理想可逆过程的实现条件	135
	5.1.2 可调温的单元喷淋模块	141
	5.1.3 多个单元模块的串联处理过程	143
5.2	溶液为媒介的全热回收装置	145
	5.2.1 现有全热回收装置及存在的问题	145
	5.2.2 单级溶液式全热回收装置	146
	5.2.3 多级溶液式全热回收装置	150

第6章 基于盐溶液除湿系统的新风处理方式　　155

6.1	各种利用溶液为媒介的新风处理流程	155
	6.1.1 统一提供浓溶液方式	155
	6.1.2 独立的带有热泵的新风机组	159
6.2	热泵驱动的溶液热回收型新风机组	160
	6.2.1 工作原理	160
	6.2.2 冬夏性能测试	162
	6.2.3 全年性能分析	165
6.3	热水驱动的溶液热回收型新风机组（形式Ⅰ）	166
	6.3.1 工作原理	166
	6.3.2 夏季性能测试与分析	169
	6.3.3 冬季性能测试与分析	172
6.4	热水驱动的溶液热回收型新风机组（形式Ⅱ）	173

   6.4.1 工作原理 174
   6.4.2 夏季性能分析 175
   6.4.3 冬季性能分析 178
  6.5 溶液式新风机的优势与特点 179
   6.5.1 对能源系统的影响 179
   6.5.2 对室内空气品质的影响 181

第7章 高温冷水的制备 185
  7.1 土壤源换热器 185
   7.1.1 工作原理与分类 185
   7.1.2 国内外研究现状 190
   7.1.3 性能的影响因素 191
  7.2 深井回灌 197
   7.2.1 工作原理与分类 197
   7.2.2 国内外研究现状 200
   7.2.3 性能的影响因素与注意的问题 202
  7.3 间接蒸发冷却制备冷水 204
   7.3.1 工作原理 204
   7.3.2 性能分析 205
   7.3.3 间接蒸发冷却供冷装置的应用分析 209
  7.4 人工冷源 210
   7.4.1 高温冷水机组节能的基本原理 211
   7.4.2 高温冷水机组的系统形式及其性能改善措施 212
   7.4.3 高温冷水机组的开发案例 226
   7.4.4 全年运行的冷热水机组 230

第8章 温湿度独立控制系统工程案例分析 235
  8.1 城市热网驱动的温湿度独立控制空调系统 236
   8.1.1 示范建筑与系统设计 236
   8.1.2 系统运行调节 243
   8.1.3 系统的性能测试 246
   8.1.4 小结 251
  8.2 热泵驱动的温湿度独立控制空调系统 252
   8.2.1 示范工程与系统设计介绍 252
   8.2.2 新风处理装置和室内送风末端装置 256

	8.2.3	热泵和余热去除末端装置	256
	8.2.4	系统运行分析	258
8.3	楼宇热电联产系统驱动的温湿度独立控制空调系统		266
	8.3.1	示范建筑的热电冷负荷分析	267
	8.3.2	复合系统的构成	269
	8.3.3	复合系统的运行模式	271
	8.3.4	经济性分析	278
	8.3.5	小结	279
8.4	土壤源换热器与溶液除湿系统结合的温湿度独立控制系统		280
	8.4.1	建筑概况及空调设计方案	280
	8.4.2	地下热平衡校核	283
	8.4.3	新风系统与末端装置	286
	8.4.4	小结	287
8.5	间接蒸发冷却制冷的温湿度独立控制系统		288
	8.5.1	建筑概况及空调设计方案	289
	8.5.2	负荷计算方法	289
	8.5.3	冷源及冷水流程设计	291
	8.5.4	余热去除末端	292
	8.5.5	新疆其他地区、不同建筑温湿度独立控制系统设计	292

附录 A 角系数的求解   297
  A.1　室内设备、人员等热源与围护结构之间的角系数求解   297
  A.2　室内设备、人员等热源之间的角系数求解   311

附录 B 吸湿盐溶液物性   321
  B.1　溴化锂溶液   321
  B.2　氯化锂溶液   323
  B.3　氯化钙溶液   328

附录 C 除湿/再生单元模块性能测试   335
  C.1　单元模块的构成   335
  C.2　热质交换性能的测试   336
  C.3　流体力学性能的测试   342

附录 D　湿空气处理过程的㶲分析　345
　　D.1　湿空气的零㶲点　346
　　D.2　㶲分析方法的应用　351

参考文献　359

第1章 目前空调系统形式及其特点

1.1 目前室内环境的处理方法

1.1.1 现有空调系统的处理方式

对于空调系统，按照承担室内热湿负荷所用介质的不同，可以分为全空气系统、空气—水系统、全水系统和制冷剂直接蒸发系统。其中，全水系统是指不向房间供给新风的风机盘管空调系统，全部负荷均由风机盘管承担，卫生条件较差。制冷剂直接蒸发系统是指自带冷源的窗体空调器、分体空调器和柜式空调器等，统称为房间空调器。以下介绍常用的全空气系统和空气—水系统。

全空气系统：利用空气作为承担室内负荷的介质，即将经过处理的空气送入空调房间内。在夏季，同时消除室内的余热余湿后，使室内的温湿度保持在一定范围内；在冬季，在消除室内余湿的同时，向室内补充热量。由于空气的比热容较小，为消除余热、余湿所需的送风量大，风道的断面尺寸大，需要占有较多的建筑空间。

空气—水系统：同时利用空气和水作为承担室内负荷的介质，即利用空气、水向室内输送冷量或热量，如风机盘管加新风系统等。风机盘管设在空调房间内就地处理空气。夏季供给风机盘管冷媒水，对空气进行降温除湿处理，向房间送冷风；冬季供给风机盘管热媒水，对室内空气进行加热处理，向房间送热风。风机盘管所需的冷媒水和热媒水是集中供应的。向房间送入新风是为了稀释室内污染物、满足人员新风需求。由于新风仅承担部分负荷，因此风量远小于全空气系统，新风风道的断面尺寸较小。

1.1.2 室内温湿度环境的控制策略

现有的空调系统，普遍采用温湿度耦合的控制方法。夏季，采用冷凝除湿方式（采用7℃的冷冻水）实现对空气的降温与除湿处理，同时去除建筑的显热负荷与潜热负荷。经过冷凝除湿处理后，空气的湿度（含湿量）虽然满足要求，但温度过低，在有些情况下还需要再热才能满足送风温湿度的要求。

但在实际舒适性空调系统中，通常不采用再热方法，而是直接将冷凝除湿后的空气送入空调房间，即房间的温湿度仅是由冷凝除湿方式进行处理。送风参数的控制采用温度控制为主，即通过调节送风量与送风参数，以满足室内的温度要求。以下给出了几种典型的空气处理过程。

1.1.3 典型的空气处理过程

在常规空调系统中，利用制冷机制备出7℃冷冻水，用于去除建筑所有的潜热负荷与显热负荷。制冷机可以为电驱动，如活塞式、螺杆式、离心式制冷机等；也可采用热能驱动，如吸收式制冷机等。

对于一次回风的全空气系统，典型的空气处理过程见图1-1。室外新风W和室内回风N混合到C状态点，经过冷凝除湿后到达L点，L点也称为机器露点，其相对湿度一般在90%~95%之间，再从L点加热到O点，然后送入空调房间。

对于风机盘管加新风的半集中式空调系统，典型的空气处理过程见图1-2，新风被处理到室内含湿量值。当前国内常用的形式是风机盘管和新风机组采用同一温度的冷源（7℃冷冻水），

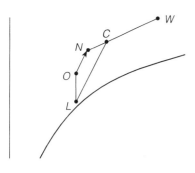

图1-1 一次回风的全空气系统的空气处理过程

运行简单。新风机组承担新风负荷（包括显热与潜热）和部分室内显热负荷，风机盘管承担室内的潜热负荷和部分显热负荷（从室内 N 点处理到 L' 点）。

1.2 现有空调系统存在的问题

1.2.1 温湿度联合处理的损失

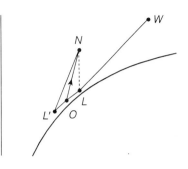

图 1-2 风机盘管加新风系统的空气处理过程

从热舒适与健康出发，要求对室内温湿度进行全面控制。夏季人体舒适区为 25℃，相对湿度 60%，此时露点温度为 16.6℃。空调排热排湿的任务可以看成是从 25℃ 环境中向外界抽取热量，在 16.6℃ 的露点温度的环境下向外界抽取水分。目前空调方式的排热排湿都是通过空气冷却器对空气进行冷却和冷凝除湿，再将冷却干燥的空气送入室内，实现排热排湿的目的。

如果空调送风仅需满足室内排热的要求，则冷源的温度低于室内空气的干球温度（25℃）即可，考虑传热温差与介质的输送温差，冷源的温度只需要 15~18℃。如果空调送风需满足室内排湿的要求，由于采用冷凝除湿方法，冷源的温度需要低于室内空气的露点温度（16.6℃），考虑 5℃ 传热温差和 5℃ 介质输送温差，实现 16.6℃ 的露点温度需要 6.6℃ 的冷源温度，这是现有空调系统采用 5~7℃ 的冷冻水、房间空调器中直接蒸发器的冷媒蒸发温度也多在 5℃ 的原因。

在空调系统中，显热负荷（排热）约占总负荷的 50%~70%，而潜热负荷（排湿）约占总负荷的 30%~50%。占总负荷一半以上的显热负荷部分，本可以采用高温冷源排走的热量，却与除湿一起共用 5~7℃ 的低温冷源进行处理，造成能量利用品位上的浪费。而且，经过冷凝除湿后的空气，虽然湿度（含湿量）满足要求，但有些场合温度过低（此时相对湿度约为 90%），只好对空气进行再热处理，使之达到送风温度的要求。这就造成了能源的进一步浪费与损失。

1.2.2 难以适应温湿度比的变化

建筑的显热负荷与潜热负荷的影响因素见图1-3。显热负荷由围护结构传热、太阳辐射、室内人员、设备发热量等组成。潜热负荷由室内人员散湿、敞开水面散湿、植物蒸发散湿等构成。

图1-3 显热负荷与潜热负荷

通过冷凝方式对空气进行冷却和除湿,其吸收的显热与潜热比只能在一定的范围内变化,图1-4中N、B、W围成的三角形区域(其中室内空气的状态点为N,对应的露点为B,冷水的状态点为W)。而建筑物实际需要的热湿比却在较大的范围内变化。一般室内的湿产生于人体,当居住人数不变时,产生的潜热量不变。但显热却随气候、室内设备状况等的不同发生大幅度的变化。而另一些场合,室内人数有可能有大范围变化,但很难与显热量的变化成正比。这种变化的显热与潜热比与冷凝除湿的空气处理方式的基本固定的显热潜热比也构成不匹配问题。对这种情况,一般是牺牲对湿度的控制,通过仅满足室内温度的要求来妥协。这就造成室内相对湿度过高或过低的现象。过高的结果是不舒适,进而降低室温设定值,通过降低室温来改善热舒适,造成能耗不必要的增加(由于室内外温差加大而加大了通过围护结构的传热和处理新风的能量);相对湿度过低也将导致由于与室外的焓差增加使处理室外新风的能耗增加。在一些情况下为协调温湿度矛盾,还需要对降温除湿后的空气再进行加热,这更造成不必要的能源消耗。冷凝除湿的本质就是靠降温使空气冷却到露点以下而实现除湿,因此降温与除湿必然同时进行,很难随意改变二者之比。这样,要解决空气

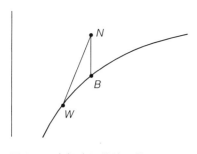

图1-4 冷凝除湿的处理范围

处理的显热与潜热比与室内热湿负荷相匹配的问题，就必须寻找新的除湿方法。

1.2.3 对环境及室内空气品质的影响

20 世纪 90 年代以来是制冷空调业迅速发展的时期，空调在改善人民生活质量和提高生产效率的同时，也带来了诸多问题，目前人类正面临着越来越紧张的能源与环境的双重危机。压缩式制冷中制冷剂 CFCs 或 HCFCs 的大量排放，对大气臭氧层造成很大破坏，近年来青藏高原上空的臭氧低谷现象已引起世界的关注，国际专家警告，如果任其发展下去，世界屋脊上空将继南北两极之后，出现世界第三个臭氧空洞，将给人类带来极大的危害。世界各国迅速采取行动，先后签署了《饱和臭氧层维也纳公约》、《关于消耗臭氧层物质的蒙特利尔协议书》等。我国也制定了对氟利昂禁止使用的最晚日程表。解决问题的方案之一就是开发新的无污染的制冷剂，研制氟利昂的替代产品。发明了氟利昂的杜邦公司率先研制出了其替代产品 SUVA 新型制冷剂，它对臭氧的破坏可比氟利昂减少 98%；目前，虽然已有合成产品 HFC-R134a 制冷剂代替氟利昂，但会产生温室气体，大量使用后将使全球气候变暖。

随着空调的广泛使用，相应而来的室内健康问题也越来越引起关注。尤其是经过 SARS 危机，人们普遍关心的问题是：空调是否会引起居住者的健康问题？健康问题主要由霉菌、粉尘和室内散发的 VOC（可挥发有机物）造成。大多数空调依靠空气通过冷表面对空气进行降温除湿。这就导致冷表面成为潮湿表面甚至产生积水。空调停机后这样的潮湿表面就成为霉菌繁殖的最好场所。空调系统繁殖和传播霉菌成为空调可能引起健康问题的主要原因。而空调的任务就是降温减湿，必须对空气除湿。冷凝除湿的方法不可避免出现潮湿表面。用哪种替代方式实现空气除湿而不出现潮湿表面，成为无霉菌的健康空调的主要问题。

由于大气污染，从室外引入室内的空气需要过滤除尘。目前我国大多数城市的主要污染物仍是可吸入颗粒物，因此有效过滤空调系统引入的室外空气是维持室内健康环境的重要问题。然而过滤器内必然是粉尘聚集处。如果再漂溅过一些冷凝水，则也成为各种微生物繁殖的最好场所。频繁清洗过滤器既不现实，也不是根本的解决方案。过滤器的表面处理面积比较大，处理粉尘过程中释放各种 VOC、臭氧等，将严重影响室内空气品质 (Fanger, 2004)。

排除室内装修与家具产生的 VOC、排除人体散发的异味、降低室内 CO_2 浓度，最有效的措施是加大室内通风换气量。这里所谓的通风换气都是指引入室外空气、排除室内空气，实现有效的室内外空气交换。然而大量引入室外空气就需要消耗大量冷量（在冬季为热量）去对室外空气降温除湿（冬季为加热）。当建筑物围护结构性能较好，室内发热量不大时，处理室外空气需要的冷量可达总冷量的一半或一半以上。要进一步加大室外新风量，就往往意味着加大空调能耗。近 30 年来，国内外的空调标准在人均室外空气供给量上一直上下反复，例如美国标准从人均 $25m^3/h$ 到能源危机后的 $10m^3/h$ 又重新上升至目前的 $30m^3/h$，而丹麦由于室外无高热高湿气候，其空调的室外新风标准则为 $90m^3/(h \cdot 人)$。怎样能够加大室外新风量而又不增加空调处理能耗？这又是目前空调面对的严峻问题。

1.2.4 能源供给与品位问题

伴随着我国城市化的飞速发展，建筑能耗所占社会商品能源总消费量的比例也持续增加，对国民经济发展和人民的正常工作生活的影响日益突出。我国建筑能耗所占社会商品能源总消费量逐年呈不断增长趋势，2001 年建筑能耗已经占全国能源消费总量的 27.5%。建筑能耗中，暖通空调设备的能耗占有不容忽视的位置。

常规空调系统的耗电量很大，据北京市电力局统计，2003 年夏季北京市空调用电占总负荷的比例达到 41%，很多地区在夏季空调负荷期间出现电力负荷的高峰期，我国电力系统峰谷差不断拉大，电网的安全运行受到威胁。随着能源问题的日益严重，以低品位热能作为夏季空调动力成为迫切需要。目前北方地区大量的热电联产集中供热系统在夏季由于无热负荷而无法运行，使得电力负荷出现高峰的夏季热电联产发电设施反而停机，或者按纯发电模式低效运行。如果可以利用这部分热量驱动空调，既省下空调电耗，又可使热电联产电厂正常运行，增加发电能力。这样既可减缓夏季供电压力，又能提高能源利用率，是热电联产系统继续发展的关键。采用吸收式制冷，是解决途径之一。但存在如下几个问题：①热电联产长途输送热量的媒介是热水，用热水为动力的吸收式制冷机能源利用率很低，COP通常不超过0.7；②供热网要求热负荷基本稳定，但建筑负荷随时间变化很大，再加上吸收机无蓄能功能，就难以满足供热网的要求，使得供热网难以正常运行；③空调尖峰冷负荷往往又远高于供热尖峰热负荷，这使得空调瞬态耗热量和需要的热水循环量远高于供热，从而又带来热水输配系统的运行调节问题。

目前全球供电系统陆续出现的事故使我们更重视供电安全性。在建筑物内设置燃气发动机，带动发电机发电承担建筑的部分用电负荷，同时利用发动机的余热解决建筑的供热、供冷问题（BCHP：Building Combined Heat & Power generation）将是今后建筑物能源系统的最佳解决方案之一。此种方式目前需解决的问题之一是怎样用余热制冷或直接解决空气的冷却去湿，采用吸收式制冷有时并非最佳方案。优化BCHP的一个重要课题是使热电冷负荷的彼此匹配。当建筑物电力负荷出现高峰而无相应的热负荷或冷负荷时，发动机由于排热量无法充分利用而不能充分投入运行满足电负荷要求。当建筑物出现电力负荷低谷而热负荷或冷负荷高峰时，如果不能发电上网，发动机也由于电力无处使用而不能充分投入来满足热量的需求。其结果就导致BCHP仅能承担电负荷与热负荷相重合的这一小部分负荷。采用能量蓄存装置储存暂时多出的能量，就会大大缓解这一矛盾。但是怎样才能实现最高体积利用率的储存能量是一个非常关键的问题。冰蓄冷方式被认为是在建筑物内最有效的蓄能方式，并广泛使用。可是利用BCHP系统的余热制冰就难以采用目前普遍的吸收式制冷方式。制冰温度远低于空调温度，也使总的能源利用率降低。

1.2.5 室内末端装置

为排除足够的余热余湿同时又不使送风温度过低，就要求有较大的循环通风量。例如每平方米建筑面积如果有 80W/m² 显热需要排除，房间设定温度为25℃，当送风温度为15℃时，所要求循环风量为 $24m^3/(h \cdot m^2)$，这就往往造成室内很大的空气流动，使居住者产生不适的吹风感。为减少这种吹风感，就要通过改进送风口的位置和形式来改善室内气流组织。这往往要在室内布置风道，从而降低室内净高或加大楼层间距。很大的通风量还极容易引起空气噪声，并且很难有效消除。在冬季，为了避免吹风感，即使安装了空调系统，也往往不使用热风，而通过另外的暖气系统通过供暖散热器供热。这样就导致室内重复安装两套环境控制系统，分别供冬夏使用。能否减少室内的循环风量以避免吹风感？能否也采用如同冬季供热方式那样的辐射和自然对流的末端装置实现空调，使冬夏共用一套室内末端装置？随着空调的普及，这一问题不断提出。

对于辐射供冷的末端装置，应用的前提条件之一就是辐射板的表面温度要高于室内空气的露点温度，即需要保证辐射板表面无凝水产生。现有空调系统中，由于采用冷凝除湿方法，冷冻水的供水温度约为7℃，远低于室内空气的露点温度，将其直接通入辐射板，就会造成辐射板表面有凝结水产生。

1.2.6 输送能耗

为了完成室内环境控制的任务就需要有输配系统，带走余热、余湿、CO_2、气味等。在中央空调系统中，风机、水泵消耗了整个空调系统的 40%~70% 的电耗。采用不同的输配方式、不同的输配媒介，输配系统的效率存在着明显的差异。在常规中央空调系统中，多采用全空气系统的形式。所有的冷量全部用空气来传送，导致输配效率很低。

以下给出了分别采用空气和水作为输送媒介在能源利用上的比较情况。当两种输送媒介采用相同的温差、输送同样的冷量时，空气与水的质量流量比为：

$$\frac{m_a}{m_w} = \frac{c_{p,w}}{c_{p,a}} \tag{1-1}$$

式中，m 为流量，kg/s；c_p 为定压比热，kJ/(kg·℃)；下标 a 和 w 分别表示空气和水。空气与水的定压比热分别为 1.01 和 4.18kJ/(kg·℃)，因而循环空气的质量流量是循环水质量流量的 4.1 倍。输送这些空气与水所需的管道截面积之比见式（1-2）。式中，ρ 为密度，kg/m³；A 为截面积，m²；v 为速度，m/s。

$$\frac{A_a}{A_w} = \frac{c_{p,w} \cdot \rho_w \cdot v_w}{c_{p,a} \cdot \rho_a \cdot v_a} \tag{1-2}$$

采用空气作为媒介的输送能耗与水作为媒介的能耗之比为：

$$\frac{W_a}{W_w} = \frac{\rho_w \cdot m_a \cdot \Delta p_a}{\rho_a \cdot m_w \cdot \Delta p_w} = \frac{\rho_w \cdot c_{p,w} \cdot \Delta p_a}{\rho_a \cdot c_{p,a} \cdot \Delta p_w} \tag{1-3}$$

在空调系统中，空气通常同时携带冷量与湿量（即全热），空气的全热变化与显热变化的比值为：

$$\gamma = \frac{\Delta h_a}{c_{p,a} \cdot \Delta t_a} \tag{1-4}$$

因此，考虑空气同时携带冷量与湿量后，式（1-2）和式（1-3）修正后得到：

$$\frac{A_a}{A_w} = \frac{1}{\gamma} \cdot \frac{c_{p,w} \cdot \rho_w \cdot v_w}{c_{p,a} \cdot \rho_a \cdot v_a} \tag{1-5}$$

$$\frac{W_a}{W_w} = \frac{1}{\gamma} \cdot \frac{\rho_w \cdot c_{p,w} \cdot \Delta p_a}{\rho_a \cdot c_{p,a} \cdot \Delta p_w} \tag{1-6}$$

输送管道中，风速约为 3m/s，水流速约为 1m/s，当 $\gamma = 2$ 时，根据式（1-5）可以得到输送相同冷量、采用相同温差情况下，使用空气作为媒介的管道截面积是水作为媒介的近 600 倍。当输送冷量为 5kW，温差为 5℃ 的情况下，需要风道的管径约为 420mm，而水管的管径小于 20mm。

当风路压降为 25mmH$_2$O，水路压降为 10mH$_2$O 时，采用空气作为媒介的输送能源消耗是水作为媒介的 4.3 倍。因而，不论从建筑占用空间，还是从输送能耗的角度，都应该尽可能的以水作为输送冷量的媒介，尽量不使用空气作为输送媒介。

1.3 对新空调方式的要求

综上所述，空调的广泛需求、人居环境健康的需要和能源系统平衡的要求，对目前空调方式提出了挑战。新的空调应该具备的特点为：

- 加大室外新风量，能够通过有效的热回收方式，有效的降低由于新风量增加带来的能耗增大问题；
- 减少室内送风量，部分采用与供暖系统公用的末端方式；
- 取消潮湿表面，采用新的除湿途径；
- 不用空气过滤式过滤器，采用新的空气净化方式；
- 少用电能，以低品位热能为动力；
- 能够实现高体积利用率的高效蓄能；
- 能够实现各种空气处理工况的顺利转换。

从如上要求出发，目前普遍认为温湿度独立控制系统可能是一个有效的解决途径。本书第 2 章将重新认识室内环境控制系统的任务，即在某种舒适性水平上（设定环境参数），排除室内余热、余湿、CO$_2$、室内异味以及其他有害气体。继而逐一介绍实现各种空调任务的方法；并通过定量分析得到排除室内余湿、与排除 CO$_2$ 与臭味的要求一致，可统一采用干燥的新风进行处理。从而提出，用干燥新风解决排除室内余湿、CO$_2$、室内异味等任务，以满足室内湿环境与空气品质的要求；采用其他的独立系统排除室内余热，从而满足室内热（温度）环境的要求；即采用温湿度独立控制系统全面调节室内热湿环境。

本书的框架如图 1-5 所示。

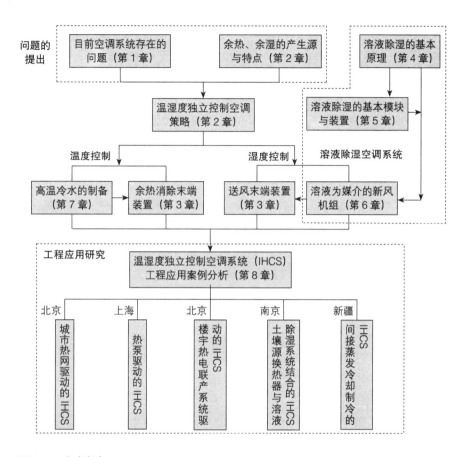

图 1-5 全书框架

第 2 章 室内环境控制策略

2.1 室内环境控制系统的任务

室内环境控制系统的任务是提供舒适、健康的室内环境。舒适、健康的室内环境要求室内温度、湿度、空气流动速度、洁净度和空气品质都控制在一定范围内。

室内的温湿度环境是影响人们热舒适度最为重要的因素,它主要是由室外气候参数,邻室的空气温湿度,以及室内设备、照明、人员等室内热湿源,以及室内空气流动状况所共同作用产生的。除了工业空调外,随着民用建筑内的空调迅速增加,我国对舒适性空调的室内参数做出了具体的规定(GB 50189-93),见表2-1。

空调设计参数　　　　　　　　　表 2-1

		夏季			冬季			新风量 $[m^3/(h·p)]$
		温度 (℃)	相对湿度 (%)	平均风速 (m/s)	温度 (℃)	相对湿度 (%)	平均风速 (m/s)	
客房	一级	24	≤55	≤0.25	24	≥50	≤0.15	≥50
	二级	25	≤60	≤0.25	23	≥40	≤0.15	≥40
	三级	26	≤65	≤0.25	22	≥30	≤0.15	≥30
	四级	27	—	—	21	—	—	—
餐厅 宴会厅 多功能厅	一级	23	≤65	≤0.25	23	≥40	≤0.15	≥30
	二级	24	≤65	≤0.25	22	≥40	≤0.15	≥25
	三级	25	≤65	≤0.25	21	≥40	≤0.15	≥20
	四级	26	—	—	20	—	—	≥15

续表

		夏季			冬季			新风量
		温度(℃)	相对湿度(%)	平均风速(m/s)	温度(℃)	相对湿度(%)	平均风速(m/s)	[m³/(h·p)]
商业、服务	一级	24	≤65	≤0.25	23	≥40	≤0.15	≥20
	二级	25	≤65	≤0.25	21	≥40	≤0.15	≥20
	三级	26	—	≤0.25	20	—	≤0.15	≥10
	四级	27	—	—	20	—	—	≥10
大堂、四季厅	一级	24	≤65	≤0.30	23	≥30	≤0.30	≥10
	二级	25	≤65	≤0.30	21	≥30	≤0.30	≥10
	三级	26	≤65	≤0.30	20	—	≤0.30	—
	四级	—	—	—	—	—	—	—
美容理发室		24	≤60	≤0.15	23	≥50	≤0.15	≥30
康乐设施		24	≤60	≤0.25	20	≥40	≤0.25	≥30

随着物质与文化生活水平的提高，人们对空气的品质也提出了更高的要求。好的室内品质可以为人们提供健康的生活环境，有益于提高学习、工作效率，提高生活的质量。但由于某些因素的影响，住宅室内的环境及室内空气品质并不如人意。热环境的不舒适可以靠人体本身的调节作用去抵御，而对于室内长期低浓度污染，人类机体是没有抵御手段的，甚至对于大部分污染物不具有感受器。人的健康受空气污染物损害往往要比冷热、噪声等因素大得多。不好的室内空气品质，会给人们带来越来越严重的病态反应：头痛、困倦、恶心和流鼻涕等。我国出台了旅店业、文化娱乐场所、体育馆、商场、书店等活动场所的一系列卫生标准（GB 9663－1996～GB 9673－1996），对室内的二氧化碳、一氧化碳、甲醛、可吸入颗粒物的浓度以及空气细菌数的含量做出了明确的规定，具体见表 2-2。

活动场所的污染物含量标准 表 2-2

	二氧化碳(%)	一氧化碳(mg/m³)	甲醛(mg/m³)	可吸入颗粒物(mg/m³)	空气细菌数	
					撞击法(cfu/m³)	沉降法(个/皿)
3～5 星级饭店、旅馆	≤0.07	≤5	≤0.12	≤0.15	≤1000	≤10
1～2 星级饭店、旅馆	≤0.10	≤5	≤0.12	≤0.15	≤1500	≤10
普通旅店招待所	≤0.10	≤10	≤0.12	≤0.20	≤2500	≤30
影剧院、音乐厅	≤0.15	—	≤0.12	≤0.20	≤4000	≤40

续表

	二氧化碳（%）	一氧化碳（mg/m³）	甲醛（mg/m³）	可吸入颗粒物（mg/m³）	空气细菌数 撞击法（cfu/m³）	空气细菌数 沉降法（个/皿）
游艺厅、舞厅	≤0.15	—	≤0.12	≤0.20	≤4000	≤40
酒吧、茶座、咖啡厅	≤0.15	≤10	≤0.12	≤0.20	≤2500	≤30
商场（店）、书店	≤0.15	≤5	≤0.12	≤0.25	≤7000	≤75
图书馆、博物馆、美术馆	≤0.10		≤0.12	≤0.15	≤2500	≤30
展览馆	≤0.15		≤0.12	≤0.25	≤7000	≤75
体育馆	≤0.15		≤0.12	≤0.25	≤4000	≤40
美容院（店）	≤0.10	≤10	≤0.12	≤0.15	≤4000	≤40
医院候诊室	≤0.10	≤5	≤0.12	≤0.15	≤4000	≤40
候车室、候船室	≤0.15	≤10	≤0.12	≤0.25	≤7000	≤75
候机室	≤0.15	≤10	≤0.12		≤4000	≤40
旅客列车车厢	≤0.15	≤10		≤0.25	≤4000	≤40
轮船客舱	≤0.15	≤10		≤0.25	≤4000	≤40
飞机客舱	≤0.15	≤10		≤0.15	≤2500	≤30
游泳馆	≤0.15				≤4000	≤40

室内环境控制的任务也可以理解为：排除室内余热、余湿、CO_2、室内异味与其他有害气体（VOC），使其参数在上述规定的范围内。排除余热可以采用多种方式实现，只要媒介的温度低于室温即可实现降温效果。其末端可以采用间接接触的方式（辐射板等），又可以通过低于室温的空气的交换来实现。排除余湿的任务，就不能通过间接接触的方式，而只能通过低湿度的空气与房间空气的质量交换来实现。排除 CO_2、室内异味与其他有害气体（VOC）与排除余湿的任务相同，需要通过低浓度的空气与房间空气进行质量交换才能实现。

2.2 排除余热的方法

2.2.1 余热的来源与特点

要分析空调系统排出室内余热的用能效率，首先需要了解产生室内余热的"源"在哪里，各种"源"的特点有何不同，它们又是通过怎样的途径转变成为空调系统所必须排出的余热。一般情况下,影响建筑物室内热环境的各种扰量源如图 2-1 所示。

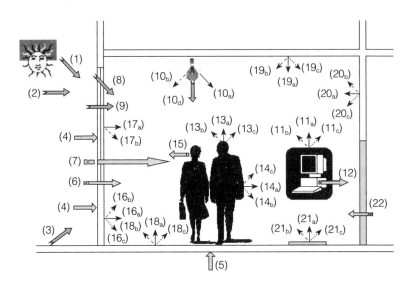

图 2-1 影响建筑物室内热环境的各种扰量源

其中:(1)太阳直射辐射;(2)太阳散射辐射;(3)地面、其他建筑等表面反射的辐射;(4)室外空气通过围护结构传热、传湿;(5)土壤传热;(6)室外空气渗漏;(7)人员需求新风;(8)透过窗的太阳直射辐射;(9)透过窗的太阳散射辐射;(10)照明灯具;(11)设备表面;(12)设备内部直接对流和产湿;(13)人体裸露部分;(14)人体着装部分;(15)人体呼吸;(16)外墙内表面;(17)外窗内表面;(18)地板表面;(19)顶板表面;(20)其他内墙表面;(21)室内水面;(22)其他区域的空气流动。下标:a 为对流传热;b 为长波辐射;c 为对流传湿;d 为短波辐射。

在《建筑热过程》(彦启森等,1981)中详细介绍了上述各种扰量源如何通过围护结构、以及室内各个表面上的热传导、对流和辐射过程从而成为室内余热和余湿的。一般,将图 2-1 中的各种扰量源称为热源或湿源,根据扰量源作用于建筑物上的"空间"特性,可将其划分为外扰和内扰。

外扰主要包括室外高温、高湿的空气以及太阳辐射，它们必定会直接作用在外围护结构上，通过围护结构实体部分的传热、透明部分的直接透过、缝隙或开口处的渗漏等，间接地成为空调系统必须排出的室内余热。而内扰则包括各种灯具、各种功能的电器设备，以及人员所散发的热量，这些热量中一部分以对流形式直接进入室内空气成为余热，另一部分则以辐射的形式与室内墙壁表面等换热，再通过墙壁表面和室内空气之间的对流换热成为室内余热。

可见，形成室内余热的各种热源在所处位置的空间上有内外之分、影响途径上有对流辐射之分，此外还有热源温度水平高低之分，即所谓"势"的区别。直接影响室内环境的各种热源的"势"如图2-2所示。

热源温度高低，即"势"的高低是影响空调系统排热效率的重要因素。产生余热的热源温度越低，将其排出室外所需的冷源温度越低。从图2-2可以看出，实际存在的各种热源的温度高低差别很大，其中绝大部分热源的温度都高于室外环境干球温度，那么理想情况下，甚至可将其与环境相连接、产生有用的能量。因此，应研究各种热源是通过何种途径影响到建筑室内环境，再决定怎样将其余热排出室外。

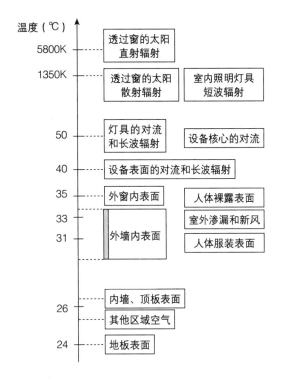

图2-2　直接影响建筑物室内热环境的各种扰量源"势"的区别

2.2.2　排除余热的思路

值得注意的是，从"源头"上看，只有外墙内表面、人体裸露表面和服装表面，以及内墙、屋顶、地板等表面是真正低于室外环境温度而需要用低于外温的冷源排出其发热量的，各种电器设备的发热由于其外壳结构影响，其外表面温度也接近人体表面，一般也必须由冷源来吸收。各种围护结构内表面和人员又是截然不同的两类热源。前者面积大、空间位置固定,是室内环境控制的次要对象;而后者相对室内空间而言体积小、面积小,却是室内环境控制的主要对象,因此也应当采取不同的余热排出方式。

由此可将产生室内余热的各种热源根据其温度高低与特点分为三类,分别以不同方式排到室外,避免其通过混合而降低热源温度。这样,以排出室内余热为主要任务的温度独立控制空调系统其基本任务可分解为:

(1) 对于高于室外环境温度的热源,通过围护结构和空调系统集成,用室外环境温度水平的免费冷源就地直接将其排出室外;

(2) 对于受太阳辐射和外温传热影响而高于室内环境控制温度的各围护结构内表面,用处于室内环境温度水平的高温冷源,维持各表面温度接近室内环境控制要求的空气干球温度;

(3) 根据人员新陈代谢特点而及时排出其产生余热的任务,应针对人员新陈代谢、与周边环境能量传递过程的特点,用低于人体表面温度水平的高温冷源,就地直接将人员产生的余热排出室外。

2.2.3 排除余热的理想效率

建筑物内排除余热的过程如图 2-3 中描述,室内状态 A 的温度为 T_A,室外状态 O 的温度为 T_O。室内第 i 个热源的温度为 T_{Ai},需要排除的余热量为 Q_{Ai}。排除余热的目的是把室内总余热量 $Q_A (Q_A = \sum_i Q_{Ai})$ 通过一定的手段搬运到室外,以维持室内状态的恒定。其本质是在室内外不同空气温度状态下热量的搬运过程。

所谓理想的排除余热过程是指将室内余热量搬运到室外的过程中所需能量投入最小的过程。对于不同温度 T_{Ai} 的室内热源,当其温度大于环境

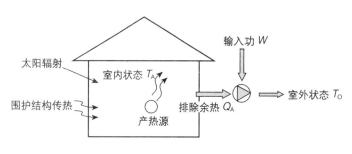

图 2-3 建筑物内排除余热的模型

温度 T_O 时，可以直接用室外环境温度水平的免费冷源，就地直接将其排出室外，因而理想投入功指的是将温度低于室外环境温度的这些余热 Q'_A 排到室外所需要花费的最小功，Q'_A 满足如下关系式，且 $Q'_A \leq Q_A$。

$$Q'_A = \sum_i Q_{Ai} \cdot \text{sign}(T_O - T_{Ai}) \tag{2-1}$$

其中，$\text{sign}(T_O - T_{Ai})$ 的定义见下式：

$$\text{sign}(T_O - T_{Ai}) = \begin{cases} 1 & \text{当 } T_O - T_{Ai} > 0 \\ 0 & \text{当 } T_O - T_{Ai} \leq 0 \end{cases} \tag{2-2}$$

对于热源温度低于室外环境温度的余热量，可在室内热源与室外环境之间，构建一卡诺循环，如图2-4所示。在热源温度 T_{Ai} 下等温的吸入热量 Q_{Ai}，通过热泵提升温度至 T_O，再在室外温度 T_O 下等温的放出热量 Q_{Ai} 及热泵所投入的功 W_i。

室内排热量 Q_{Ai} 与投入功 W_i 之间存在如下关系式，其中 η_i 为在热源温度 T_{Ai} 和环境温度 T_O 之间工作的卡诺循环的效率：

$$W_i = \frac{Q_{Ai}}{\eta_i} \tag{2-3}$$

$$\eta_i = \frac{T_{Ai}}{T_O - T_{Ai}} \tag{2-4}$$

为排除室内的总余热量 Q_A，需要投入的总有用功 W 为：

$$W = \sum_i \frac{Q_{Ai}}{\eta_i} \cdot \text{sign}(T_O - T_{Ai}) \tag{2-5}$$

因此，排除室内余热的理想效率为：

$$\eta_{排余热} = \frac{Q_A}{W} = \frac{\sum_i Q_{Ai}}{\sum_i \frac{Q_{Ai}}{\eta_i} \cdot \text{sign}(T_O - T_{Ai})} \tag{2-6}$$

如果把所有的热量先传到室内空气中，再由制冷机排出到室外的话，则系统的理想排热效率为：

$$\eta'_{排余热} = \frac{T_A}{T_O - T_A} \tag{2-7}$$

这二者就大不相同。以下给出了一个简单的例子，说明式

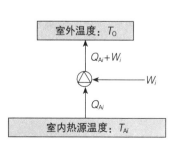

图2-4 排余热的理想循环

(2-6) 与式（2-7）的差别。室外环境温度 T_0 为 35℃，室内各个热源的温度与相应的排热量见表2-3。表中同时给出了各个热源温度下的卡诺循环的效率 η_i 与所需投入的有用功 W_i。

排余热的系统效率　　　　　　表2-3

排热量 Q_{Ai}	热源温度 T_{Ai}	sign $(T_O - T_{Ai})$	η_i	W_i
q	40	0	—	0
q	38	0	—	0
q	32	1	101.7	$0.010q$
q	30	1	60.6	$0.017q$
q	25	1	29.8	$0.034q$

当热源温度高于室外环境温度的热量由室外的免费冷源排出，仅当热源温度低于室外环境温度的热量由卡诺制冷机排出时，房间的总排热量为 $5q$，所需要消耗的有用功为 $0.06q$，因而系统的理想排热效率 $\eta_{排余热} = 83.5$。当把所有的热量先送到空气中再排出，则系统的理想排热效率 $\eta'_{排余热} = 29.8$，后者的效率仅为前者的 35.7%。二者效率之差即为末端装置的混合损失造成，由此可以定义末端装置的理想效率为：

$$\eta_{末端} = \frac{\eta'_{排余热}}{\eta_{排余热}} \tag{2-8}$$

对于表2-3给出的例子，末端装置的效率 $\eta_{末端} = 35.7\%$。也就是说，先把热量送到室内空气后再排除，理想效率降低约3倍！空调系统设计中，应该尽量提高这一末端装置的效率。对于高于室温的热源，可采用夹套排风、玻璃夹层排风、高大空间分层通风等方式利用室外的免费冷源带走室内的余热。

2.2.4　实际空调系统排热效率分析

以上给出了实现室内余热的热量搬运过程理论上所需要投入的最小功、

理想排热效率以及末端装置的效率。现在再来分析把热量从室内排到室外这一排出过程。为简单起见，以从室内空气向室外空气排热为例。图 2-5 是中央空调系统夏季运行时的实际温度变化情况，室内、外的温度分别为 25℃ 与 35℃，因而如果所有的热量都由空气带走，则排除室内余热的理想循环效率为：

$$\eta'_{排余热} = \frac{T_A}{T_O - T_A} = \frac{273 + 25}{35 - 25} = 29.8 \quad (2-9)$$

在中央空调系统中，如果制冷机工作的蒸发温度和冷凝温度分别为 2℃ 和 40℃，则在此温差情况下制冷机的理想效率为：

$$\eta_{卡诺制冷机} = \frac{T_{蒸发}}{T_{冷凝} - T_{蒸发}} = \frac{273 + 2}{40 - 2} = 7.2 \quad (2-10)$$

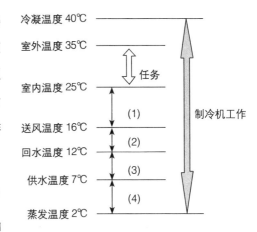

图 2-5 中央空调系统夏季降温除湿时各环节温度示意图

为了比较系统的实际性能与理想效率的差距，定义实际效率与卡诺循环效率的比值为有效度，用符号 γ 表示：

$$\gamma_{系统} = \frac{\eta_{实际制冷机}}{\eta'_{排余热}} \times 100\% \quad (2-11)$$

$$\gamma_{制冷机} = \frac{\eta_{实际制冷机}}{\eta_{卡诺制冷机}} \times 100\% \quad (2-12)$$

在 2℃ 蒸发温度和 40℃ 冷凝温度工作的实际制冷机的效率（COP）如果为 5.5，则与在这一对温度下工作的卡诺制冷机的效率相比，其有效度 $\gamma_{制冷机}$ 已达到 76.4%。然而整个空调系统接近排余热卡诺循环的有效度 $\gamma_{系统}$ 仅为 18.5%。也就是说，在图 2-5 所示的蒸发温度、冷凝温度要求下的实际制冷装置的效率已经很接近卡诺循环的效率，但整个空调系统的效率却很低。仔细考察图 2-5 中各个环节：环节（4）造成 5℃ 的温差损失，是为蒸发器提供的传热温差；环节（3）造成 5℃ 的温差损失，是由于通过水来输送冷量。当减少这一温差时，就需要加大流量，从而增加泵耗；环节（2）是水与空气之间的传热温差；环节（1）是空气输送冷量所取温差。能源效率低的原因在于，一是传热环节多，至少需要经过：制冷剂—冷冻水—送风—室内空气的传热过程，每个环节都需要一定的传热温差或热量输送温差，累积起来相当可观；第二个原因则是由于将降温和除湿两个任务统一由同一冷源、同一末端形式（送风）完成，为了除湿，最终的空气～水换热器必需有低于空气露点的表面温度，不然不能实现冷凝除湿。实际上如果不需要除湿，则上例中的送风温度可以提高到 22～23℃，只要有 2～3℃ 的送风温差，也能实现带走室内余热的目的。这样表冷器的水温可以是 13～18℃，蒸发温度可增加到 8℃，系统效率大幅度增加。

如果考虑室内全部热源都来自于某一温度为 28℃ 的热表面，则通过供回水温度为 20/25℃、平均温度为 22.5℃ 的表面依靠辐射换热也能吸收这些热量。此时的蒸发温度可为 15℃，见图 2-6。排余热的理想效率为：

$$\eta_{\text{排余热}} = \frac{T_{\text{A热表面}}}{T_0 - T_{\text{A热表面}}} = \frac{273 + 28}{35 - 28} = 43.0 \qquad (2-13)$$

如果把热量均回到空气中，再由空调系统排出的话，排余热的理想效率与式（2-9）相同，即 $\eta'_{\text{排余热}} = 29.8$。由此，得到末端装置的效率为：

$$\eta_{\text{末端}} = \frac{\eta'_{\text{排余热}}}{\eta_{\text{排余热}}} = \frac{29.8}{43.0} = 69.3\% \qquad (2-14)$$

工作在冷凝温度 40℃、蒸发温度 15℃ 的卡诺制冷机的效率 $\eta_{\text{卡诺制冷机}} = 11.5$，实际制冷机的效率可以达到 8。因而，系统的有效度为：

$$\gamma_{\text{系统}} = \frac{8}{29.8} \times 100\% = 26.8\% \qquad (2-15)$$

此例（图 2-6）与常规空调系统（图 2-5）的比较，见表 2-4。由于实际的冷机 COP 相差近 40%，因此同样的排除余热的任务，冷机功率相差约 40%。

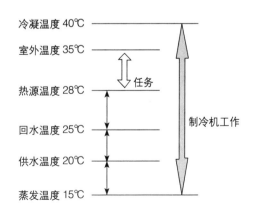

图 2-6 温度控制系统中各环节的温度分布

常规空调系统与余热去除系统的用能情况比较　　　表 2-4

	$\eta'_{排余热}$	$\eta_{卡诺制冷机}$	$\eta_{实际制冷机}$	$\gamma_{制冷机}$	$\gamma_{系统}$
图 2-5 系统	29.8	7.2	5.5	76.4%	18.5%
图 2-6 系统	29.8	11.5	8.0	69.6%	26.8%

2.3 排除余湿的方法

2.3.1 余湿的来源与特点

室内的余湿来源主要有：人体散湿、敞开水表面散湿、以及在某些特殊建筑中需要考虑从围护结构渗入的水分、植物蒸发散发的水分等。

2.3.1.1 **人体散湿量**

人体散湿量与性别、年龄、衣着、劳动强度以及环境条件（温、湿度）等多种因素有关，成年男子的散湿量，见表 2-5。从性别上看，可认为成年女子总散湿量约为男子的 84%、儿童约为 75%。由于性质不同的建筑物中有不同比例的成年男子、女子和儿童数量，为了计算方便，以成年男子为基础，乘以考虑了各类人员组成比例的系数，称群集系数，见表 2-6。

不同温度条件下的成年男子散湿量（g/h）　　　表 2-5

劳动强度	温度（℃）							
	16	18	20	22	24	26	28	30
静坐	26	33	38	45	56	68	82	97
极轻劳动	50	59	69	83	96	109	123	139
轻劳动	105	118	134	150	167	184	203	220
中等劳动	128	153	175	196	219	240	260	283
重劳动	321	339	356	373	391	408	425	443

群集系数　　　表 2-6

工作场所	影剧院	百货商店	旅馆	体育场	图书阅览室	工厂轻劳动	银行	工厂重劳动
群集系数	0.89	0.89	0.93	0.92	0.96	0.90	1.0	1.0

人体散湿量（单位 g/h）的计算公式为：

$$W_1 = g \cdot n \cdot \beta \tag{2-16}$$

式中，g 为成年男子散湿量，g/h；n 为总人数；β 为群集系数。对于普通办公室，当室内温度为 25℃ 时，单个成年男子的散湿量为 102g/h。当每人 5m² 面积时，单位建筑面积的人员散湿量约为 20.4g/h。

2.3.1.2 敞开水表面散湿量

在某些建筑物内，存在着水箱、水池、卫生设备存水等水面，这些水体会不断向空气中散湿，其散湿量（单位 kg/s）的计算公式为：

$$W_2 = \gamma \cdot (p_{qb} - p_q) \cdot A_w \cdot \frac{B}{B'} \tag{2-17}$$

式中，p_{qb} 为相应于水表面温度下的饱和湿空气的水蒸气分压力，Pa；p_q 为空气中水蒸气分压力，Pa；A_w 为蒸发水槽表面积，m²；γ 为蒸发系数，kg/(N·s)；B 为标准大气压，Pa；B' 为当地大气压，Pa。

蒸发系数的计算公式如下，其中 a 和 v 分别为不同水温下的扩散系数 [kg/(N·s)] 和水面上周围空气的流速（m/s）。表 2-7 给出了不同水温下的扩散系数。

$$\gamma = (a + 0.00363v) \times 10^{-5} \tag{2-18}$$

不同水温下的扩散系数　　　　表 2-7

水温（℃）	<30	40	50	60	70	80	90	100
扩散系数 [kg/(N·s)]	0.0043	0.0058	0.0069	0.0077	0.0088	0.0096	0.0106	0.0125

当室内温度为 25℃、相对湿度为 55%，水槽的温度与空气温度相同时，p_{qb} 与 p_q 分别为 3156Pa 和 1729Pa。对于普通办公室，敞开水表面一般远小于房间建筑面积的 1%，因而单位建筑面积的散湿量远小于 2.5g/h。与人员散湿相比，一般情况下，由于敞开水表面所导致的散湿量可以忽略不计。

2.3.1.3 从围护结构渗入的水分

大多数建筑物的围护结构是多孔结构，水分能在其中吸附、扩散，并在墙内壁与室内空气之间发生传递过程。在大多数情况下，从这些围护结构进入室内的水分可以忽略不计。但在地下建筑物等某些特殊建筑中，由于建筑物的壁面与岩石或土连接，周围的岩石或土中的地下水，会通过墙壁的多孔结构渗入室内。由于影响壁面散湿的因素非常复杂，目前还没有成熟的壁面散湿量计算公式，在没有实测数据的情况下，可按照壁面散湿量 $0.5g/(m^2 \cdot h)$（离壁衬砌）或 $1\sim 2g/(m^2 \cdot h)$（贴壁衬砌）估算。壁面散湿量（单位g/h）的计算公式为：

$$W_3 = A_b \cdot g_b \qquad (2\text{-}19)$$

式中，A_b 为衬砌内表面积，m^2；g_b 为单位内表面积散湿量，$g/(m^2 \cdot h)$。

2.3.1.4 植物蒸发散发的水分

当室内种植有大量植物时，还需要考虑由于植物的蒸发作用散发到房间的水分。表2-8给出了一些植物蒸发率的测量结果。一盆大型花木如果其叶片面积达到 $1m^2$，则从表中可见其产湿量可相当于 $2\sim 3$ 个人员的产湿量，因此在某些室内绿化较多的区域，这部分散湿量也必须给予考虑。

植物蒸发率　　　　　　　表2-8

植物名称 蒸发率 [$g/(cm^2 \cdot h)$]	桂花 0.0396	榆叶梅 0.0441	紫叶李 0.0648	连翘 0.0431	白玉兰 0.0511	木瓜 0.0620
植物名称 蒸发率 [$g/(cm^2 \cdot h)$]	海棠 0.0359	珍珠梅 0.0954	紫藤 0.0435	火棘 0.0378	紫薇 0.0677	紫荆 0.0364

注：摘自张景群等（1999）。

2.3.1.5 产湿源的特点

室内的余湿总量应等于上述各项之和。对于一般的空调房间（无室内绿化或绿化很少时），不存在敞开水面或者可忽略敞开水面的散湿，并且可忽略从围护结构渗入的水分，室内总余湿量为：

$$W = W_1 = g \cdot n \cdot \beta \tag{2-20}$$

从上述余湿量的计算公式可以看出：总的余湿量与人数变化成正比关系。而室内人数的变化情况，则存在很明显的时变特性。图2-7和图2-8给

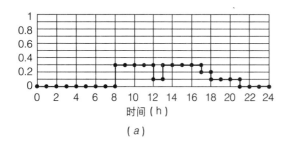
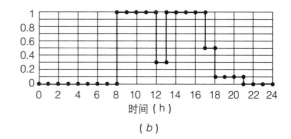

图2-7 办公室人员作息

(a) 工作日；(b) 休息日

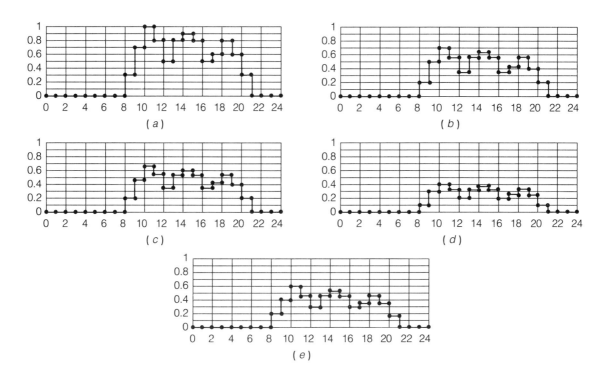

图2-8 商场人员作息

(a) 五一、十一、春节等节假日；(b) 12月初~2月末；(c) 3月初~5月末；(d) 6月初~8月末；(e) 9月初~11月末

出了典型办公室和商场的人员作息变化情况。办公室的作息基本上是以一周为周期的，有工作日和休息日的区别，而无季节性的变化。对于商场而言，一般来说，夏季是销售淡季，人员密度小；春节期间是销售旺季，人员密度大；因而商场人员密度作息的周期为一年，要考虑不同季节的影响。

排除室内余湿的方法为：送入干燥的空气，风量与人数成正比关系。对于以人员活动为主的建筑而言，要求新风去除的室内余湿量就等于室内人员的散湿量，因而需要送风含湿量满足式（2-21），式中，d_r 为送风含湿量，g/kg。

$$W_1 = G_w \cdot \rho \cdot (d_n - d_r) \tag{2-21}$$

因此，送风含湿量为：

$$d_r = d_n - \frac{W_1}{G_w \cdot \rho} \tag{2-22}$$

图 2-9 给出了室内设定参数为 25℃、相对湿度为 55%（含湿量为 10.8g/kg）情况下，送风含湿量随不同劳动强度与人均新风量的变化趋势。对于普通办公室，当人均新风量为 40m³/h 时，要求的送风与室内排风含湿量差为 2.1g/kg，因此所要求的送风含湿量为 10.8 - 2.1 = 8.7g/kg。如果要求新风同时带走人员的显热负荷，在 25℃下办公室人员的显热散热量为 65W/人，当人均新风量为 40m³/h 时，为去除人员的余热，所需要的送风温差为 4.9℃，即新风的送风温度为 25 - 4.9 = 20.1℃。

2.3.2 理想除湿理论效率

要分析除湿过程的能效，首先需要对建筑物除湿过程的实质有明晰的认识。建筑物内除湿如图 2-10 中描述，设建筑物内有一产湿源产湿 Δw，建筑物内的状

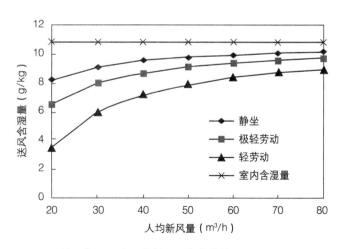

图 2-9 送风含湿量随人均新风量变化曲线

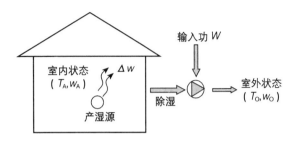

图 2-10 建筑物内除湿的模型

态 A 为 (T_A, w_A)，室外的状态 O 为 (T_O, w_O)，除湿的目的是把 A 状态下的空气中的水分 Δw 通过一定的手段搬运到室外，以维持室内状态的恒定。其本质是实现在室内、外两个不同空气状态下水分的搬运。

所谓理想的除湿过程是指在室内外空气状态恒定的情况下，将室内湿源产湿量搬运到室外的过程中所需能量投入最小的过程，类似于制冷系统是要实现卡诺循环的过程。这样，只要寻找出一个可逆的理想过程达到除湿的目的，就可以认为这一过程所消耗的能量即为除湿所要求的最小能耗。

溶液除湿方式是采用具有吸湿能力的盐溶液作为吸湿介质与空气直接接触，从而实现空气处理的方式。对于空调范围内任一空气状态，都能找到相应的溶液状态与之对应，使得空气与溶液的温度和水蒸气分压力都分别相同。因此，用吸湿溶液为介质来处理空气可以得到近似于理想的可逆过程的除湿途径。

理想除湿过程的能耗与室内外状态有很大的关系。根据室内和室外相对湿度的不同，可分三种情况分析除湿过程的理论功耗。

第一种情况：室内、外的空气具有相同的相对湿度，即 $\varphi_A = \varphi_O$；

第二种情况：室外相对湿度小于室内的相对湿度，即 $\varphi_O < \varphi_A$；

第三种情况：室外相对湿度大于室内的相对湿度，即 $\varphi_O > \varphi_A$。

1. 室内外相对湿度相同

当溶液浓度变化很小的时候，可以认为溶液的等浓度线与空气的相对湿度线基本重合（李震博士论文，2005）。当 A 与 O 点在同一等相对湿度线时，A 与 O 两个状态也在同一条溶液等浓度线上。如图 2-11，在室内外状态之间设一热泵，室内空气与溶液接触，溶液的状态与室内空气的状态是平衡的，溶液可逆的吸收空气中的水分；该除湿过程释放的热量被热泵吸热端吸收。由于室内、外空气具有相同的相对湿度，来自室内的溶液可在室外干球温度下被室外空气再生，其再生过程需要的热量来自热泵的放热端。实际上热泵放热端放出的热量除满足再生所要求的热量外，还要向环境释放出热泵做功所转换成的热量，可以认为这一部分热量可等温地传到环境中。由于室内外存在温差，所以用回热器实现室内吸收水分后的溶液和室外再生浓缩后的溶液间

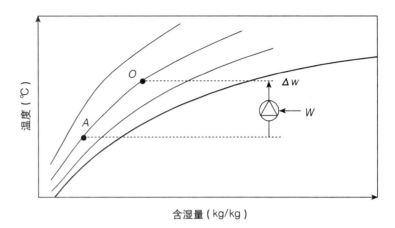

图 2-11　理想的可逆除湿过程

的换热。忽略两者热容量的差别时，在换热面积无限大的情况下，该回热过程为纯逆流过程，可以无传热温差的进行。

该过程将 A 点的湿量可逆的排放到 O 点，投入的功等于放置在 $A-O$ 之间的热泵搬运水分的相变潜热所投入的功。定义该过程的效率为得到的除湿潜热量和投入功的比，即 $\eta_{排余湿} = \dfrac{w \times \Delta H_w}{W}$，式中，$w$ 为除湿量，kg；ΔH_w 为水蒸气的汽化潜热，kJ/kg；W 为投入的功，kJ。当 O 点和 A 点在同一等相对湿度线时，A 点除湿的效率（性能系数）与在 T_A 和环境温度 T_O 间工作的卡诺制冷机的效率相等：

$$\eta_{排余湿} = \frac{T_A}{T_O - T_A} \tag{2-23}$$

2. 室外相对湿度小于室内的相对湿度

当室外相对湿度低于室内相对湿度时，如图 2-12 所示。可同样在室内可逆的通过溶液从空气中吸收水分，但是在释放水分的一侧，由于室外的空气水蒸气分压力比溶液等浓度的升温到室外温度时的水蒸气分压力低，两者接触会导致不可逆损失。为了实现可逆的水分释放过程，在与 O 点等含湿量且与 A 点在同一相对湿度的 B 点上溶液释放水分。由于该点的水蒸

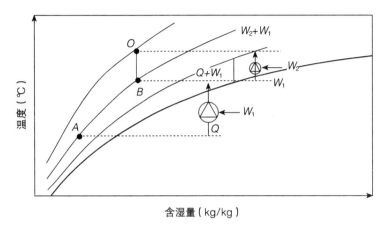

图 2-12 室外状态相对湿度低于室内相对湿度的情况

气分压力与 O 点相同,因此水分可以在等水蒸气分压力的条件下释放到环境中。蒸发所需要的热量来自 $A—B$ 间工作的热泵 1 的放热端。由于该热泵的全部放热量为 $Q+W_1$,Q 为热泵 1 在吸热端吸的热量,用来提供室内除湿的潜热,W_1 为热泵 1 投入的功。由于溶液中的水分向环境释放所需要的热量只有潜热量 Q,而热量 W_1 却不能直接排到温度高于 B 点的环境 O 中。所以,需投入另外一个热泵 2 将热泵 1 剩余的排热量 W_1 在 B 点的温度下取出,排放到温度更高的 O 点环境中。此热泵的功耗为 W_2。同第一种情况类似,该过程需要一个 A、B 间的溶液的理想回热过程。

所以,对于上述情况,根据前面定义的除湿过程效率 $\eta_{排余湿}$,过程中除湿的潜热量为 Q,投入的功为 W,$W = W_1 + W_2$,则有:

$$\eta_{排余湿} = \frac{Q}{W_1 + W_2} \tag{2-24}$$

上式中,

$$W_1 = Q \frac{T_B - T_A}{T_A} \tag{2-25}$$

$$W_2 = W_1 \frac{T_O - T_B}{T_B} = Q \frac{T_B - T_A}{T_A} \cdot \frac{T_O - T_B}{T_B} \tag{2-26}$$

上述两式代入式 (2-24),得到:

$$\eta_{排余湿} = \frac{Q}{W_1 + W_2} = \frac{1}{T_O} \cdot \frac{T_A T_B}{T_B - T_A} \tag{2-27}$$

这种情况下得到的最小功低于工作在 A、O 两温度间用热泵提升热量 Q 所需要投入的功。可见,在室外温度一定的情况下,室外相对湿度低于室内相对湿度时,除湿的理想效率高于室内外相对湿度相等的情况。

3. 室外相对湿度高于室内的相对湿度

当室外相对湿度高于室内相对湿度时,如图2-13所示。此时室内的吸湿过程与前面相同,但是在释放水分时,室外状态空气的水蒸气分压力比溶液等浓度的升高到室外温度的表面蒸汽压

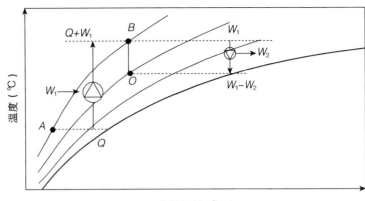

图2-13 室外状态相对湿度高于室内相对湿度的情况

高,因此水分不能排出。为此,要把溶液等浓度的升温到点 B 状态,使其水蒸气分压力与环境 O 相同,在 B 点等水蒸气分压力时释放出水分。所需要的热量由工作在 A、B 点之间的热泵的放热端提供。此时 B 点放出的热量除蒸发水分所要求的热量 Q 外,还有热泵做功 W_1 所转化的热量。此部分热量要排到比 B 点温度低的环境 O 中,可以可逆地对外做功 W_2:

$$W_2 = W_1 \frac{T_B - T_O}{T_B} \tag{2-28}$$

所以,根据前面定义的除湿过程效率 $\eta_{排余湿}$,过程中除湿的潜热量为 Q,投入的功为 W,$W = W_1 - W_2$,则有:

$$\eta_{排余湿} = \frac{Q}{W_1 - W_2} \tag{2-29}$$

上式中,

$$W_1 = Q \frac{T_B - T_A}{T_A} \tag{2-30}$$

$$W_2 = W_1 \frac{T_B - T_O}{T_B} = Q \frac{T_B - T_A}{T_A} \cdot \frac{T_B - T_O}{T_B} \tag{2-31}$$

上述两式代入式(2-29),得到:

$$\eta_{排余湿} = \frac{Q}{W_1 - W_2} = \frac{1}{T_O} \cdot \frac{T_A T_B}{T_B - T_A} \tag{2-32}$$

由此可见，当室外相对湿度高于室内相对湿度时，除湿过程的理想功耗高于工作于室内外温度之间从室内向室外提取热量 Q 所需要的功。式（2-27）与式（2-32）具有相同的形式，只是 T_O 与 T_B 的大小关系不同。对于室内外相对湿度相等的情况，式（2-32）中的 $T_B = T_O$，则可以得到式（2-33）的形式。所以，计算理想除湿效率的公式可以统一写成：

$$\eta_{排余湿} = \frac{1}{T_O} \cdot \frac{T_A T_B}{T_B - T_A} \quad (2-33)$$

其中，B 点位于室内空气等相对湿度线和室外空气等含湿量线的交点。公式中各个温度均采用绝对温标。利用上式，可以计算湿处理过程的理论效率。图 2-14 是在室内温度为 25℃、相对湿度为 55%、含湿量为 10.8g/kg，室外温度为 35℃、不同的室外含湿量的情况下，计算得到的理想的除湿能效。由上述公式的推导过程和图 2-14 可以看出，除湿的理想效率随着室外含湿量的增加而减小。

2.3.3 实际除湿装置的效率分析

根据式（2-7）和（2-33）可以分别得到排余热和排余湿的理想效率。空调系统的总体理想效率可以定义为：

$$\eta_{系统理想} = \frac{Q_{余热量} + Q_{余湿量}}{\left(\dfrac{Q_{余热量}}{\eta'_{排余热}} + \dfrac{Q_{余湿量}}{\eta_{排余湿}} \right)} \quad (2-34)$$

当室内热湿比为 ε 时，上式可以改写为：

$$\eta_{系统理想} = \frac{1 + \varepsilon}{(\varepsilon/\eta'_{排余热} + 1/\eta_{排余湿})}$$

$$(2-35)$$

当室内参数 A 为 25℃、10.8g/kg（55% 相对湿度），室外参数 O 为 35℃、17.7g/kg（50% 相对湿度），理想的排余热与排余湿的效率分别为：$\eta'_{排余热} = 29.8$，$\eta_{排余湿} = 36.1$。当

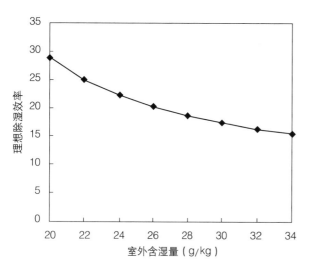

图 2-14 理想除湿效率与室外含湿量的关系

$\varepsilon = 1$（即 $Q_{余热量} = Q_{余湿量}$）时，空调系统的总理想效率为 $\eta_{总体理想} = 32.6$。

对于冷凝除湿方式同样设计一个理想过程，参见图 2-15，A—C 为冷凝除湿的处理过程。可以认为室内放置热泵的冷端，在温度 t_C 下吸热，若 $t_C \leq t_l$（t_l 为室内空气的露点温度），则在热泵冷端出现冷凝现象，空气被除湿，此时去除的热湿比 ε 为：

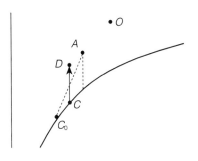

图 2-15 冷凝除湿处理过程

$$\varepsilon = \frac{(t_A - t_C) \cdot c_{p,a}}{(d_A - d_C) \cdot r} = \frac{\Delta t \cdot c_{p,a}}{\Delta d \cdot r} \quad (2\text{-}36)$$

其中：Δt 与 Δd 分别为室内 A 点与冷凝除湿 C 点之间的温差与含湿量差，r 为水蒸气的气化潜热。由图 2-15 可知，当 $t_C = t_l$ 时，$\Delta d = 0$，热湿比 $\varepsilon \to \infty$；当 t_C 为图中 $t_{C,0}$，即 A 点至饱和线的切线时，热湿比 ε 为冷凝除湿、不经再热过程的最小值，如下式所示：

$$\varepsilon_{\min} = \frac{(t_A - t_{C,0}) \cdot c_{p,a}}{(d_A - d_{C,0}) \cdot r} \quad (2\text{-}37)$$

要继续减小 ε，只能够在冷凝除湿的基础上，再加热至 D 点，此时去除的热湿比为：

$$\varepsilon = \frac{(t_A - t_D) \cdot c_{p,a}}{(d_A - d_C) \cdot r} \quad (2\text{-}38)$$

由于通过加热可以使 B 点的温度达到室温 A 点，即上式中 $t_B = t_A$，从而热湿比 $\varepsilon = 0$。因此也可以实现 $0 < \varepsilon < \infty$ 的任意热湿比的排热排湿过程。若热泵的冷端在湿度 t_C 点等温吸热、而在室外 t_O 点等温排热，则此种方式下的理想效率 $\eta_{冷凝理想}$ 见式（2-39），其中理想卡诺制冷机的效率 $\eta_{卡诺制冷机}$ 参见式（2-40）。

$$\eta_{冷凝理想} = \begin{cases} \eta_{卡诺制冷机} & \varepsilon \in (\varepsilon_{\min}, \infty) \\ \eta_{卡诺制冷机} \cdot \left(1 - \dfrac{h_D - h_C}{h_A - h_C}\right) & \varepsilon \in (0, \varepsilon_{\min}) \end{cases} \quad (2\text{-}39)$$

$$\eta_{卡诺制冷机} = \frac{T_C}{T_C - T_O} \quad (2\text{-}40)$$

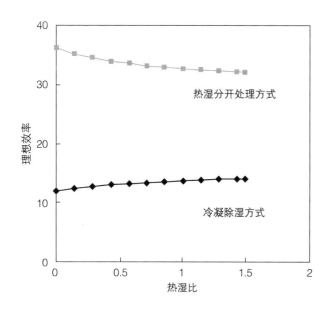

图 2-16 冷凝除湿与热湿分开处理过程的理想效率

由上式可知：采用冷凝除湿方法，余热与余湿同时排除，其理想效率与余热余湿比 ε 有关。图 2-16 给出了当室内参数 A 为 25℃、10.8g/kg、室外参数 O 为 35℃、17.7g/kg（此时 $\varepsilon_{min} = 1.5$）、要求的送风含湿量为 8g/kg 时，冷凝除湿的理想效率随热湿比 ε 的变化情况（图中 $\varepsilon = 1.5$ 对应仅通过冷凝除湿手段、不需再热可达到的热湿比最小值，$\varepsilon = 0$ 对应送风点与室温 A 相同的情况）。图中同时给出了由式（2-35）计算得到的独立除湿、独立排热的系统理想效率。从图中可以看出：冷凝除湿过程的理想效率随着热湿比的降低（送风含湿量不变、温度升高）而逐渐减小，除湿过程的理想效率与采用温湿度分开处理方式的系统理想效率的比值 $\eta_{冷凝理想}/\eta_{系统理想}$ 在 33%～44% 范围内。也就是说，尽管采用了理想的卡诺制冷机，而且不计入冷凝除湿过程中从 C 点加热到 D 点的能量消耗，按照目前的冷凝除湿处理模式，其效率为温湿度分开处理空调系统理想效率的 33%～44%。

2.4 排除 CO_2 与异味的方法

2.4.1 CO_2 和异味的来源

环境控制的再一个任务是排除室内的 CO_2 和异味，使室内空气品质满足健康要求。而室内污染物主要来源于人员和室内气体污染源（包括建筑中装潢材料、家具、用品、通风空调系统本身等），根据 ASHRAE 标准 62（1998 年修订），最小设计新风量计算公式为：

$$DVR = R_p P_D D + R_b A_b \tag{2-41}$$

式中，DVR（Design Ventilation Rate）为设计所需的新风量，L/s；R_p 为每人所需的最小新风量，L/(s·人)；P_D 为室内人员人数；D 为变化系数；R_b 为单位地板面积上所需的最小新风量，L/(s·m²)；A_b 为空调面积，m²。由上式可见，新风需求量分为人员部分和建筑部分。前者和室内人数成正比，稀释室内人员本身及其活动产生的污染物，可根据人数变化进行调节；后者与建筑面积成正比，稀释由建筑材料、家具、室内与人数不成正比的活动及空调系统散发的污染物，这部分风量相对稳定，一般为设计新风量的 15%～30%。以下讨论新风量特指的是人员部分。人产生的 CO_2 量与人体所处的状态有关，表 2-9 给出了人体在不同状态下的 CO_2 呼出量。

人体在不同状态的 CO_2 呼出量与排除 CO_2 所需新风量　　表 2-9

劳动强度	新陈代谢率	CO_2 排放量 [m³/(h·人)]	人均新风量① [m³/(h·人)]	人均新风量② [m³/(h·人)]
静坐	0.0	0.013	18.6	26.0
极轻劳动	0.8	0.022	31.4	44.0
轻劳动	1.5	0.030	42.9	60.0
中等劳动	3.0	0.046	65.7	92.0
重劳动	5.5	0.074	105.7	148.0

注：①环境中 CO_2 浓度为 300×10^{-6}，室内外 CO_2 浓度差为 700×10^{-6}；

②环境中 CO_2 浓度为 500×10^{-6}，室内外 CO_2 浓度差为 500×10^{-6}。

2.4.2 所需的新风量要求

保证室内空气品质的主要措施是通风，即用污染物浓度很低的室外空气置换室内含污染物的空气。其所需的通风量应根据稀释室内污染物达到标准规定的浓度的原则来确定。为排除室内 CO_2 等污染物，所要求的新风量计算公式为：

$$G_w = \frac{g}{C_{out} - C_{in}} \tag{2-42}$$

式中，G_w 为人均新风量；g 为人均二氧化碳的排出量，$m^3/(h\cdot 人)$；C_{in} 为室内二氧化碳的浓度；C_{out} 为室外二氧化碳的浓度。

为了同时考虑稀释人员活动引起的其他污染物和气味，许多国家都把 CO_2 的浓度控制在 1000×10^{-6}，世界卫生组织建议为 2500×10^{-6}，本章表 2-2 给出了我国旅店业、文化娱乐场所、体育馆、商场、书店等活动场所的 CO_2 的允许浓度。自然环境中 CO_2 浓度一般为 $300\sim 500\times 10^{-6}$，像旅店、展览馆等场所室内 CO_2 浓度应控制在 1000×10^{-6} 以下，室内外 CO_2 浓度差为 700×10^{-6}（或 500×10^{-6}）。表 2-9 同时给出了环境 CO_2 浓度为 300×10^{-6} 与 500×10^{-6} 情况下，排除人体产生 CO_2 所需要的新风量。对于普通办公室，人员的 CO_2 排放量为 $0.022m^3/(h\cdot 人)$，当室外环境中 CO_2 浓度为 300×10^{-6} 时，人均所需新风量为 $31.4m^3/(h\cdot 人)$，当人均占地面积为 $5m^2/人$ 的情况下，所需新风量的换气次数仅为 2.1 次；当室外 CO_2 浓度为 500×10^{-6} 时，人均所需新风量为 $44.0m^3/(h\cdot 人)$，换气次数为 2.9 次。

在空调系统设计中，与室内空气品质关系十分密切的除新风和污染物以外，气流组织的设计至关重要。气流组织设计得好，不仅可以将新鲜空气按质按量地送到工作区，还可及时地将污染物排出，大大提高室内空气品质。

2.5 温湿度独立控制的核心思想与基本形式

2.5.1 去除余湿与 CO_2 要求新风量的一致性

人的新陈代谢过程产生 CO_2 和水蒸气。对于以人群活动为主的建筑，一般认为室内 CO_2 和水蒸气主要来源于人。当室内温度为 25℃ 时，人体散湿量与 CO_2 排放量随着劳动强度的变化情况见图 2-17，可以看出：散湿量

与 CO_2 的排放量的变化趋势基本一致，因而可根据含湿量或 CO_2 浓度预测建筑物人流并调节新风量。

表2-10给出了为排除室内余湿所需的新风量随人员劳动强度的变化情况，室内的含湿量与送风含湿量的差值为2.5g/kg（当室内含湿量为10.8g/kg时，要求的送风含湿量为8.3g/kg），由控制室内

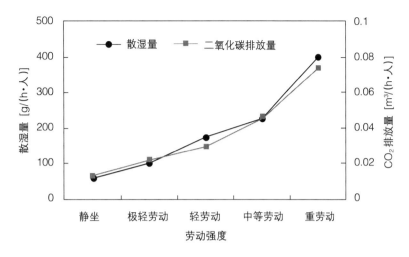

图2-17 散湿量与 CO_2 排放量随劳动强度的变化情况

湿度确定的新风量所能带走的 CO_2 量与人均 CO_2 排放量的比较，见图2-18。当室外环境的 CO_2 浓度为 300×10^{-6} 时，根据排湿确定的新风量可以使得室内环境的 CO_2 浓度在 $850 \sim 950 \times 10^{-6}$ 之间；当室外环境的 CO_2 浓度为 500×10^{-6} 时，根据排湿确定的新风量可以使得室内环境的 CO_2 浓度在 $1000 \sim 1150 \times 10^{-6}$ 范围内，基本满足室内空气品质的要求。

排除室内余湿所需新风量　　　　　表2-10

劳动强度	散湿量 [g/(h·人)]	人均新风量 [m³/(h·人)]	新风所能带走的 CO_2 量① [m³/(h·人)]	新风所能带走的 CO_2 量② [m³/(h·人)]
静坐	61	20.3	0.014	0.010
极轻劳动	102	34.0	0.024	0.017
轻劳动	175	58.3	0.041	0.029
中等劳动	227	75.7	0.053	0.038
重劳动	400	133.3	0.093	0.067

注：①环境中 CO_2 浓度为 300×10^{-6}，室内外 CO_2 浓度差为 700×10^{-6}；

②环境中 CO_2 浓度为 500×10^{-6}，室内外 CO_2 浓度差为 500×10^{-6}。

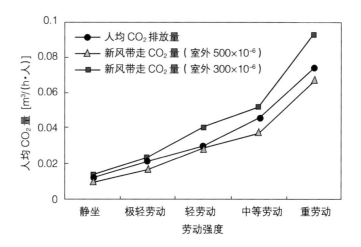

图 2-18 新风带走 CO_2 量与人均排放量的比较

表 2-11 列出了根据排 CO_2 要求确定的新风量所能带走的余湿量,室内的相对湿度维持在 52%～59% 之间,能够满足室内湿度的要求。也就是可以根据测量得到的 CO_2 浓度确定送风量,从而同时控制室内的空气品质与湿度满足要求。反之,也可以根据含湿量确定新风量,从而达到同时控制室内湿度和 CO_2 浓度的要求。

根据 CO_2 浓度确定的新风量所能提供的除湿能力　　表 2-11

劳动强度	散湿量 [g/(h·人)]	新风所能带走的余湿量[1][g/(h·人)]	新风所能带走的余湿量[2][g/(h·人)]
静坐	61	56	78
极轻劳动	102	94	132
轻劳动	175	129	180
中等劳动	227	197	276
重劳动	400	317	444

注:[1]根据环境中 CO_2 浓度为 300×10^{-6} 确定的新风量;

[2]根据环境中 CO_2 浓度为 500×10^{-6} 确定的新风量。

基于上述温湿度独立控制空调,可以构建新的室内环境控制方式。室内环境控制系统优先考虑被动方式，尽量采用自然手段维持室内热舒适环境。春秋两季可通过大换气量的自然通风来带走余湿，保证室内舒适的环境，缩短空调系统运行时间。在温湿度独立控制情况下，自然通风采用以下的运行模式：当室外温度和湿度均小于室内温湿度时，直接采用自然风来解决建筑的排热排湿；当室外温度高于室内温度、但湿度低于室内湿度的时候，采用自然风满足建筑排湿要求，利用吸收显热的末端装置解决室内温度控制；当室外湿度高于室内湿度的时候，关闭自然通风，采用主动式除湿系统解决室内空调要求。

当采用主动式时，除湿系统把新风处理到足够干燥的程度，可用来排除室内人员和其他产湿源产生的水分，同时还作为新风承担排除 CO_2、室内异味，保证室内空气质量的任务。一般来说，这些排湿、排有害气体的负荷仅随室内人员数量而变化，因此可采用变风量方式，根据室内空气的湿度或 CO_2 浓度调节风量。而室内的显热则通过另外的系统来排除（或补充），由于这时只需要排除显热，就可以用较高温度的冷源通过辐射、对流等多种方式实现。

2.5.2 温湿度独立控制系统与组成形式

空调系统承担着排除室内余热、余湿、CO_2、异味的任务。通过上一节的分析可以看出：排除室内余热与排除 CO_2、异味所需要的新风量与变化趋势一致，即可以通过新风同时满足排余湿、CO_2 与异味的要求，而排除室内余热的任务则通过其他的系统（独立的温度控制方式）实现。由于无需承担除湿的任务，因而可用较高温度的冷源即可实现排除余热的控制任务。

对照第 1 章 1.2 节中现有空调系统存在的问题，温湿度独立控制空调系统可能是一个有效的解决途径。温湿度独立控制空调系统中，采用温度与湿度两套独立的空调系统，分别控制、调节室内的温度与湿度，从而避免了常规空调系统中温湿度联合处理所带来的损失。由于温度、湿度采用独立的控制调节系统，可以满足房间温湿度比不断变化的要求，克服了常规

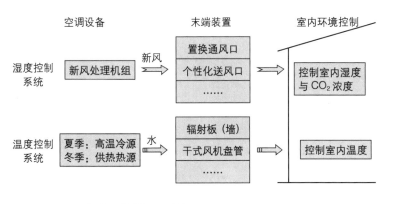

图 2-19 温湿度独立控制空调系统

空调系统中难以同时满足温、湿度参数的要求,避免了室内湿度过高(或过低)的现象。

温湿度独立控制空调系统的基本组成为:处理显热的系统与处理湿度的系统,两个系统独立调节,分别控制室内的温度与湿度,见图 2-19。处理显热的系统包括:高温冷源、余热消除末端装置,采用水作为输送媒介。由于除湿的任务由除湿系统承担,因而显热系统的冷水供水温度不再是常规冷凝除湿空调系统中的 7℃,而可以提高到 18℃ 左右,从而为天然冷源的使用提供了条件,即使采用机械制冷方式,制冷机的性能系数也有大幅度的提高。余热消除末端装置可以采用辐射板、干式风机盘管等多种形式,由于供水的温度高于室内空气的露点温度,因而不存在结露的危险。

处理余湿的系统,同时承担去除室内 CO_2、异味,以保证室内空气质量的任务。此系统由新风处理机组、送风末端装置组成,采用新风作为能量输送的媒介,并通过改变送风量来实现对湿度和 CO_2 的调节。在处理余湿的系统中,由于不需要处理温度,因而湿度的处理可能有新的节能高效方法。由于仅是为了满足新风和湿度的要求,温湿度独立控制系统的风量,远小于变风量系统的风量。

2.6 温湿度独立控制系统要求的装置和需要解决的问题

2.6.1 余热消除末端装置

在温湿度独立控制空调系统中,冷水的供水温度由常规空调系统的 7℃ 提高到约 18℃,如何用高温的冷源有效的消除余热是对末端装置提出的新问题。

对于不同的余热来源,如外墙内表面、人体裸露表面和服装表面、以及内墙、屋顶、地板等表面等等,如何根据其温度特点与分布情况采取不同的余热排出方式,如何从热源产生源头上排出余热,减少余热的传热环节,提高余热末端的排热效率,也是余热消除末端装置所面临的关键问题。

2.6.2 送风末端装置

在温湿度独立控制空调系统中,新风用来排除室内的余湿,同时还作为新风承担排除 CO_2、室内异味、保证室内空气质量的任务。由于仅是为了满足新风和湿度的要求,如果人均风量 $40m^3/h$,每人 $5m^2$ 面积,则换气次数只在 2~3 次/h,远小于变风量系统的风量。因此,如何设计气流组织有效的输送小风量的新风,是送风末端装置面临的新问题。

现有的空调系统中,采用风阀等方式调节送风量。在温湿度独立控制系统中小风量的送风调节系统中,风阀等调节方式是否还适用?有无新的调节手段?由于送风仅是为了满足新风和湿度的要求,因此如何有效地布置送风口的位置、设计房间的气流组织,使之有效地排除室内的水分及其各种污染物,又是对送风末端装置提出的新课题。

2.6.3 高温冷源

由于余湿由单独的新风处理系统承担,因而在温度控制(余热去除)系统中,不再采用 7℃ 的冷水同时满足降温与除湿的要求,而是采用约 18℃ 的冷水即可满足降温要求。此温度要求的冷水为很多天然冷源的使用提供了条件,如深井水、通过土壤源换热器获取冷水、在某些干燥地区通过直接蒸发或间接蒸发的方法获取 18℃ 冷水等。

即使采用压缩式制冷方式,由于要求的压缩比很小,根据制冷卡诺循环可以得到,制冷机的理想 COP 将有大幅度提高。如果将蒸发温度从常规冷水机组的 2~3℃ 提高到 14~16℃,当冷凝温度恒为 40℃ 时,卡诺制冷机的 COP 将从 7.2～7.5 提高到 11.0～12.0。对于现有的压缩式制冷机、吸收式制冷机，怎样改进其结构形式，使其在小压缩比时能获得较高的效率，则是对制冷机制造者提出的新课题。

2.6.4 新风处理方式

加大新风量对室内空气品质具有无可比拟的优越性，但增加新风量受到新风处理能耗的制约。采用热回收技术，充分回收室内排风的能量，是降低新风处理能耗的一个重要手段。如何采用有效的热回收方式，既能够避免新、排风的交叉污染，又能降低新风处理能耗是新风处理机组面临的一大问题。

温湿度独立控制空调系统中，需要新风处理机组提供干燥的室外新风，以满足排湿、排 CO_2、排味和提供新鲜空气的需求。第 1 章 1.2 节阐述了低温露点除湿的温湿度联合处理方式所带来的问题，如何采用其他的处理方式排除室内的余湿，如何处理出非露点的送风参数，如何实现对新风有效的湿度控制是新风处理机组所面临的关键问题。

现有空调机组中，使用多个功能段实现空气的不同处理过程，设备与运行调节都比较复杂，如何构建能满足全年全工况的统一新风处理流程，实现全工况的灵活处理与调节又是新风处理机组所需要解决的问题。

第3章 末端装置

温湿度独立控制系统显热末端装置的任务主要是排出室内显热余热，主要包括室外空气通过围护结构传热和渗透而进入室内环境的热量，太阳辐射通过非透明围护结构部分的导热热量、通过透明围护结构的投射、吸收后进入室内的热量，以及工艺设备散热、照明装置散热以及人员散热等。本章前两节分别介绍辐射末端装置与干式风机盘管这两种余热去除末端装置。送风系统的任务主要是去除室内余湿和污染物，如CO_2等，因此与传统的送风系统相比，用于温湿度独立控制的送风系统的送风量很小，且应能随着室内一定范围内的湿负荷（人员数目）变化而改变风量，这与传统的大风量送风的变风量调节控制方法也有显著不同。在本章中，将着重突出用于温湿度独立控制的末端送风系统的小风量送风及其风量调节控制技术。为实现小风量有效去除室内余湿和污染物，需要采用高效送风的通风形式，实现"按需送风"。由于室内的余湿和污染物（CO_2）主要由人员产生，通常在室内2m以下，因此下送风的置换通风和直接送风到人员附近的个性化送风是最为有效的送风形式，本章就以这两种送风形式为例说明如何将其用于温湿度独立控制空调系统中。

3.1 余热去除末端装置Ⅰ——辐射板

3.1.1 辐射末端装置的特点

冷媒通过特殊结构的系统末端装置——辐射板，将能量传递到其表面，其表面再通过对流和辐射、并以辐射为主的方式直接与室内环境进行换热，从而极大地简化了能量从冷源到终端用户室内环境之间的传递过程，减少不可逆损失。通常冷媒为水，与空气相比，传输水可以提高能量传输密度、降低输配系统电耗。当然也可以以制冷剂为冷媒，以高温的蒸发器（蒸发温度约15℃）直接作为辐射板，这一系统目前正在研发中。而根据辐射板表面在室内布置位置不同，可构成冷辐射顶板系统、冷辐射地板系统、冷辐射垂直墙壁系统等。

由于辐射的"超距"作用，即可不经过空气而在表面之间直接换热，因此各种室内余热以短波辐射和长波辐射方式到达冷辐射表面后，转化为辐射板内能或通过辐射板导热传递给冷媒、被吸收并带离室内环境，直接成为空调系统负荷。这一过程减少了室内余热排出室外整个过程的换热环节，这是辐射冷却这一温度独立控制末端装置与现有常用空调方式的最大不同。

辐射冷却末端与周围的能量交换见图3-1，其中，对于各种以短波辐射形式影响室内环境的热源，如透过窗的太阳辐射、灯具的可见光部分能量等，辐射冷却末端直接吸收室内短波辐射余热的效果与布置方式密切相关。按照第2章所述，用辐射冷却的方式排出透过窗的太阳辐射能量，仍会导致大量的不可逆损失，能量利用效率并不高。因此，应通过合理设计外遮阳装置以及用室外空气冷却这一遮阳装置等途径，减少"势"特别高的太阳直射和散射的短波辐射能量进入室内，尽可能地避免由辐射冷却末端吸收透过窗的太阳辐射热量。可见，通过长波辐射传热过程、不通过室内空气，直接将围护结构室内侧表面、设备、灯具、人员等室内热源的热量排出，是辐射冷却这一温度独立控制末端装置的主要任务。

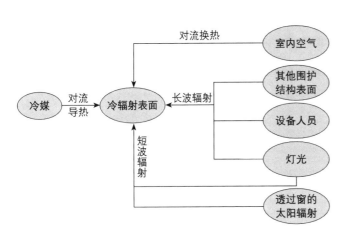

图3-1 辐射板与周围的能量交换

3.1.2 辐射末端装置的结构形式

一般的,辐射末端装置可以大致划分为两大类:一类是沿袭辐射供暖楼板的思想,将特制的塑料管直接埋在水泥楼板中,形成冷辐射地板或顶板;另一类是以金属或塑料为材料,制成模块化的辐射板产品,安装在室内形成冷辐射吊顶或墙壁,这类辐射板的结构形式多种多样。

3.1.2.1 "水泥核心"结构(Concrete Core,简称 C 型)

"水泥核心"结构是沿袭辐射供暖楼板思想而设计的辐射板,它是将特制的塑料管(如高交联度的聚乙烯 PE 为材料)或不锈钢管,在楼板浇筑前将其排布并固定在钢筋网上,浇筑混凝土后,就形成"水泥核心"结构。这一结构在瑞士得到较广泛的应用,在我国住宅建筑如北京锋尚国际公寓等工程中也有少量的试点应用,如图 3-2 所示(Koschenz 等,1999)。这种辐射板结构工艺较成熟,造价相对较低。由于混凝土楼板具有较大的蓄热能力,因此可以利用 C 型辐射板实现蓄能。但从另一方面看,系统惯性大、启动时间长、动态响应慢,有时不利于控制调节,需要很长的预冷或预热时间。

3.1.2.2 "三明治"结构(Sandwich,简称 S 型)

"三明治"结构是以金属,如铜、铝和钢,为主要材料制成的模块化辐射板产品,主要用作吊顶板,从截面看,中间是水管,上面是保温材料和

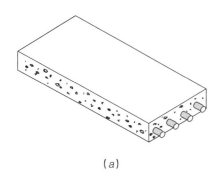  

(a)　　　　　　　　　　(b)　　　　　　　　　(c)

图 3-2　C 型辐射板结构

(a) 示意图;(b) 浇筑混凝土前的情景;(c) 系统结构示意图

 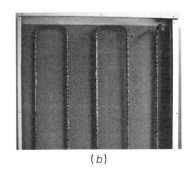 

(a) (b) (c)

图 3-3 S 型辐射板

(a) 样品全景；(b) 样品俯视局部；(c) 安装后的室内场景

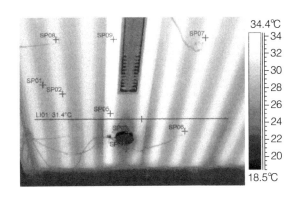

图 3-4 AIB VINCOTTE 红外热成像仪测量 S 型辐射板表面温度分布

盖板，管下面通过特别的衬垫结构与下表面板相连，见图 3-3 (a) 和 (b)。由于这种结构的辐射吊顶板集装饰和环境调节功能于一体，是目前应用最广泛的辐射板结构。其安装后的室内场景见图 3-3 (c)。

S 型辐射板质量大，耗费金属较多，价格偏高，并且由于辐射板厚度和小孔的影响，其肋片效率较低，用红外热成像仪对 S 型辐射板表面温度分布进行测量时发现，表面温度分布不均匀，如图 3-4 所示。

3.1.2.3 "冷网格"结构（Cooling Grid，简称 G 型）

"冷网格"结构一般以塑料为材料，制成直径小（外径 2~3mm）、间距小（10~20mm）的密布细管，两端与分水、集水联箱相连，形成"冷网格"结构，见图 3-5。这一结构可与金属板结合形成模块化辐射板产品，也可以直接与楼板或吊顶板连接，因而在改造项目中得到较广泛应用。

G 型辐射板结构的传热过程与 S 型类似，最大的区别是：G 型结构管间距小，因此金属辐射板的肋片效率高于 S 型；但 S 型结构铜管和金属辐射板之间的铝制衬垫结构设计合理，管和辐射板之间的接触热阻小。因此，两

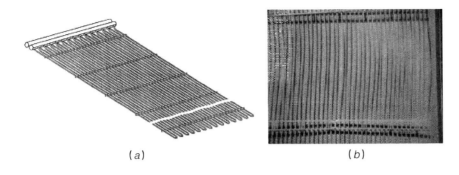

图 3-5　G 型辐射板示意图

(a) G 型辐射板结构示意图；(b) G 型辐射板样品，俯视局部

种结构在传热环节中各有所长。

3.1.2.4 "双层波状不锈钢膜"结构（Two Corrugated Stainless Steel Foils，简称 F 型）

Roulet 等（1999）介绍了一种在瑞士发明的"双层波状不锈钢膜"结构。它是由两块分别压模成型的薄不锈钢板（约 0.6mm 厚）点焊在一起，由于两块板凸凹有序，因此在两块板间形成水流通道，见图 3-6。这种结构大大降低了从冷媒到辐射板表面的传热热阻，传热过程简单。它可

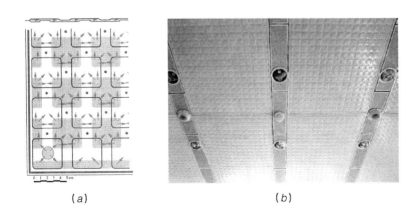

图 3-6　F 型辐射板结构示意图

(a) 结构示意图；(b) 作吊顶安装后室内情景

以作为吊顶板安装于室内,或固定在垂直墙壁上。这种结构对生产工艺、特别是金属板的加工工艺要求较高。水流可在板内通道均匀分布,系统性能很好。

3.1.2.5 "多通道塑料板"结构(Multi-Channel Plastic Panel,简称P型)

"多通道塑料板"结构是笔者自行研制开发的新型辐射板结构,它采用硬聚氯乙烯PVC或硬聚乙烯PE为材料,通过挤塑成型工艺制造出多通道并联的塑料辐射板主体,再与端部密封件连接形成模块化的辐射板。辐射板的结构示意图,见图3-7,安装时以及安装后的场景如图3-8所示。这种结构同样大大降低了从冷媒到辐射板表面的传热热阻,传热过程非常简单,

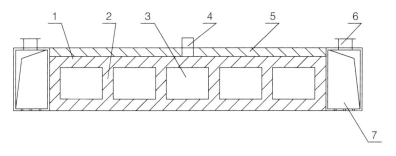

图3-7 P型辐射板结构示意图(截面)

1—PVC板壁;2—导流板;3—水流通道;4—进、出水口;5—保温层;6—进风口;7—风道

图3-8 P型辐射板作吊顶安装时和安装后室内情景

(a)局部;(b)全景

而且使用价格相对低廉的塑料为材料，大大降低了成本和重量。它可以作为吊顶板安装于室内。这种结构对生产工艺、特别是塑料加工工艺要求较高。水流可在板内通道均匀分布，系统性能很好。

3.1.3 辐射冷却方式下室内余热排出过程
3.1.3.1 围护结构表面间长波辐射换热分析

能量平衡是分析室内长波辐射换热过程的基本方法，具体包括有效辐射法、平均辐射温度法、以及等效辐射换热系数方法等。其中，等效辐射换热系数和对流—辐射综合换热系数方法极大地简化了辐射冷却表面能量平衡计算，因此为工程设计人员所接受。通常情况下，冷辐射表面的实际出力，即与室内环境的总换热量，可以写做如下形式：

$$q = a(T_{RC} - T_{room})^b \tag{3-1}$$

式中，a 和 b 通常需要经过试验测定或拟合得到，与室内空气流动状态、室内发热量的对流辐射特性等有关；T_{RC} 为冷辐射表面的定性温度，可选冷辐射表面平均温度，也可选进入冷辐射表面处的冷媒入口温度；T_{room} 为室内空间定性温度，可以是空气温度，也可以是综合温度。但选择不同参考温度时，系数 a 和 b 的取值也有相应变化，应慎重选择参考温度，选择不慎则会引起错误。

等效辐射换热系数方法也被写入相应的空调系统设计规范中。例如从90年代起，欧洲陆续颁布和修订了辐射供冷、供热系统设计规范。2001年修订的欧洲标准 EN1264 中给出地板、顶板、垂直墙壁进行辐射供热和辐射供冷时表面总散热量的计算图表和公式，如式（3-2）~式（3-5）和图 3-9 所示。式中，q 为供热地板或供冷顶板表面总散热量，W/m^2；$\theta_{s,m}$ 为供热地板表面或供冷顶板表面温度；θ_i 为室内环境设计温度，一般为热舒适综合温度或操作温度。

地板供暖和顶板供冷 $\quad q = 8.92(\theta_{s,m} - \theta_i)^{1.1} \tag{3-2}$

垂直墙壁供暖和供冷 $\quad q = 8|\theta_{s,m} - \theta_i| \tag{3-3}$

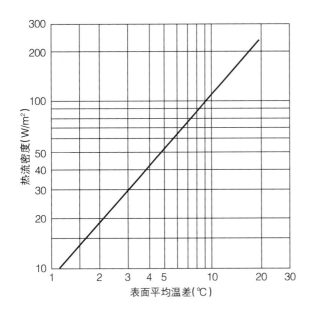

图 3-9 辐射地板供热和辐射顶板供冷时表面散热量计算图表

顶板供暖　　$q = 6|\theta_{s,m} - \theta_i|$　　(3-4)

地板供冷　　$q = 7|\theta_{s,m} - \theta_i|$　　(3-5)

同时，标准中还规定了辐射地板、顶板、垂直墙壁进行供冷、供热时的表面温度限值：

● 冬季供热时：一般人员活动停留区，热辐射地板表面温度不能高于29℃；靠近外围护结构、人员较少到达或停留的区域，热辐射地板表面温度不能高于35℃；

● 夏季供冷时：人员静坐区，冷辐射地板表面温度不能低于20℃；对于人员经常走动、活动量较大的情况，冷辐射地板表面温度不能低于18℃；任何情况下，冷辐射地板表面温度应高于室内露点温度；

● 供冷和供暖时：不能超过热辐射不对称性（Thermal Radiation Asymmetry）限值。

3.1.3.2 有室内设备、人员等热源参与的室内表面间长波辐射换热分析

通常给出各种电器设备、人员等热源的对流—辐射比例，以简化描述其与室内环境之间的换热过程。但在辐射冷却末端装置作用下，各种室内热源的辐射比例和分配系数都有所变化，相关的理论分析或实验研究未见报道。值得注意的是，Hosni 等（1998）在研究室内热源对流辐射比例的实验中发现，围护结构表面温度是影响对流辐射比例的最重要因素。当某一墙体表面温度比房间中其他表面温度高约6℃时，被测设备以辐射方式散发的热量约减少27%。由于冷辐射表面一般维持其温度在低于其他围护结构表面5~10℃的水平上，预计室内热源以辐射方式散发的热量，在这种情况下必然有一定幅度的增加，因而不能再沿用原有的分配比例。分析辐射冷却方式下热源表面换热过程的基本方法，仍是有效辐射

法（魏庆芃，2004）。求解有热源参与的室内表面长波辐射换热过程，关键在于快捷、准确地求解出模型中包括的各类角系数，附录 A 给出了室内设备、人员等热源之间以及与围护结构间的角系数求解方法与结果。

以一具体实例分析辐射冷却末端装置下室内热源散热状况变化。房间尺寸为 4m×3m×2.7m。室内空气温度设为 26℃，并设围护结构内表面温度均匀，若没有特别指明，则与室内空气等温；辐射板安装于顶板，表面温度均匀。室内热源为位于房间中心的人体（坐姿情况），简化为 0.35m×0.30m×1.2m 的长方体表面；总发热量为 80W，并假设通过对流和辐射等显热方式向室内环境散热。计算工况为：①全空气系统工况—辐射板表面与室内其他表面等温，系统以对流方式向室内投入能量以维持室内处于稳态热平衡，简记为 AC；②辐射冷却系统工况—辐射板表面温度低于其他表面，并设其处于 26～16℃ 范围内的某一确定温度，室内处于稳态热平衡，简记为 RC。以下分别计算结果：

1. 热源表面的变化

应用 RC 系统时，热源表面温度随着辐射板表面温度 T_p 降低而降低，如图 3-10 所示。热源表面辐射—对流比例 R_s 的变化，如图 3-11 所示。其中，热源通过辐射散热的比例变化不明显，升高约 5%；热源辐射散热量中，分配到顶板的比例 $R_{S,P}$ 大幅度提高，升高 15%。这与热源和辐射板之间的角系数有关。

AC 和 RC 两种工况下，热源对各围护结构表

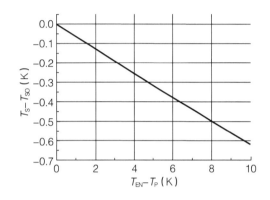

图 3-10 热源表面温度随辐射板表面温度变化的规律
T_S—热源表面温度；T_{SO}—热源初始表面温度；T_{EN}—环境温度；T_P—辐射板表面温度

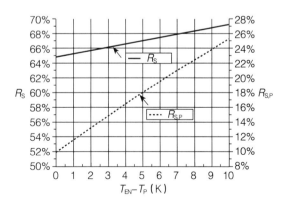

图 3-11 热源表面辐射比例随辐射板面温度变化的规律

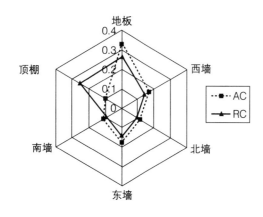

图 3-12 AC 和 RC 工况下热源对围护结构内表面的辐射分配系数对比

面的辐射热量分配系数,如图 3-12 所示。其中 RC 下辐射板表面温度低于室内环境温度 10℃。可见,RC 工况下,热源向辐射板所在顶板表面的分配比例大幅度提高,而向其他表面的分配比例相应地减少,但变化不大。

2. 墙体表面的变化

设房间中有一外墙,其室内侧的表面温度为 30℃。随着辐射顶板表面温度降低,该墙体表面单位面积的辐射换热量 $Q_{W,P}$ 增加,与顶板辐射换热量所占比例 $R_{W,P}$ 也大幅度提高,如图 3-13 所示。这相当于降低了外墙的保温性能,向系统引入更多的负荷,增加了能耗。

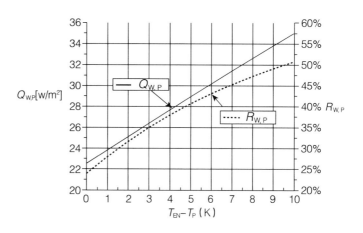

图 3-13 外墙表面辐射换热量和对顶板辐射比例随辐射板表面温度变化的规律

3. 冷辐射表面的对流辐射比例

冷辐射表面的辐射比例 R_P 和辐射换热量中对热源的比例 $R_{P,S}$ 是反映辐射冷却末端装置直接带走室内热量效果的重要指标,其变化规律如图 3-14 所示。当表面温度接近室内环境温度时,其对流换热量较小,辐射比例较高，但随着辐射板表面温度的降低，其辐射比例也逐渐下降，并维持在60%以上。辐射板表面与热源表面之间的辐射换热量仅占辐射板总辐射换热量3%左右，即辐射板安装于顶板时，绝大部分能量并没有集中的作用于热源表面，这与辐射板表面和热源之间角系数较小有关。

4. 主要参数对比与深入分析

通过上述计算给出辐射冷却顶板系统下，辐射—对流比例或辐射热量在各个围护结构表面的分配比例等参数，可供设计人员应用传统的负荷计算方法对辐射冷却系统进行设计。但深入分析结果，发现辐射冷却顶板系统和室内环境的长波辐射换热过程中存在问题。以全空气系统下的结果为100%，辐射冷却顶板系统下室内热源和围护结构表面的辐射换热相关参数的变化。其中，热源表面温度与室内环境之间的温差 $T_S - T_{en}$、热源表面辐射—对流比例 R_S、热源辐射散热量中分配到顶板的比例 $R_{S,P}$、墙体表面单位面积辐射换热量 $Q_{W,R}$，以及外墙辐射换热量中分配到顶板的比例 $R_{W,P}$ 等，如图 3-15 所示。

可看出应用辐射冷却顶板系统时，室内长波辐射换热过程中存在两方面的问题：一是外墙内表面通过与辐射板的辐射换热大幅度增加传热量，导致辐射冷却系统的能耗加大；二是热源与辐射板表面之间的角系数较小，辐射板表面的能量

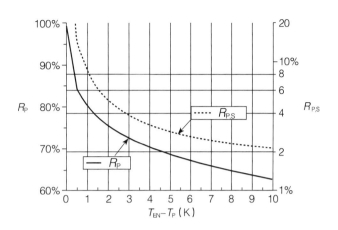

图 3-14 辐射板表面辐射比例和热源所占比例随辐射板表面温度变化的规律

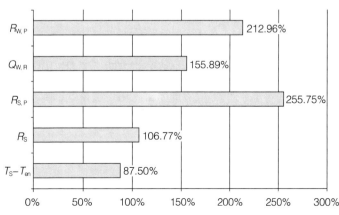

图 3-15 辐射冷却顶板系统下室内主要参数的变化

并没有集中地作用于热源表面,因而热源表面温度降低幅度很小、辐射散热比例增加不多,希望在辐射冷却时通过提高室内空气温度设定值,并以辐射维持人体热舒适性的可能性不大。换言之,由于外墙内表面辐射换热被强化、增加了损失,而室内空气温度又不能大幅度提高、新风与室内空气的焓差并未明显降低,因此认为辐射冷却系统可节能的结论有待深入研究。

上述问题说明,对于辐射冷却这类温度独立控制的空调系统形式,不应沿用传统的、以充分混和为特征的空调系统设计思路,在室内全面铺开布置。这样的做法,不仅不会节能,还有可能消耗更多的能量;不仅不能满足人体舒适性的要求,还有辐射板表面结露的危险。

正确的做法是:通过合理的布置方式,将冷辐射表面的能量尽可能直接地提供给最终消费者——各种热源,同时减少冷辐射表面与其他不必要环境之间的换热,从而实现室内温度独立控制的高效、节能。

改善辐射冷却空调系统应用效果的方法也非常简单:因为其辐射换热效果与角系数密切相关,所以只需要改变其几何形状或空间相对位置,合理利用辐射能量在空间的分布特点,就有可能大幅度提高系统的应用效果。

3.1.4 室内长波辐射场原理及应用

3.1.4.1 求解室内环境长波辐射场的重要性与基本思路

1. 求解室内环境长波辐射场的意义

上述分析表明,辐射冷却作为温度独立控制系统的末端,其将室内热源的散热量直接排出室外的效果,与长波辐射能量在室内空间的分布有关,换言之,与各种热源表面、冷辐射表面等共同构成的室内长波辐射能量场有关。若能摸清各种热源自然形成的长波辐射能量空间分布特点,了解冷辐射表面作用下长波辐射能量在室内空间的分布规律,根据热源特点,合理布置冷辐射表面的位置,使得所形成的辐射场最有利于直接除去室内显热,则能最大程度地发挥辐射换热不通过空气,而是直接"超距"作用在表面之间的优势,使得温度独立控制系统所要求的冷源品位最低。

热舒适评价中常用的"等效封闭空间"思想,为提出这一辐射场描述方法指明了方向。一般地,当人体与某一假想的、具有均匀一致表面温度的封闭空间内表面之间的辐射换热量,与实际情况下人体与所处的非均匀表面温度封闭空间内表面之间的辐射换热量相等时,定义假想封闭空间内表面所具有的表面温度为人体表面的平均辐射温度 $T_{MRT,P}$ 或 $\bar{t}_r$。平均辐射温度可利用黑球温度计直接由实验测定(ASHRAE,2001)。

$$\bar{t}_r = \left[(t_g + 273)^4 + \frac{1.10 \times 10^8 v_a^{0.6}}{\varepsilon_g D^{0.4}} \cdot (t_g - t_a) \right]^{1/4} - 273 \quad (3-6)$$

式中,t_g 为黑球温度,℃;t_a 为空气温度,℃;v_a 为空气流动速度,m/s;D 为黑球直径,m;ε_g 为黑球发射率,一般取 0.95。根据墙壁、屋顶、地板的表面温度,平均辐射温度还可由式(3-7)计算得到。式中,F_{P-i} 为人体与表面 i 之间的角系数,可通过图表(ASHRAE,2001)查出。这与描述围护结构表面之间长波辐射换热过程的平均辐射温度法原理是统一的。

$$T_{MRT,P}^4 = \sum_{i=1}^{N} F_{P-i} \cdot T_i^4 \quad (3-7)$$

然而,由于这一平均辐射温度的概念是针对人体热舒适而提出的,因此在描述空间辐射能量分布状况时存在局限性。通常采用微元面辐射温度来描述长波辐射能量空间分布。其定义与平均辐射温度类似,指某一有向微元面与某一假想的、具有均匀一致表面温度的封闭空间内表面之间的辐射换热量,与实际情况下该有向微元面与所处的非均匀表面温度封闭空间内表面之间的辐射换热量相等时,该假想封闭空间内表面所具有的表面温度。微元面和有限表面之间角系数的计算较简单,并可采用类似的四次方关系或线性简化公式进行计算。微元面辐射温度与微元面的朝向有关,只能反映空间位置的某些方向上辐射能量的分布,当封闭空间各个表面温度都不同时,微元面辐射温度无法全面的反映辐射能量在空间的分布。然而,辐射冷却这一温度独立控制末端正是利用封闭空间中各表面之间的温差而实现换热的。此外,夏季房间中有表面温度较高外墙或外窗表面、或热源表面，或者冬季完全相反的情况，也是经常存在的。此时，准确描述各个方向的辐射能量在空间各点的综合作用效果非常重要。

Chapman 等（1995，1996）利用 CFD 中常用的控制体积能量平衡方法，对室内微体积空间内空气对长波辐射能量的吸收、透过过程建立能量平衡方程，结合对流的质量平衡和能量平衡，利用差分方法数值求解长波辐射能量在室内空间的分布，过程很复杂。而实际上，一般地都认为室内空气对长波辐射能量是完全透过的，室内环境中对流换热和辐射换热的耦合问题完全可以分别独立求解；特别是当参与室内长波辐射换热过程的各种表面被假设为"漫灰"表面时，基于能量平衡，辐射能量在室内空间的分布应该能够相当简单地被描述。

建立室内长波辐射能量场的概念，不仅对分析辐射冷却这一特定的温度独立控制末端的实际效果具有意义，而且，长波辐射场可与室内空气温度场、湿度场、CO_2 场、热舒适指标场等构成相当完整的室内环境场描述体系，研究各种场之间的矛盾与协同，或用统一的理论研究各种场自身的"源"、"汇"、"势"、"流"等特点，有可能从理论上指导产生出新的室内环境控制策略，因此具有重要意义。

2. 描述室内长波辐射场的基本思路

室内环境中，温度、湿度和速度等都是空间某处 P 点上微元体积空气所具有的物理参数，并且这些参数都与不同形式的能量传递过程相关。在室内长波辐射换热分析时，通常假设空气对长波辐射热量完全透过，认为辐射换热只在表面之间发生，与空气无关，而与表面之间的空间相对位置密切相关。因此，已有描述长波辐射室内空间分布的方法是，通过在空间某处 P 点上引入具有某一确定方向的微元面，设该有向微元面与室内封闭空间内表面之间的辐射换热达到平衡，以此时微元面的平衡温度—微元面辐射温度，作为表示长波辐射空间分布的参数。这一方法准确地描述出长波辐射在室内空间分布"场"的特点—长波辐射能量的空间分布，不仅与空间某处 P 点的位置有关，还与 P 点上微元面的法向方向有关，且微元面的法向方向可在整个球面范围内变化。换言之,室内环境中,温度场、湿度场等是由空间 P 点的空气温度、湿度等标量构成的标量场,速度场是由空间 P 点上的空气速度矢量构成的矢量场;而长波辐射能量场是由空间 P 点上、以微元面法向方向为变量的球面函数所构成的函数场。例如,微元面辐射温度就是一球面函数,求解这一球面函数的过程极其复杂。因此,对室内空间长波辐射"场"的准确描述难度较大。

然而,从描述室内长波辐射场的目的出发,可以大大简化这一过程。因为一般描述长波辐射室内空间分布的目的无外乎两点:一是通过对围护结构、各种热源或辐射板等表面之间的传热计算和能量平衡分析,帮助并指导空调系统、特别是辐射冷却这一温度独立控制末端的设计和控制;二是通过对人体表面热湿散发、能量平衡、以及相应生理调节等过程的分析,评价一定室内环境下的人体热舒适性,或其他热源散发规律的改变。基于上述目的,可对室内空间长波辐射过程进行合理的简化,特别是对空间 P 点上与微元面法向方向有关的球面函数进行简化,用标量这一最简单的参数,初步、粗略地描述室内长波辐射球面函数场的特点和基本规律。

3.1.4.2 描述室内长波辐射场的基本方法

1. 基本方法

(1) 基本原理 选择具体的简化方法时,参考了定义人体平均辐射温度或微元面辐射温度时所采用的"等效封闭空间"思想。"等效封闭空间"是计算室内长波辐射换热过程的一类基本思想方法,即用简单的、假想的封闭空间表面,等效地代替复杂的、实际的情况。相应的,笔者选取以空间 P 点为球心的微球面作为假想的封闭空间表面,提出用于室内长波辐射分布描述的"等效微球法",概述为:对于封闭空间内的任一 P 点,将给定边界条件的封闭空间内表面投影到以 P 点为球心的假想微球面 S 上;并定义 S 上的温度均值为"等效微球温度",定义 S 上的温度方差为"等效微球温度方差"。

(2) 实际室内封闭空间内表面到微球面的投影 直接求解实际封闭空

间各个内表面到以 P 点为球心的假想微球面的投影比较复杂。Nusselt（1976）在提出单位球方法时，给出空间任意表面到半球面上投影的计算过程，并指出：投影面积与半球面积之比即为角系数。因此，可利用角系数求解实际室内封闭空间表面到微球面的投影——微球面与该表面之间的角系数，就等于实际空间各表面在微球面上的投影面积比例。

由角系数的物理意义和对称性，球面与平面之间角系数可写作非常简单的形式。Feingold（1970）给出球面到任意多边形平面的角系数计算公式。对于如图 3-16 所示矩形的一个顶点与球心连线垂直于矩形的情景，有

$$F_{s,i} = \frac{1}{4\pi} \tan^{-1} \left(\frac{1}{x^2 + y^2 + x^2 y^2} \right)^{1/2} \tag{3-8}$$

式（3-8）反映出球面与矩形的角系数与半径无关，前提是球心与矩形的距离大于半径，即球面与矩形不相交。选取微球面即可解决这一问题，使得空间各处都可应用这一公式。当 P 点位于实际封闭空间内表面上时，由于封闭空间内表面的有向性，使得球面蜕化为半球面。

（3）微球面上温度的均值和方差　对于由 N 个表面构成的实际封闭空间，其内部任一 P 点处的等效微球温度 $T_s(P)$ 被定义为：以 P 点为球心的假想微球面 S 的表面温度平均值，即：

$$T_s^4(P) = \frac{\sum_{i=1}^{N} F_{s,i}(P) \varepsilon_i T_i^4}{\sum_{i=1}^{N} F_{s,i}(P) \varepsilon_i} = \frac{\sum_{i=1}^{N} F_{s,i}(P) \varepsilon_i T_i^4}{\varepsilon_s(P)} \tag{3-9}$$

式中，定义 P 点处等效微球面的发射率为假想微球面 S 的发射率平均值，即：

$$\varepsilon_s(P) = \frac{\sum_{i=1}^{N} F_{s,i}(P) \varepsilon_i}{\sum_{i=1}^{N} F_{s,i}(P)} = \sum_{i=1}^{N} F_{s,i}(P) \varepsilon_i \tag{3-10}$$

相应的，P 点处的等效微球温度方差 $DT_s(P)$ 为：

$$DT_s(P) = \frac{1}{A_s} \int_S [T - T_s(P)]^2 dA_s$$

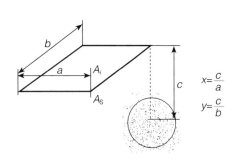

图 3-16　矩形顶点与球心连线垂直于矩形时角系数计算示意图

$$= \sum_{i=1}^{N} F_{S,i}(P)[T_i - T_S(P)]^2 \quad (3-11)$$

由上式定义的等效微球温度方差从一个侧面定量地反映了室内长波辐射不对称性,而辐射不对称性对人体热舒适有重要影响(ASHRAE,2001)。等效微球温度表示实际封闭空间各表面在空间 P 点处的"加权平均",忽略了辐射换热过程中的表面方向性特征。但是,等效微球温度仅是空间位置 P 的函数,相当于用一标量代替空间 P 点处有向微元面辐射温度这一球面函数,使得室内长波辐射空间分布可被简单、形象地描述出来,以指导研究和工程应用。而且,等效微球温度的概念可用于辐射换热计算,能够反映辐射换热过程的能量平衡。

2. "引入表面"的辐射换热

(1) 引入三维黑体围合表面时的辐射换热 在微球面内部,引入一包围 P 点的三维黑体围合表面 ECL_B,由于其面积较小,因此其对实际封闭空间内表面的影响可忽略。因为围合表面无所谓特别的法向方向,因此可通过其反映实际封闭空间内表面在空间 P 点所形成的总体辐射换热效果。而且,该黑体围合表面 ECL_B 与实际封闭空间内表面之间的辐射换热过程,可等价为与等效微球面之间的辐射换热过程,计算非常简便。例如,当 ECL_B 表面温度为 T_{ECL} 时,其与实际封闭空间内表面之间的总辐射换热量为:

$$q_{ECL}(P) = \sigma \cdot \varepsilon_S(P) \cdot [T_{ECL}^4 - T_S^4(P)] \quad (3-12)$$

由上式可看出,等效微球温度相当于包围 P 点的三维黑体围合表面与实际封闭空间内表面之间辐射换热达到平衡时的平衡温度。此外,该黑体围合表面 ECL_B 与实际空间 i 表面的辐射换热量,等于其与 i 表面在微球面上投影面之间的换热量,即

$$q_{ECL,i}(P) = \sigma \cdot \varepsilon_i \cdot F_{S,i}(P) \cdot (T_{ECL}^4 - T_i^4) \quad (3-13)$$

(2) 引入三维灰体围合表面时的辐射换热 若在微球面内部,引入一包围 P 点的三维灰体围合表面 ECL_G,其与实际封闭空间内表面之间的辐射换热过程仍可等价为与等效微球面之间的辐射换热。例如,ECL_G 表面温度

为 T_{ECL}、表面发射率为 ε_{ECL} 时，其与实际封闭空间内表面之间的总辐射换热量为：

$$q_{ECL}(P) = \sigma \cdot Fr_{ECL,S}(P) \cdot [T_{ECL}^4 - T_S^4(P)] \quad (3\text{-}14)$$

式中，灰体围合表面 ECL_G 与等效微球面 S 之间的辐射换热系数 $Fr_{ECL,S}$ 为：

$$\frac{1}{Fr_{ECL,S}} = \frac{1}{\varepsilon_{ECL}} + \frac{1}{\varepsilon_S} - 1 \quad (3\text{-}15)$$

灰体围合表面 ECL_G 与实际室内封闭空间 i 表面的换热量，等于其与 i 表面在微球面上投影面之间的换热量，即：

$$q_{ECL,i}(P) = \sigma \cdot Fr_{ECL,S,i}(P) \cdot (T_{ECL}^4 - T_i^4) \quad (3\text{-}16)$$

式中，灰体围合表面 ECL_G 与实际室内封闭空间 i 表面在等效微球面 S 上投影面之间的辐射换热系数 $Fr_{ECL,S,i}$ 为：

$$\frac{1}{Fr_{ECL,S,i}} = \frac{1}{\varepsilon_{ECL}} + \frac{1}{F_{S,i}\varepsilon_i} - 1 \quad (3\text{-}17)$$

(3) 引入二维有向微元表面时的辐射换热 若在微球面内部，引入一过 P 点的二维有向微元表面 ELM，其与实际封闭空间内表面之间的辐射换热过程仍可等价为与等效微球面之间的辐射换热。但是，此时需用过球心 P 点、包含二维有向微元表面 ELM 的大圆截面将等效微球面划分为两个半球面，根据 ELM 的方向选取其中的一个半球面，进行辐射换热计算。前述求解微球面与封闭空间内表面之间角系数的方法，只能得到各个内表面在微球面上投影的面积比例；而将微球面划分为两个半球面并进行辐射换热求解的前提，是准确地得到实际封闭空间各个内表面在微球面上投影面的具体坐标，这一过程的计算比较复杂。所以，等效微球方法的特点，使得其不适用于求解引入二维有向微元表面 ELM 的辐射换热问题。

3.1.4.3 室内长波辐射场分析实例

1. 辐射冷却与外围护结构内表面的换热

外围护结构表面的温度一般明显地区别于室内其他表面，其通过辐射换热影响室内人体的热舒适性，并影响空调系统的内外分区。

(1) 实例——单一外围护结构的影响　设长方体房间尺寸为 $W_0 \times L_0 \times H_0$；外围护结构表面温度 T_w，其他围护结构表面温度均为 T_{en}。设房间无量纲面宽 $W = W_0/H_0$，无量纲进深 $L = L_0/H_0$，无量纲温度 $\theta = \dfrac{T_w - T}{T_w - T_{en}}$。对房间中长波辐射空间分布研究时，选取房间中心垂直于外围护结构表面的截面（简称中心垂直截面）为代表截面，如图 3-17 所示。

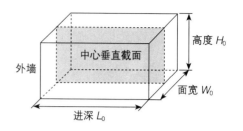

图 3-17　房间中心垂直截面位置示意图

例如，无量纲面宽 $W = 2$ 的房间中，外墙表面无量纲温度 $\theta = 1$。室内空间中心垂直截面上靠近外墙的区域内，无量纲等效微球温度和等效微球温度方差的分布，如图 3-18 所示。上述无量纲等效微球温度可等效为外围护结构的影响程度，即在超过无量纲进深 $L = 1$ 的区域中，外围护结构的影响已下降到 5%；但在进深小于房间高度的区域内，外围护结构的影响较大。

(2) 实例——辐射顶板供冷系统与外围护结构的共同影响　在上一实例房间中采用辐射顶板供冷系统，辐射板表面无量纲温度 $\theta = -1$，其他条件不变。房间中心垂直截面上无量纲等效微球温度和等效微球温度方差的分布，如图 3-19 所示。从图中看出，在室内靠近外墙的区域，例如无量纲进深 $L < 1$ 的区域内，外墙对室内辐射热环境的影响比较明显；特别是此区

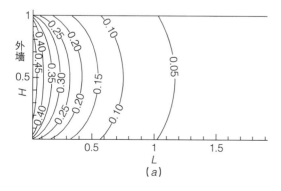
(a)

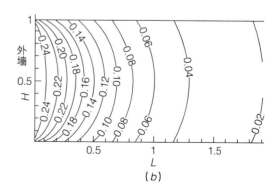
(b)

图 3-18　$W = 1$ 的房间中心垂直截面上无量纲等效微球温度和方差分布
(a) 等效微球温度；(b) 等效微球温度方差

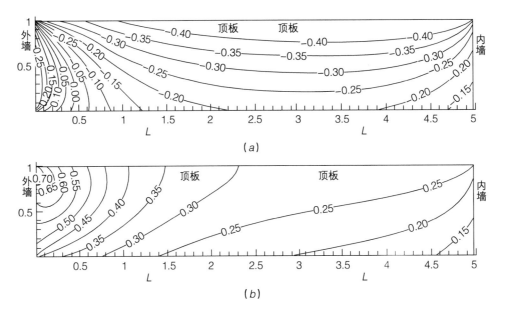

图 3-19 辐射顶板供冷下房间中心垂直截面上无量纲等效微球温度和方差分布
(a) 等效微球温度；(b) 等效微球温度方差

域内等效微球温度方差较大，说明此处存在一定的热辐射不对称。对比可发现，由于采取了辐射顶板系统，外墙沿房间进深方向对室内辐射热环境的影响被压缩，有利于提高室内热环境的均匀性。

2. 利用辐射冷却实现个体环境控制

（1）实例——个体化的辐射地板和辐射顶板供冷对比 在上述实例房间中心处布置 2.0m×2.0m 的辐射地板或顶板，形成个体化控制；辐射板表面温度 16℃，室内其余部分表面温度 26℃。辐射板安装于地板或顶板时，房间中心垂直截面上等效微球温度分布，如图 3-20 所示。对比看出：同样的辐射板表面温度下，应用个体化辐射地板可更好地将人员主要活动区域维持在较低的等效微球温度上。

引入温度 31℃ 的微元面代表人体表面，由式（3-16）计算其与等效微球之间的辐射换热量；上述辐射地板供冷工况下微元面辐射换热量在中心垂直截面上的分布，如图 3-21（a）所示。忽略人体在水平方向上辐射换热

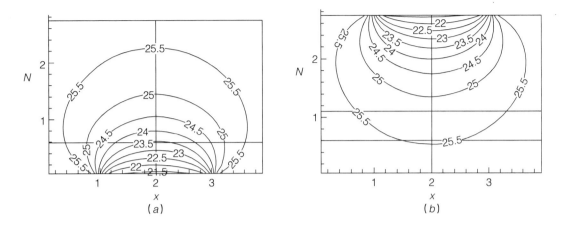

图 3-20 个体化辐射供冷时室内中心垂直截面等效温度分布

(a) 地板；(b) 顶板

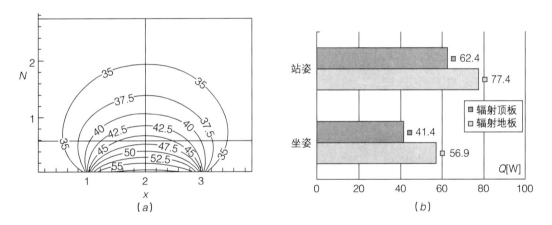

图 3-21 个体化辐射供冷工况下的辐射换热量

(a) 空间分布；(b) 沿人体表面积分结果

的不均匀性，可将人体表面简化为具有一定高度的微元柱面。设人体位于辐射地板的中心处，沿柱面高度积分得到假想坐姿或站姿人体表面的辐射换热量，如图 3-21（b）所示。同一工况下，对坐姿人体，辐射地板比辐射顶板系统能多带走 35% 的热量；对站姿人体，前者比后者能多带走 25% 的热量。换言之，要通过辐射换热方式除去同样的显热热量时，采用辐射地板供冷系统的辐射板表面温度可设定的更高些。

(2) 实例——利用辐射地板在大空间中实现个体化控制 以三种方式，在上述实例房间中布置辐射地板：地板上全部铺设布置辐射板；地板上布置两处 2.0m×2.0m 的矩形辐射板；或布置四处 1.5m×1.5m 的矩形辐射板。其中，后两种布置方式，如图 3-22 所示。

实例中，设辐射板表面温度 20℃、房间内其余部分表面温度 26℃。仍将人体表面简化为上述具有一定高度的微元柱面并位于辐射地板中心，以上三种布置方式下人体表面辐射换热量，如图 3-23 所示。

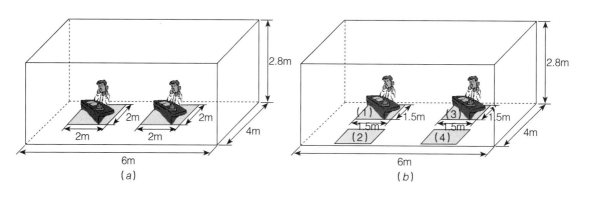

图 3-22 个体化辐射空调方式的布置示意图
(a) 2.0m×2.0m 两处；(b) 1.5m×1.5m 四处

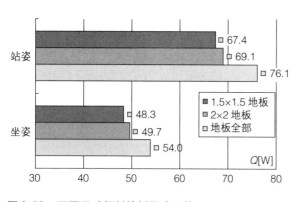

图 3-23 不同尺寸辐射地板供冷比较

进行室内热环境的舒适性评价时，通常以距离地板表面 0.6m 高度处的参数作为坐姿人体能量平衡和热舒适性分析的参考点（ASHRAE，2001）。因此，距离地板 0.6m 高度处的等效微球温度和方差可用于评价坐姿人体的舒适性。上述三种辐射地板供冷系统布置下，室内 0.6m 高度平面上等效微球温度和方差的分布，如图 3-24 所示。其中，左侧为等效微球温度分布，右侧

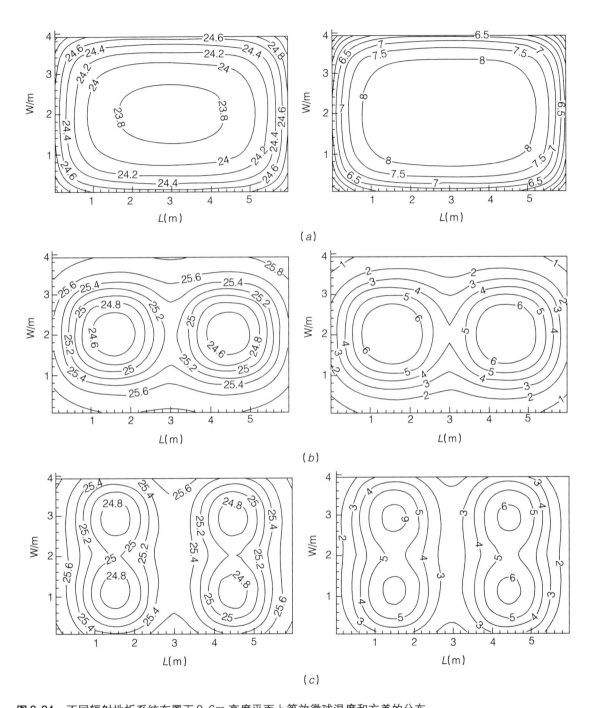

图 3-24 不同辐射地板系统布置下 0.6m 高度平面上等效微球温度和方差的分布
(a) 工况（1）——整个地板全部布置辐射板；(b) 工况（2）——地板上布置两处 2.0m×2.0m 的矩形辐射板；(c) 工况（3）——地板上布置四处 1.5m×1.5m 的矩形辐射板

为等效微球温度方差分布。从图中看出，个体化地板辐射空调方式能较好的将室内热辐射环境维持在舒适范围内。

（3）实例——工位式的垂直辐射供冷、供暖　进一步，可将个体化的辐射空调方式设计为办公建筑中常用的工位形式，以辐射板作为工位间隔板，形成垂直辐射空调方式，如图3-25所示。

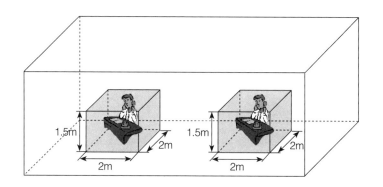

图3-25　工位式垂直辐射空调方式示意图

例如，对于2m×2m的正方形工位，将宽2m、高1.5m的辐射板按以下三种方式布置：① 安装四块辐射板形成围合；② 相互垂直安装两块辐射板；③ 平行正对安装两块辐射板。设某供冷工况下辐射板表面温度22℃，未安装辐射板的表面和工位上空的环境温度均为28℃。以上三种布置方式下，距离地面0.6m高处的等效微球温度和方差的分布，如图3-26所示。其中，左侧为等效微球温度分布，右侧为等效微球温度方差分布，边界上加粗实线表示该表面上安装有辐射板。可看出，四周围合布置或平行相对布置辐射板时，工位空间内长波辐射热环境都比较均匀，显然平行相对布置辐射板的方式更经济。

进一步，研究工位式垂直辐射板布置方式下，长波辐射在工位内部空间沿高度方向上的变化规律。例如，对于上述工况（3）——平行正对安装两块辐射板，中心垂直截面上的等效微球温度和方差的分布，如图3-27所

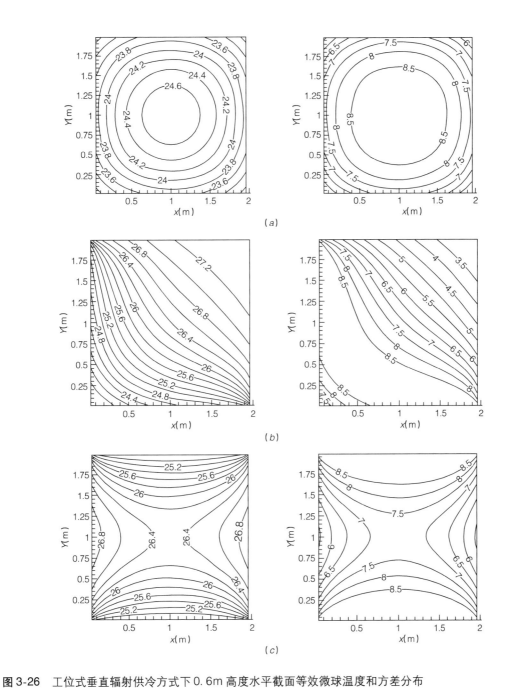

图 3-26 工位式垂直辐射供冷方式下 0.6m 高度水平截面等效微球温度和方差分布

(a) 工况（1）——安装四块辐射板形成围合；(b) 工况（2）——相互垂直的安装两块辐射板；(c) 工况（3）——平行正对安装两块辐射板

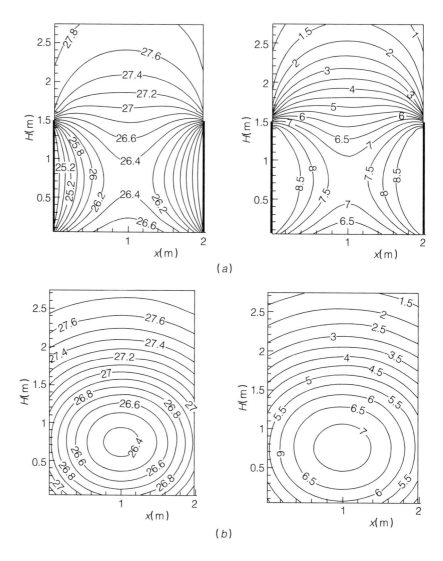

图 3-27 工位式垂直辐射供冷方式下沿高度方向截面上的等效微球温度和方差分布
(a) 中心垂直截面垂直于两辐射板; (b) 中心垂直截面平行于两辐射板

示。其中,左侧为等效微球温度分布,右侧为等效微球温度方差分布,边界上加粗实线表示该表面上安装有辐射板。可看出,空间高度方向上,工位式垂直辐射板布置比布置为辐射地板或顶板系统时,所维持的环境更加均匀,辐射能量更加集中于坐姿人体高度范围内,工位式的垂直辐射空调方式的效果将优于辐射地板或顶板系统。

3.1.4.4 人体产热在辐射冷却方式下的排出过程

1. 概述

如第1章所述，现有温湿度联合处理方式是导致现有空调系统用能效率较低的主要原因，温度独立控制系统因为只负责排出余热，因此用能效率可能较高。人员产湿是室内余湿的主要来源，受人体新陈代谢率和周围环境的共同影响。在新陈代谢率一定和舒适度不改变的前提下，若通过强化人体与环境之间的显热换热过程、减少人员产湿量，增加温度独立控制系统承担的显热负荷、降低湿度独立控制系统承担的潜热负荷，则可能进一步提高空调系统的用能效率。辐射冷却末端方式就可能实现这一目标。

从人体与环境之间显热交换平衡的角度出发，综合考虑辐射和对流两种基本传热方式，可引入操作温度 t_o（Operative Temperature）的概念：

$$\dot{q}_c + \dot{q}_r = f_{cl}h_c(t_{cl}-t_a) + f_{cl}h_r(t_{cl}-\bar{t}_r) = f_{cl}h_{tot}(t_{cl}-t_o)$$

$$t_o = \frac{h_r\bar{t}_r + h_c t_a}{h_r + h_c} = a_r\bar{t}_r + a_c t_a, h_{tot} = h_r + h_c \tag{3-18}$$

式中，$a_r + a_c = 1$，分别称为辐射比例和对流比例，一般地：$a_r = 0.6$，$a_c = 0.4$。t_o 作为人体热舒适评价的重要指标，已成为空调系统重要的设计参数。实现同一操作温度，可以有三种不同的室内环境参数组合：

- $\bar{t}_r = t_o = t_a$，全相等；
- $\bar{t}_r > t_o > t_a$，高辐射温度、低空气温度；
- $\bar{t}_r < t_o < t_a$，低辐射温度、高空气温度。

显然，第二种组合可能是最费能的，因为较低的室内空气温度会增加新风负荷，同时增加通过围护结构传热进入室内的热量。第三种组合则可能是最节能的，除了与第二种组合正好相反而减少新风负荷和围护结构传热量之外，采用辐射冷却末端方式降低平均辐射温度时还可能带来其他好处，例如：

- 因为一般有 $a_r > a_c$，因此获得同样操作温度时，平均辐射温度的降低幅度较小，例如：维持操作温度 $t_o = 26℃$，平均辐射温度提高到 $\bar{t}_r = 28℃$，则空气温度必须降低到 $t_a = 23℃$；若提高空气温度到 $t_a = 28℃$，则平均辐射温度只需要降低到 $\bar{t}_r = 24.7℃$。

- 用辐射冷却末端维持平均辐射温度则可以直接以水为冷媒，而维持空气温度必须增加一个水—空气、或制冷剂—空气的换热过程，因此维持平均辐射温度 $\bar{t}_r = 24.7℃$ 所需的冷源温度要高于维持空气温度 $t_a = 23℃$ 所需的冷源温度。

- 当操作温度相同、室内其他环境参数如湿度、风速等也相同时，人体通过显热方式散发的热量一定，显热、潜热比例不变。但当空气温度和平均辐射温度下降同样幅度，例如 t_a 和 $\bar{t}_r$ 都从 26℃ 降低至 24℃，而其他参数不变时，降低 $\bar{t}_r$ 后的操作温度要比降低 t_a 后的操作温度低 0.4℃，人体通过显热散发的热量增加、产生余湿减少。

日本学者村上周三等（2000）的研究也表明，在室内环境和生理调节的共同作用下，人体维持能量平衡时，通过各种对流、辐射和汗液蒸发等形式的能量传递在人体表面并非均匀分布。这相当于可以通过辐射冷却方式，利用人体自我生理调节机能，用高温的冷源以显热的方式直接排走了一部分室内余湿，使得空调系统的用能效率相应提高。针对这一推论，研究人体生理调节及其与室内环境之间的换热过程及规律，将给出初步的定量结果。

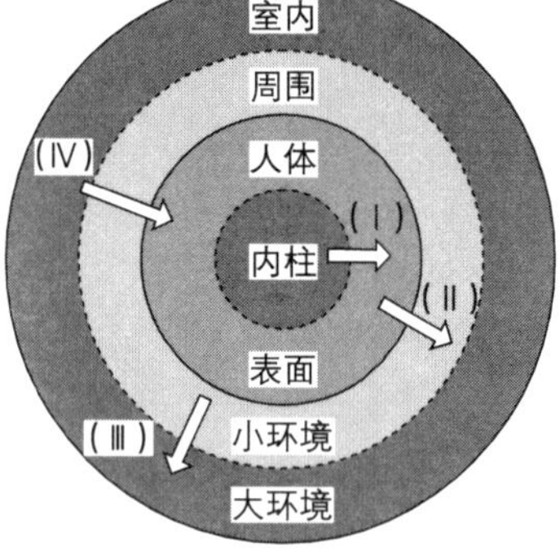

2. 人体生理调节与表面散热、散湿的基本途径

人体热湿散发与室内环境之间的相互影响过程，可用包含四个环节的循环过程表示，如图 3-28 所示。

人体散热、散湿和调节过程遵循能量平衡原理。对于这一复杂过程，Gagge 等（1986）提出的两节点集总参数模型（TNM）被广泛应用，即人体被分为假想的内核区和表皮区，对面积为 A_D 的人体和环境之间能量交换过程，可写作：

图 3-28 人体热湿散发与室内环境之间影响过程示意图

$$A_D \cdot (M - W) = A_D \cdot q_{sk} + q_{res} + S$$
$$= A_D \cdot (C + R + E_{sk}) + (C_{res} + E_{res}) + (S_{sk} + S_{cr}) \quad (3\text{-}19)$$

式中，M 为新陈代谢率，W/m^2；W 为完成的机械功，W/m^2；q_{sk} 为通过皮肤表面总散热量，W/m^2；q_{res} 为通过呼吸的总散热量，W；$(C+R)$ 为通过皮肤表面的显热散热量，即对流和长波辐射部分，W/m^2；E_{sk} 为皮肤表面汗液蒸发散热量，W/m^2；C_{res} 为通过呼吸的对流散热量，W；E_{res} 为通过呼吸的蒸发散热量，W；S_{sk} 为表皮区的蓄热量，W；S_{cr} 为内核区的蓄热量，W。

血液流动是内核区和表皮区之间生理调节进行能量传递的主要途径，其流量和内核区、表皮区的温度与各自区间正常体温之差有关，即：

$$\dot{m}_{bl} = \frac{BFN + c_{dil} \cdot (t_{cr} - t_{cr,n})}{1 + S_{tr} \cdot (t_{sk,n} - t_{sk})} \quad (3\text{-}20)$$

式中，$BFN = 6.3$，$c_{dil} = 175$，$S_{tr} = 0.5$，并保持温差项不为负，流量单位 $L/(h \cdot m^2)$。内核区与表皮区的划分主要依据血液流量，即：

$$\alpha_{sk} = 0.0418 + \frac{0.745}{10.8 \cdot \dot{m}_{bl} - 0.585} \quad (3\text{-}21)$$

相应地，生理调节排汗所散失的能量为：

$$E_{rsw} = c_{sw} \cdot (t_{bd} - t_{bd,set}) \cdot \exp[-(t_{sk} - t_{sk,n})/10.7] \quad (3\text{-}22)$$

式中，$c_{sw} = 170 W/(K \cdot m^2)$，$t_{db} = (1 - a_{sk}) \cdot t_{cr} + a_{sk} \cdot t_{sk}$。此外，内核区与表皮区之间存在导热，导热系数为 $K = 5.28 W/(K \cdot m^2)$。

通过人体外表面散发的湿度占人体散湿量的绝大部分。这一过程包括了流体动量、能量和质量等三个传递过程，与皮肤表面的蒸发或服装表面纤维的吸附——解吸附等有关。对上述蒸发或吸附等过程进行简化，人体表面近似认为是具有某一稳定水蒸气分压力分布的壁面；相应地，人体外表面湿度散发过程可简化为湿空气和具有一定温度、湿度分布壁面之间对流传热、传质问题。

3. 简捷求解方法的验证

依据 Murakami 等（2000）研究的工况设定边界条件，应用简捷方法对人体表面热湿散发和生理调节过程进行计算,计算工况示意图,如图3-29所示。

将简捷方法与复杂方法得到的结果进行对比,如图3-30所示。其中,左为简捷方法的计算结果,右为复杂方法的计算结果。从图中看出,简捷方法能够比较准确地反映人体表面对流传热、传质、长波辐射等热湿散发

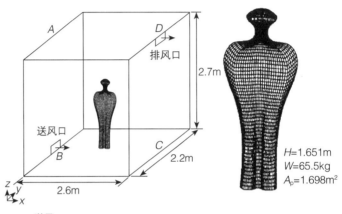

图3-29 验证简捷方法计算工况示意图

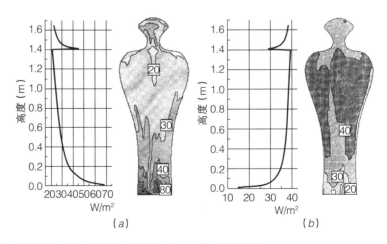

图3-30 简捷方法与复杂方法求解人体热湿散发与生理调节分布的对比

(a) 对流换热量 (W/m^2);(b) 长波辐射换热量 (W/m^2)

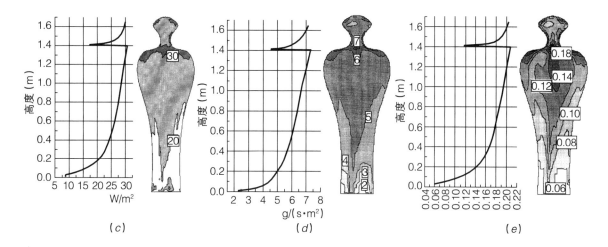

图 3-30 简捷方法与复杂方法求解人体热湿散发与生理调节分布的对比（续）
(c) 表面蒸发换热量（W/m²）；(d) 血液流量 [g/(s·m²)]；(e) 皮肤表面湿度，无量纲

过程、以及生理调节的分布规律。两种方法得到的主要计算结果在人体表面高度上的平均值，在表3-1中列出。对比看出，简捷方法计算结果令人满意。

简捷方法求解人体表面热湿散发和生理调节的结果与复杂方法对比　　表 3-1

	对流换热	辐射传热	皮肤蒸发	血液流量	皮肤湿度
单位	W/m²	W/m²	W/m²	g/(s·m²)	—
简捷方法	29.0	36.8	25.7	6.1	0.17
复杂方法	29.1	38.3	24.3	5.1	0.11

4. 应用简捷方法求解辐射冷却方式下人体热湿散发和生理调节变化规律

应用上述简捷方法，可初步分析辐射冷却方式下人体表面热湿散发和生理调节变化规律。设定三个工况：

- 均匀环境 UNI——即围护结构表面温度均匀26℃；
- 辐射冷却顶板 RCC——即屋顶设为冷辐射表面，表面温度19℃；
- 辐射冷却地板 RCF——即地板设为冷辐射表面，表面温度19℃。

其他边界条件与上一小节中设定相同,其中人员新陈代谢率为 1.7met = 98.8W/m²。用 CFD 模拟计算得到的室内温度、湿度分布作为边界条件,并应用简捷方法求解人体表面热湿散发与生理调节过程沿人体高度的分布,结果如图 3-31 所示。其中:UNI 为均匀环境;RCC 为辐射冷却顶板;RCF 为辐射冷却地板。人体高度上平均值,在表 3-2 中列出。

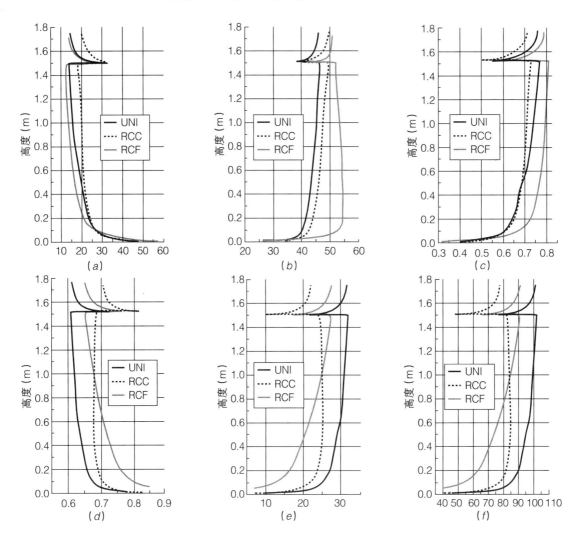

图 3-31 均匀壁面温度、冷辐射顶板和冷辐射地板系统下人体表面热湿散发和生理调节分布

(a) 对流换热量 (W/m²);(b) 辐射换热量 (W/m²);(c) 辐射散热比例;(d) 显热散热比例;(e) 表面蒸发散热量 (W/m²);(f) 表面散湿量 [g/(h·m²)]

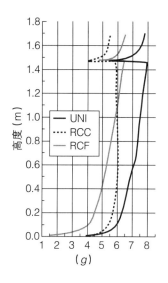
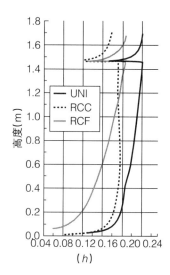

图 3-31 均匀壁面温度、冷辐射顶板和冷辐射地板系统下人体表面热湿散发和生理调节分布（续）

(g) 血液流量 [g/(s·m²)]；(h) 皮肤表面湿度

人体表面高度上热湿散发和生理调节的平均值　　表 3-2

	对流换热量	辐射传热量	皮肤蒸发热量	总体散湿量	血液流量	皮肤湿度
单位	W/m²	W/m²	W/m²	g/(h·m²)	g/(s·m²)	—
均匀环境	18.7	43.9	29.4	96.2	7.1	0.22
冷顶板	21.8	46.5	23.9	81.0	5.8	0.19
冷地板	16.9	52.6	22.4	78.0	5.5	0.16

综合图表中的结果，对于分处均匀环境、辐射冷却顶板或辐射冷却地板系统下的人体表面，热湿散发和生理调节的特点，在表 3-3 中列出。

均匀环境、冷辐射顶板和地板系统下人体热湿散发和生理调节特点　　表 3-3

	冷辐射顶板	冷辐射地板
对流换热量	高于均匀环境，因为顶板附近的冷空气下沉、掺混，室温较低	室温随高度分层，甚至小于均匀环境
辐射换热量	变化规律与均匀环境类似	整体较高，因为人体与地板之间辐射角系数较大

续表

	冷辐射顶板	冷辐射地板
辐射散热比例	在65%~70%左右	较高，在75%~80%左右
表面蒸发散热量和总体产湿量	基本稳定，低于均匀环境	低于均匀环境，随着高度增加而明显增加
显热散热比例	稳定，高于均匀环境	随高度的增加而降低，高于均匀环境
血液流量和皮肤表面湿度	稳定，低于均匀环境	随高度的增加而明显增加，低于辐射顶板系统

可看出，采取辐射冷却系统时，由于强化了人体表面的辐射换热过程，人体更多地通过显热散热的方式维持能量平衡，内核与表皮之间的血液流动降低，从而减少了通过皮肤的散湿量。由于辐射地板与人体的角系数较大，同样表面温度下、通过辐射方式带走人体表面的热量较多，皮肤表面湿度有所降低、通过皮肤的散湿量也明显下降。可预见，采取工位式垂直辐射冷却系统时，由于辐射板与人体之间的角系数大幅度提高，上述人体表面热湿散发和生理调节的变化特点将更明显。换言之，利用辐射冷却末端装置这一温度独立控制系统，尽可能地通过辐射换热的方式直接带走人体产热量，在维持人体能量平衡的前提下，有可能明显地降低人员产生的室内余湿，从而降低空调系统的能耗。

3.2 余热去除末端装置Ⅱ——干式风机盘管

3.2.1 干式风机盘管的结构与特点

在冷凝除湿空调系统中，送入风机盘管的冷水温度约为7℃，空气被降温除湿，空气中的凝水汇集到凝水盘中，并通过凝水管排出，如图3-32所示。风机盘管还带有凝水盘及冷凝水管路，不仅使得设备复杂，而且凝水盘也很有可能成为微生物滋生的温床。

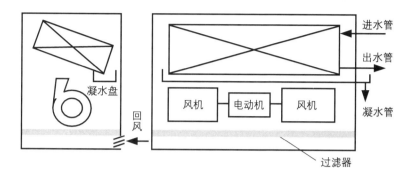

图 3-32 带凝水盘的风机盘管示意图

在温湿度独立控制空调系统中,风机盘管仅用于排除室内余热,因而冷水的供水温度提高到 18℃ 左右,风机盘管内并无凝水产生。由于不需要考虑排出凝水的问题,风机盘管的结构就可以大大简化并形成一些新的结构设计。典型的设计思路是:

- 可选取较大的设计风量;
- 选取较大的盘管换热面积、较少的盘管排数,以降低空气侧流动阻力;
- 选用大流量、小压头、低电耗的贯流风机或轴流式风机,或以自然对流的方式实现空气侧的流动;
- 选取灵活的安装布置方式,例如吊扇形式,安装于墙角、工位转角等角落,充分利用无凝水盘和凝水管所带来的灵活性。

以下介绍三种典型的干式风机盘管。

1. 仿吊扇式干式风机盘管

仿吊扇式的吊装方式,如图 3-33 所示,只需在空气通路上布置换热盘管。这可使风机盘管成本和安装费大幅度降低,并且不再占用吊顶空间。

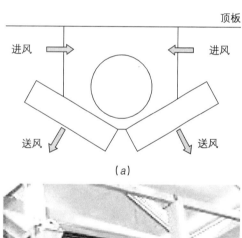

图 3-33 仿吊扇形式的风机盘管

(a) 示意图;(b) 安装照片(美国卡内基梅隆大学)

2. 贯流型干式风机盘管

图 3-34 和图 3-35 为目前欧洲已出现的新型贯流型干式风机盘管的断面结构和安装实例（Danfoss 公司）。图 3-34 所示的干式风机盘管产品（Danfoss 公司）为模块化设计，在长度方面可灵活改变，与建筑物的尺寸很容易配合。在风扇和导流板之间放置了特殊的材料 VORTEX 以消除由于高风速引起的噪声。采用专用高精度轴承，确保长寿命及消除机械噪声。电机为直流无刷型，这也就意味着无磨损件。电机的效率很高，并且可在 400～3000r/min 的范围内进行连续调节。

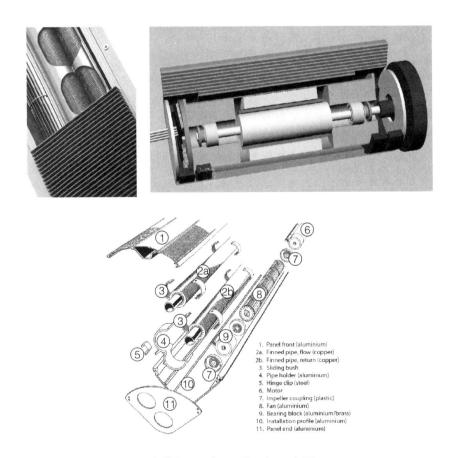

图 3-34　紧凑式干式风机盘管产品示意图（Danfoss 公司）

图 3-35　干式风机盘管应用效果图

3. 自然对流式空气冷却器

将如图 3-5 所示的"冷网格"型辐射板的 PP 管，置入如图 3-36 所示的塔式或柜式的空气冷却器（德国 CLINA 公司），高温的室内空气从塔式或柜式冷却器的上部进入，通过与 PP 管表面的换热降温后，由于自然对流的作用，冷空气从下部送入室内，其原理如图 3-37 所示。

  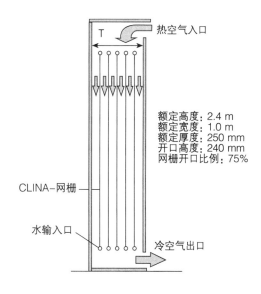

图 3-36　自然对流塔式和柜式空气冷却器应用效果图　　图 3-37　自然对流柜式空气冷却器设计原理图

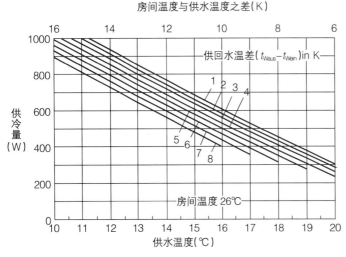

图 3-38 自然对流柜式空气冷却器不同供水温度、供回水温差下的供冷量

对于图 3-37 所示结构,在室温 26℃、不同供水温度、不同供回水温差下的柜式空气冷却器的供冷量,如图 3-38 所示。

3.2.2 传热能力计算

3.2.2.1 干式风机盘管的传热能力

图 3-34 所示的贯流型干式风机盘管(Danfoss 公司)在供热工况下散热量随水温和风速的变化关系,见图 3-39。其中额定输出量按 60℃ 供水、50℃ 回水、20℃ 室温及 1500r/min 的风速定义。厂家给出的干式风机盘管输出冷热量,见表 3-4,其中 ΔT = (供水温度 + 回水温度)/2 − 房间空气温度。

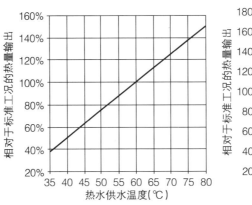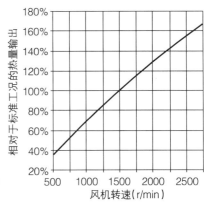

图 3-39 水温和风速与额定热输出的相对关系

干式风机盘管输出冷热量 表 3-4

	风速	
	1500r/min	2800r/min
$\Delta T = 35℃$ 时，每米的热输出能力	400W	730W
$\Delta T = 9℃$ 时，每米的冷输出能力	110W	190W

从图 3-39 及表 3-4 的数据中可注意到风速增加可明显提高输出能力。同时，风机转速也影响着噪声水平，在 1500r/min 时仅为 22dB（A），即使达到 2000r/min 时，噪声水平为 35dB（A），仍满足办公室的噪声限制标准。因此，干式风机盘管可直接通过改变风机转速调节供冷量，从而实现对室温的连续调节。这种末端方式在冬季可完全不改变新风送风参数，仍由其承担室内湿度和 CO_2 的控制。干式风机盘管则通入热水，变供冷为供热，继续维持室温。

在某示范建筑中对上述贯流型干式风机盘管供冷工况进行实测。结果表明，风机转速 2400r/min 时，单位长度贯流型干式风机盘管的风量接近 150m³/h，其风量与风机转速之间关系的实测结果，如图 3-40 所示。当供水温度 19℃、室内空气温度 26℃时，单位长度的盘管供冷量与风机转速之间的关系，如图 3-41 所示。可以看出，贯流型干式风机盘管的供冷量在风机转速低于 1500r/min、高于 480r/min 时，基本呈线性变化规律；在风机转速超过 1500r/min 后，供冷量变化不大。因此可根据这一特点，依据室内负荷变化状况，通过调节风机转速维持室内空气温度在舒适范围内。

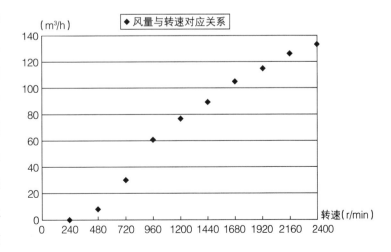

图 3-40 贯流型干式风机盘管风量与风机转速之间关系的实测结果

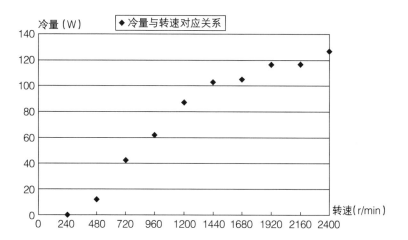

图 3-41 贯流型干式风机盘管供冷量与风机转速之间关系的实测结果（单位盘管长度）

3.2.2.2 常规湿工况风机盘管用于干工况的传热能力校核

市场上风机盘管样本中提供的传热能力，大多是工作在冷凝除湿的"湿工况"情况。在温湿度独立控制空调系统中，由于风机盘管在"干工况"下运行，并且供回水温度均和常规系统不同，风机盘管实际供冷量与常规设备样本中的数据又存在很大差别，需要根据实际情况仔细校合计算，尤其不能按照常规设备样本提供的供冷量数据进行选型。

有些情况下，直接使用湿式风机盘管使其运行在干工况情况下，产品样本给出了在标准工况下的冷、热量，可根据标准供热量及供回水温度，由式（3-23）反算出风机盘管的传热能力 KF：

$$Q_h = KF\Delta t_{m,h} \tag{3-23}$$

然后带入式（3-24），根据供冷工况下的设计供水温度，得到干工况下的实际供冷量：

$$Q_c = KF\Delta t_{m,c} \tag{3-24}$$

式中，Q_h 为标准工况下供热量，W；Q_c 为干工况供冷量，W；K 为传热系数，W/(m²·℃)；F 为传热面积，m²；$\Delta t_{m,h}$ 和 $\Delta t_{m,c}$ 分别为供热工况与

供冷工况的对数平均温差，℃。

表3-5给出了两种型号的风机盘管在"干工况"的性能参数与样本额定值。由计算结果可以看出，在给定供回水温度的情况下，同一盘管干工况的供冷量约为湿工况的30%~40%，但由于不需要除湿，盘管所需承担的负荷减小，实际增加的盘管面积需根据工况仔细计算。

风机盘管在不同工况下的工作性能　　　　表3-5

	干工况 （冷水供回水温度为17/21℃）		湿工况 （冷水供回水温度为7/12℃）	
型号	FP-5	FP-10	FP-5	FP-10
额定风量（m³/h）	619	1058	619	1058
室内状态	干球温度：26℃，相对湿度：50%			
送风温度（℃）	20.7	20.6	14.2	14.0
送风相对湿度（%）	69	69	95	95
冷量（W）	1102	1914	2976	5312

3.3 送风末端装置Ⅰ——置换通风

3.3.1 技术原理和特点
3.3.1.1 工作原理概述

置换通风初始于北欧，是一种新型的通风形式。它可使人停留区具有较高的空气品质、热舒适性和通风效率，同时也可以节约建筑能耗。其工作原理是以极低的送风速度（0.25m/s以下）将新鲜的冷空气由房间底部送入室内，由于送入的空气密度大而沉积在房间底部，形成一个空气湖。当遇到人员、设备等热源时，新鲜空气被加热上升，形成热羽流并作为室内空气流动的主导气流，从而将热量和污染物等带至房间上部，脱离人的停留区。回（排）风口设置在房间顶部，热的、污浊的空气就从顶部排出。于是置换通风就在室内形成了低速、温度和污染物浓度分层分布的流场。图3-42给出了置换通风的原理示意图。表3-6给出了置换通风与传统的混合通风的比较（李强民，2000）。

 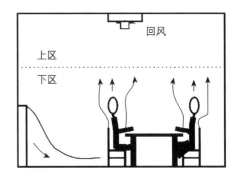

图 3-42 置换通风原理图

置换通风与混合通风方式的比较　　　　表 3-6

	混合通风	置换通风
目标	全室温湿度均匀	工作区舒适性
动力	流体动力控制	浮力控制
机理	气流强烈掺混	气流扩散浮力提升
	大温差高风速	小温差低风速
相应	上送下回	下侧送上回
措施	风口紊流系数大	送风紊流小
	风口掺混性好	风口扩散性好
流态	回流区为紊流区	送风区为层流区
分布	上下均匀	温度/浓度分层
效果	消除全室负荷	消除工作区负荷
	空气品质接近于回风	空气品质接近于送风

3.3.1.2 末端形式

置换通风在实际应用过程中有不同的末端形式，根据其送风形式主要可分为：

- 下侧送风，多采用平板型或者矢流型的置换通风散流器送风，如图 3-43 所示。
- 下送风，如图 3-44 所示。
- 座椅送风形式，如图 3-45 所示。

而回风一般都位于室内上部,可侧上回或者顶回。此外,为了避免送风分布的不均匀,在实际工程中,通常需要在风口前布置均压器。

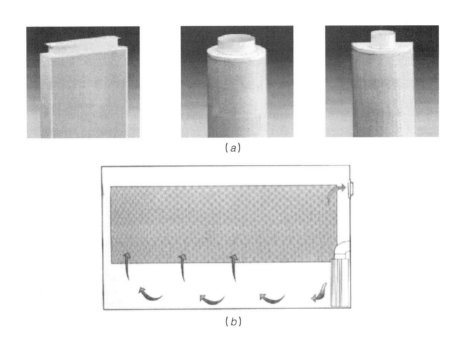

图 3-43　下侧送风形式的置换通风
(a) 下侧送风用置换风口;(b) 气流组织形式

图 3-44　下送风用置换通风散流器
(a) 下送风用风口;(b) 气流组织形式

图 3-45 座椅送风散流器

3.3.1.3 技术特点

置换通风以较低风速在房间下部送风,气流以类似层流的活塞流的状态缓慢向上移动,到达一定高度受热源和顶板的影响,发生紊流现象,产生紊流区。气流产生热力分层现象,出现两个区域:下部单向流动区和上部混合区。空气温度场和浓度场在这两个区域有非常明显的不同特性,下部单向流动区存在一明显垂直温度梯度和浓度梯度,而上部紊流混合区温度场和浓度场则比较均匀,接近排风的温度和污染物浓度。因此,从理论上讲,只要保证分层高度在工作区以上,由于送风速度极小且送风紊流度低,即可以保证在工作区大部分区域风速低于 0.15m/s,不产生吹风感;另外,新鲜清洁空气直接送入工作区,先经过人体,这样就可以保证人体处于一个相对清洁的空气环境中,从而有效地提高工作区空气品质。

前已述及,在温湿度独立控制的概念之下,置换通风系统只去除室内余湿和污染物,去除显热的任务由专门的干式末端负责。这样下送风的置换通风就可以等温或者小温差送入室内,那么此时所期望的由下而上的流型是否还能形成呢?实际上,由于下送上回的送回风口布置形式,以及人员本身的热羽流作用,等温送风仍然可以形成较好的气流流型,从而达到期望的通风效果。图 3-46 给出的某办公室采用地板等温下送风的计算流体力学(CFD)模拟计算结果证明了此点,取一人一间的办公室为研究对象,房间尺寸为 $5m \times 3m \times 3m$,人员湿负荷为 184g/h,假设全部由头部呼吸区产生,换气次数取1.0ACH,室内设计参数为26℃,相对湿度60%,送入温度为26℃,含湿量为9.1g/kg的干燥新风。从模拟结果可知,湿度高的区域主要集中在了人员头部散湿区及上部,由下而上的热羽流能有效去除室内余湿,因此实际设计时可以采用等温送风方式或者小温差送风方式。小温差的送风方式,一方面利于活塞流型的形成,另一方面还能去除小部分余热。此外,等温或小温差送风的置换通风,还可以避免工作区存在过大的垂直温度梯度,不会使人体产生过重的脚凉头暖的不适感。

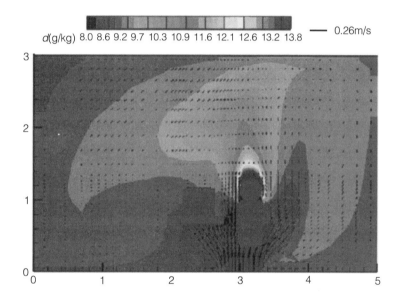

图3-46 地板等温送风形成的室内流场和湿度场模拟结果

3.3.2 基于温湿度独立控制的置换通风系统设计

3.3.2.1 设计计算方法

1. 确定送风系统所需风量

系统送风量主要应满足两个要求:一是去除室内余湿,二是保证室内人员所需新风量。用于去除室内余湿的风量为:

$$Q_\mathrm{d} = \frac{D_\mathrm{r}}{(d_\mathrm{h} - d_\mathrm{s})\rho} \tag{3-25}$$

式中，Q_d 为送风量，m^3/h；D_r 为人员散湿量，g/h；d_h 和 d_s 分别为回风含湿量和送风含湿量，g/kg；ρ 为空气密度，kg/m^3。为保证人员所需的新风量为：

$$Q_f = nq \tag{3-26}$$

式中，n 为室内人员数；q 为每个人所需新风量。q 可按房间需要确定，室内空气品质要求高，$q = 50 m^3/(h·人)$；室内空气品质要求中等，$q = 35 m^3/(h·人)$；室内空气品质要求低，$q = 25 m^3/(h·人)$。根据此要求，可结合实际情况同时兼顾人员所需新风和湿度控制的要求，选取合理的新风量 Q_d，然后将 Q_d 带入式（3-25），可以确定要求的送风含湿量 d_s，并与除湿设备能达到的能力进行校核。注意在式（3-25）中，人员散湿与活动状态有关。可结合建筑功能和人员活动情况，根据相关设计手册的数据确定散湿量（详见第 2 章 2.3.1 节）。

2. 送风系统设计

在确定置换通风系统送风量以及送风的相关参数（温度、含湿量）之后，则可以按照如图 3-47 所示的流程设计送风系统。

依据系统的设计送风量和推荐的送风速度（风口平均送风速度一般应小于 0.25m/s），结合设计的湿度变化范围确定风量变化范围，选取合理的送风口形式及其风量变化范围，并进一步确定风口数目；最后确定具体的风口铺设方式。

基于温湿度独立控制的置换通风是一新概念，目前还没有专门针对此

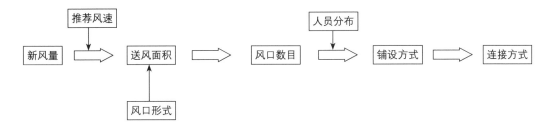

图 3-47　送风系统设计流程

设计的送风口。根据笔者的模拟和实测研究结果，通常一个 600mm×600mm、打孔率为 12.5% 的地板送风口在保证送风速度为 0.25m/s 时，可以提供约 40m³/h 的风量，从而可承担 10m² 左右的常规办公建筑的建筑面积所需要的除湿风量。

3. 典型功能房间的温湿度独立控制送风系统计算方法

本部分将结合上述的设计方法和基本原则，对三种典型的功能空间进行示例说明。

- 单间办公室

这种房间的特点是人员（产湿量）变化范围小，空间也相对较小。设计状态为 1 人，根据设计手册，此时人员轻微活动下产湿量为 183g/(h·人)。按照每人需求的新风量 35m³/(h·人) 计算，并结合室内设计参数（26℃，60%，含湿量为 12.6g/kg 干空气），可以确定送风湿度为 8.2g/kg，经过校核，除湿设备可以满足此要求。根据此送风量，对于置换通风，可以选择一个 600mm×600mm、打孔率为 12.5% 的地板送风口，此时小孔送风速度为 0.21m/s。设计人员最大变化范围为 4 人，则此时相应风量增加为 140m³/h，因此选取的地板风口风量最大应为 140m³/h，小孔送风速度相应增加为 0.84m/s，由于具有较小的有效送风面积，因此此时风口的平均送风速度还不至于引起人体不适，可以接受。根据此要求可以选择末端带动力型送风口。单个办公室建筑面积一般在 10m² 左右，根据上述计算，选择一个这样的风口可以满足气流组织的要求。

- 会议室或多功能厅

这类房间的特点是空间较大、人员变化范围大，需要考虑在不同人数状态下的送风模式，人少时候，开启风口则相应少。举例而言，对于一个面积约 200m² 的会议室或者多功能厅而言，设计人员为 50 人，需要送风量为 1750m³/h。选取下送风的地板送风口，外形尺寸为 600mm×600mm，打孔率 12.5%，可以布置 24 个地板送风单元，这样每块地板风口小孔送风速度为 0.45m/s，满足设计要求。考虑会议室中人数变化较大，将 24 个地板送风单元组合为4组,6个地板送风单元为一组,这样即可根据参会人数的不同来选择开启地板送风单元。当与会人数超过设计人员,例如进入100人时,则此时送风量应能提到3500m³/h,小孔送风速度相应能提到0.9m/s。另外,为防止人员过多时风量增加导致单个风口送风速度过大,可以设置备用风口,通过末端的风机控制其开启,以便在室内人员急剧增加时应急,防止大部分风量过度集中于较少风口送风而造成气流组织的不利。备用风口通常可选用为侧下送的置换型风口。

- 敞开式办公室

此种房间的特点是:空间很大、人员变化总体不大,基本上可以按照两个工位(约10m²建筑面积)布置一个下送风口来进行设计。具体设计方法,可以参照单间办公室,此处不再赘述。此外,对于敞开式办公室,另一种较好的送风方式即是采用工位个体化送风,此部分内容将在后文有所介绍。

3.3.2.2 送风气流组织分析

基于温湿度独立控制的置换送风主要目的是去除人体产湿,因此从"按需送风、就近排湿(污)"的原则出发,风口应接近于人员主要活动区。经过现场测试以及CFD模拟分析表明,在同样的室内产湿量、送风量和送风参数条件下,采用地板送风方式比侧下置换送风以及座椅置换通风能更有效去除室内余湿,因此在设计中可优先考虑采用地板送风的方式。

此外,基于温湿度独立控制的置换送风是小风量送风,因此比常规送风系统更易造成室内湿度分布的不均匀,尤其是因为回风或排风从室内上部排除,而上部又往往是干式显热末端布置的位置(如辐射顶板,干式风机盘管等),因此有可能由于室内湿度的不均匀性,湿度在顶部聚集,从而导致顶部干式末端结露的危险性增加。这是湿度独立控制的送风气流组织最为关键的一个问题。为此,可以采用CFD的方法详细分析不同气流组织下形成的湿度分布情况,从而指导设计利于湿度独立控制的气流组织。

为说明此问题,表3-7列出了两种工况,代表不同的室内人员热湿负荷以及气流组织形式,温度控制末端采用辐射顶板。模拟房间尺寸为长×宽×高 = 6.1m×5.7m×2.8m,均布 4 块送风地板,尺寸为 600mm×600mm,于房间壁面近顶板处布置一尺寸为 200mm×400mm 的回风口,每人保证 35m³/h 的送风量(送风温度:26℃;送风含湿量:9.1g/kg)。图 3-48 和图 3-49 分别给出了工况 1 和工况 2 的示意图。

不同气流组织和人员负荷的比较工况　　　　表 3-7

	工况 1	工况 2
辐射板位置	顶部	顶部
人员(人)	6	12
冷负荷(W/m²)	35	53
总送风量(m³/h)	210	420
辐射板供水温度(℃)	20	17

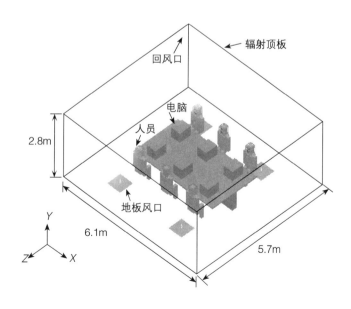

图 3-48　人员较少的工况示意图(工况 1)

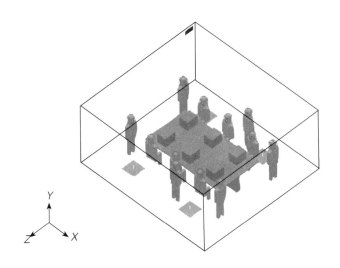

图 3-49　人员加倍时的工况示意图（工况 2）

对温湿度独立控制的送风系统的一个最基本要求是不能出现结露，也就是所形成的气流组织在干式末端附近相对湿度（含湿量）应足够低。因此首先对比辐射板附近的湿度分布情况，以工况 1 和 2 为例，辐射顶板附近的湿度分布，如图 3-50 所示。从图中可知，在温湿度独立控制系统中，去除室内湿负荷的干燥新风从地板风口送出，吸收室内余湿后从侧壁上方回

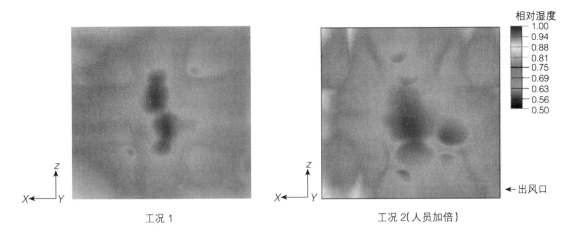

图 3-50　顶板附近相对湿度分布

风口排出，故室内上方空间湿度较高，在顶板附近的区域，相对湿度基本在60%～70%，远离回风口的墙角处，由于空气不易排出，相对湿度更高，达到了70%以上，但不超过85%，尚没有结露的危险。

另外，在保证干式末端不结露的条件下，可以进一步结合湿度和温度考察人体热舒适的感觉，图3-51给出了两个工况计算的PMV（Predicted Mean Vote，预测热舒适投票）分布，可以用于判断气流组织对人体热舒适的要求。从图中可知，两种工况下，人员附近PMV值也在0（适中）～1（微暖）范围内，满足要求。

图3-52给出了在工况1、2中空气温度，相对湿度沿高度方向变化情况。模拟结果表明，当人员负荷加倍之后，降低辐射板温度后可以有效地控制室温，但使风量加倍并不能有效地去除增加的余湿，各个高度点的相对湿度明显增加，尤其是顶部辐射板结露可能性增大。这主要是由于人员负荷增加后，热羽流作用明显，人员头部区域空气速度增加，遇更冷的辐射顶板，产生了较为明显的回流，使得余湿不容易被排走。因此，当人员数量增加之后，风量提高的比例要比人员提高比例增大一些，这样才能避免结露的危险。

从以上分析可知，通过数值模拟分析的手段，可以对不同热、湿负荷

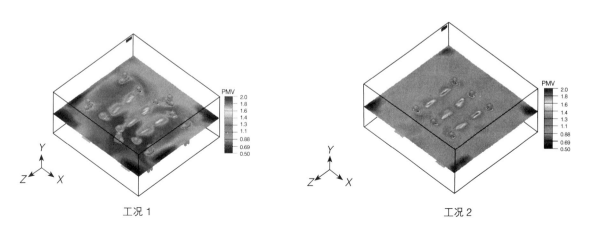

图3-51 人员呼吸区PMV模拟结果比较

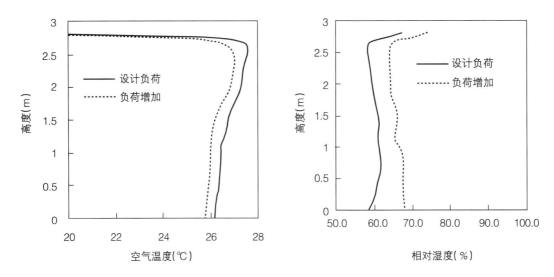

图 3-52 工况 1、2 下空气温度，相对湿度沿高度方向变化

下室内的气流组织进行分析，考察其对室内人员热舒适，以及不结露的基本要求，从而确定和优化气流组织形式。由于实际应用情况千差万别，因此在对气流组织进行设计时，可以借助上述的方法进行详细分析。

3.3.2.3 调节方法

湿度独立控制系统末端风量的调节主要是根据"去除余湿或污染物"的思想，随着室内余湿或污染物的变化而调节送风量，以达到有效去除余湿或污染物的目的，维持室内湿度或污染物含量的设计参数。其调节方法可与传统的变风量系统类似，即可以采用阀门或者风机来调节末端风量，但由于湿度独立控制风系统"小风量送风、高效去除余湿"的特点和要求，其调节方法也有独特之处。对于小风量范围（300m^3/h 以下）内的调节设备，阀门的价格高于风机的价格。例如笔者研究采用的直径为 175mm，风量 200m^3/h 的直流无刷风机的价格为 200 元，而达到同样调节范围的电动阀门的价格为 400~600 元，约为风机价格的 2~3 倍，且当各个末端所需风量与额定风量之比相差较大的时候，会有很多阀门处在开度较小的位置，增大了整个送风系统的阻力，造成了能源的浪费。因此从初投资和运行费用

(能耗）两方面考虑，末端采用风机来调节风量较好。由于末端阻力以及风量都较小，因此一般选用效率较高的直流无刷风机，负责克服末端阻力，而空调箱（一般采用溶液除湿机组）以及送风管道的阻力则全部由总送风机（由于风量以及需要的压头较大，一般采用交流变频风机）来克服。下面分别阐述，以作为实际应用设计时的指导。

1. 末端装置的调节

末端风机一般选用直流无刷电机驱动的风机，该种类型的风机可以通过调节输入电压（电流）等方法来改变风机转速从而改变风量。

实际运行过程中，当室内湿源发生变化的时候，可以通过调节风机的转速或者改变风机的开启数量（对于阀门调节的末端就是调节阀门的开度），从而调整风量满足室内相对湿度或者二氧化碳浓度的要求。具体调节策略是使用传感器（相对湿度传感器或者二氧化碳传感器）测得室内当前状态的所控参数值（相对湿度值或者二氧化碳浓度值），再根据该参数值与预先设定的室内参数值之差，通过一定的控制算法计算出此时所需的风机的电压或者风机的开启个数（阀门的开度），进行调节。

末端控制系统的原理图如图 3-53 所示（图中的风机也可以换作阀门）。

实际运行的时候，根据传感器测得的湿度或 CO_2 浓度与设定值之差，改变驱动小风机的电压，从而改变末端风量。根据人体的舒适性要求，室内湿度设定值通常在 50%～60% 之间，室内的 CO_2 浓度设定值一般为 1000×10^{-6}。而室内主要的湿源以及 CO_2 散发源都为人员，基本上可以认为室内的产湿量和 CO_2 散发量是成正比的，因此也可以根据室内的湿度要求以及送风湿度来确定 CO_2 浓度设定值。当室内的湿度和 CO_2 浓度低于设定值的时候，就应该减少风

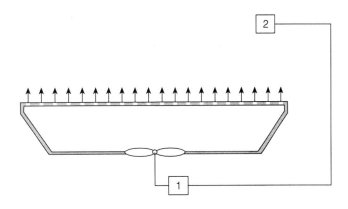

图 3-53 送风末端控制系统示意图

1—电压调节器；2—传感器

量直到其达到设定值,当各个小风机都停了(各个阀门开度均为0)的情况下,应该停掉总送风机。由于人体湿度舒适范围比较小,故采用湿度传感器控制较 CO_2 传感器为好。

2. 总风机的调节

总送风机的控制可以采用总风量控制法,对于末端采用风机进行风量调节的系统而言,由于送风系统中末端设备的阻力由末端风机克服,总送风机只需要克服送风管道以及空调箱的阻力,而这两者的阻力仅和风量有关。将各个末端设备所需的送风量相加便可以得到总送风量 G,因此只要知道送风管道以及空调箱的阻力特性曲线 $P=f(G)$,以及总送风机在不同频率时的性能曲线 $P=g(n,G)$,求解方程 $f(G)=g(n,G)$ 便可以知道所需的风机频率 n。对于一般的空调系统而言,送风管道以及空调箱的阻力与流量的平方成正比,因此总送风机一直工作在相似工作点上,转速和风量成正比关系,将室内各个末端的所需送风量相加便可以得到系统所需的总送风量 $G_{运行}$,再根据设计工况(即末端风机全开,且输入电压均为最大,最不利末端的阻力全部由末端风机克服的工况)下总送风机的转速 $N_{设计}$ 和风量 $G_{设计}$,可以求得总送风机的转速 $N_{运行}$:

$$N_{运行} = N_{设计} \cdot \frac{G_{运行}}{G_{设计}} \tag{3-27}$$

对于末端采用阀门进行风量调节的系统而言,由于整个系统的阻力全部都由总送风机来克服,因此当各个阀门开度不一样时,系统的阻力特性会发生改变。考虑到各末端风量要求的不均衡性,适当地增加一个安全系数就可简单地实现风机的变频控制。这个安全系数应该能反映出末端风量要求的不均衡性,则风机转速控制关系式可以写成如下的形式:

$$N_s = \frac{\sum_{i=1}^{n} G_{s,i}}{\sum_{i=1}^{n} G_{d,i}} N_d (1 + \sigma K) \tag{3-28}$$

式中,N_s 为运行工况下风机设定转速;N_d 为设计工况下的设计转速;σ 为所有末端相对设定风量的均方差;K 为自适应的整定参数,缺省值为

1.0；$G_{s,i}$ 为第 i 个末端的设定风量；$G_{d,i}$ 为第 i 个末端的设计风量；n 为变风量系统中末端的总个数。

均方差 σ 可以表示为：

$$\sigma = \sqrt{\frac{\sum_{i=1}^{n}(R_i - R)^2}{n(n-1)}} \tag{3-29}$$

式中，R_i 为第 i 个末端的相对设定风量；R 为各个末端的相对设定风量 R_i 的平均值，定义式如下：

$$R_i = \frac{G_{s,i}}{G_{d,i}} \tag{3-30}$$

$$R = \frac{\sum_{i=1}^{n} R_i}{n} \tag{3-31}$$

通常情况下回风口处不设调节设备，因此总回风机所需克服的整个回风系统的阻力特性不发生变化。为了保证室内正压，回风风量通常为送风量的 90% 左右，因此只要知道系统所需的总送风量便可以求出所需的回风量，总回风机的控制方法与送风机的相同。

由于总送风机和总回风机一般选用交流离心风机，通过调节供电频率来改变风机的转速。各个末端所需的风量都是通过中央控制系统计算得到，将它们相加便可以得到这一层所需的总送风量，根据上述的总风量控制方法可以计算出总送风机以及总回风机所需的风机转速，再根据风机转速与频率的对应关系，计算出风机所需的频率，通过控制网络将控制信号传输到风机的变频器处，改变变频器的输出频率，从而调节风机的转速，满足系统总送风量和总回风量的要求。

3.4　送风末端装置Ⅱ——个性化送风

3.4.1　工作原理与末端装置

3.4.1.1　工作原理

房间在实际使用过程中，室内人员在衣着量、活动强度和对室内温湿度与气流速度方面偏好存在明显的差异。例如：人的服装热阻值可能从 0.4clo 变化到 1.2clo，甚至范围更大，人的体力和脑力活动量的不同导致新陈代谢量可能在 1met 到 2met 之间变化。对空气温度偏好的个体化差异最高可以达到 10℃。对气流的偏好可能变化 4 倍以上。因此，传统的全空间调节有其局限性而且通常不能同时为每一位使用者提供高的热感觉和空气品质。

如果提供给每一位使用者一种可能性，使其能够控制他自己喜好的局部微环境，则在一个房间中为绝大多数使用者提供可接受的环境条件是可以实现的。由此出现了个性化送风这一概念。个性化送风完全改变了传统的对整个空间进行调节的理念，是专为个人提供局部热湿环境调节的送风方式，可以只送新风或加入少量回风，具有很高的通风效率，并能实现使用者根据个体需要进行自主调节。当然，这种送风模式不适合工作位置不稳定的个人，而可在一般办公室内使用。如图 3-54 所示为个性化送风末端的示意图。

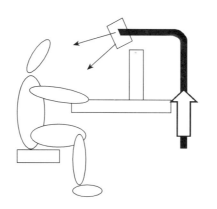

图 3-54　个性化送风示意图

个体送风方式下的微环境之所以有可能让绝大多数的使用者满意，是因为以下几个方面的原因。其一，新鲜空气可以直接送到人的呼吸区，减少了与室内空气的混合，使人体吸入的空气尽可能地不受周围环境的污染，以保证较高的空气品质；其二，通过局部的冷却或加热，能够达到每一位使用者满意的热感觉条件。芬兰研究人员发现房间温度的个体化调节能够提高人对温度的满意程度并降低病态建筑综合症的症状（Jaakkola 等，1989）。其三，个体送风的独立调节手段可以减小个体差异对舒适性的影响，同时产生的心理作用也有助于提高空气品质。其中，非常重要的因素就是个体控制对使用者的心理影响。提供给使用者个体控制之后，他们的抱怨减少，而对局部环境的满意度提高。一项现场研究指出，对使用者而言，拥有控制其局部环境的可能性比起真正进行大范围的控制调节来说更为重要（Bauman 等，1998）。

将个体化送风作为温湿度独立控制的送风末端，还具有排湿效率高的特点。CFD 模拟结果表明（图 3-55、图 3-56），个性化的送风方式直接送风至人员呼吸区，能高效去除余湿，从而实现了"就近排湿（污）"的目标，使得人员产湿不易向房间其余地方扩散，从而保证整个房间空气含湿量较低。

3.4.1.2 末端形式

由于个性化送风尚处于研究过程之中，目前市场上鲜见具体的个性化送风末端产品。图 3-57 给出了几种国内外研究机构进行个性化送风实验研究时采用的具体形式，总体可总结为：连接软管、末端布风器（风口）、以及配套的调节设施。个性化送风末端是人性化的一种送风形式，可由使用者根据个人喜好进行自由调节。

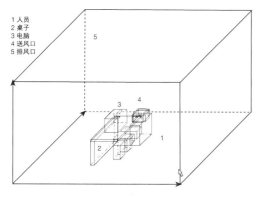

图 3-55 个性化送风模拟示意图

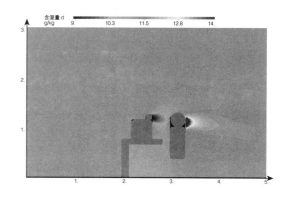

图 3-56 个性化送风湿度分布图

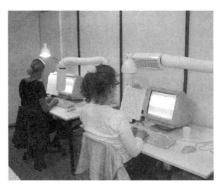
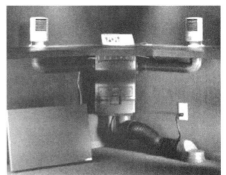

图 3-57 个性化送风具体形式

3.4.2 基于温湿度独立控制的个体化送风系统设计

3.4.2.1 概述

基于温湿度独立控制的需要,可以将个体化送风装置与工位垂直辐射板(内通平均温度为 20℃左右的高温冷水)配合使用,个体化风口送出干燥的新风,主要控制人员所处的湿环境,工位垂直辐射板控制工位区域的局部背景温度。此外,如需要进一步提高控制手段,可增加冷吊顶或干式风机盘管,控制大环境的背景温度;设置地板置换通风,以控制大环境的背景湿度。例如,安装于某建筑开放式办公室的个体化风口即是一个结合工位垂直辐射板的温湿度独立处理策略的末端,如图 3-58 所示。该空间的

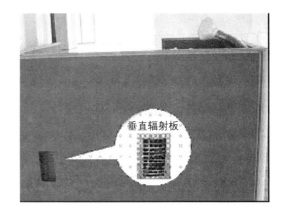

图 3-58 个体化空调空间

工作原理是：全顶棚安装的水平辐射吊顶，通过辐射作用控制大环境的背景温度；地板置换风口，送出干燥新风，控制大环境的背景湿度；而该工位空间独立拥有控制温度、湿度手段，通过改变隐藏在垂直隔板中的辐射板水温，微调温度，通过改变个体化送风风量，去除人员散湿量。背景+个体的温湿度独立控制既满足了大空间温湿度要求，又给使用者提供了个性化调节的可能性，是一种节能高效的新颖空调方式。

由于从顶棚引风至工位妨碍使用者工作，因此目前个体化送风主要适用于地板引风的空调系统设计。其中架空地板设计有两种形式，一是架空地板作为静压箱，新风机组处理过的新风直接送入地板内并在地板内形成一定静压，个体化风口系统直接从架空部分取风；二是地板内铺设风管，通过风管把空调机组处理后的风送到室内各处的地下，个体化风口从风道中取风。无论使用哪种送风方式，个体化风口系统应当包括风机、输送管道、出风口这三个基本部件。风机前阻力由空调机组克服，个体化风口系统的风机用以克服输送管道和出风口的阻力，作为使用者调节风速风量之用。

3.4.2.2 设计方法

在工位送风系统的设计过程中，先依据除湿的要求确定所需送风风量，然后设计送风方式和出风口，确定输送管道的相关尺寸，最后选择合适的可调速风机。

1. 确定送风量

本文中提到的个体化风口是结合温湿度独立控制策略而设计的，即由个体化风口控制工作区的湿度。因此在确定个体化风口的风量时，与3.3.2.1节中置换通风系统送风量确定的方法一样，主要考虑两点，即人员新风量需求和个体化风口除湿效果。

2. 送风方式

对于个体化送风，依据送风平均速度是否随时间变化，可以将其分为稳态送风和动态送风两种方式。目前，送风动态化是当前很热门的一个研究方向，送风动态化可以有效的改善使用者对环境沉闷、单调的抱怨，并且能够在很大程度上减小病态建筑综合症的发生,从而极大改善受试者对较高平均风速气流的接受程度。以下分别对稳态和动态两种送风方式进行介绍。

- 稳态送风方式

在考虑除湿的同时,还要考虑个体送风对人体热舒适的影响。基于人体热反应的投票实验,人体整体热感觉与个体送风的平均风速、环境背景温度、送风温差之间关系,可用下式表示(李俊,2004):

$$GEN = 0.152 \times T_{room} - 0.0726 \times DT - 0.676 \times v - 3.51 \quad (3\text{-}32)$$

式中,GEN 为整体热感觉;T_{room} 为背景温度,℃,主要由工位垂直辐射板决定;DT 为送风温差,℃,即个体送风温度与背景温度的差值;v 为送风速度,m/s。其适用范围为 T_{room}:26~30℃,DT:0~6℃,v:0.4~1.4m/s,且要求使用者着夏季薄质衣服,从事普通的办公活动。由式(3-32)可以相应地计算出在一定背景温度和送风温差条件下,满足一定热感觉所需要的送风速度:

$$v = 0.225 \times T_{room} - 0.107 \times DT - 1.48 \times GEN - 5.20 \quad (3\text{-}33)$$

特别地,当 $GEN = 0$(保持人体热中性)时,

$$v = 0.225 \times T_{room} - 0.107 \times DT - 5.20 \quad (3\text{-}34)$$

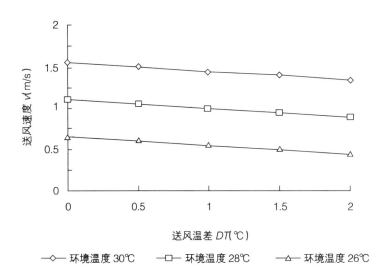

图 3-59 稳态送风方式下个体送风速度与送风温差关系(保持人体处于热中性状态)

图 3-59 给出了保持人体处于热中性状态下,稳态送风方式下个体送风速度与送风温差关系。从中可知,如果通过工位垂直辐射板控制工位环境背景温度30℃,在送风温差为2℃时,送风速度需要达到1.34m/s,才能维持受试者的热中性。此时,送风速度过高,长时间吹风会给受试者带来不适的吹风感。要降低风速,一种方法通过降低工位垂直辐射板的水温,以降低背景环境温度,另一

种则是采用下文将要介绍的动态化送风方式。

- 动态送风方式

1）基本思想

稳态个体送风能够满足使用者对热环境的要求，不过也存在一些问题，如对送风单调的评价较为普遍。可以用动态化个体送风来减小使用者对稳态风作用的抱怨，提高送风气流的可接受度。另外一方面，个体送风是一种很好的实现环境动态化的方式。设想使环境参数在整个房间内完全动态化起来不仅在技术上难以实现，在经济上也要花费较大的代价。而采用动态化个体送风，使局部环境动态化，则比较容易实现。

2）模拟自然风

在进行气流动态化的研究中，模拟自然风是其中一个很重要的思路。传统的稳态空调设计标准通常要求工作区气流速度要严格小于 0.2m/s，但即使这样，也常会使人有不适的吹风感，招致人们的抱怨。而尽管建筑环境中自然风的风速通常会明显高于机械通风环境中的气流速度，却会带给人"微风拂面、如沐春风"的舒适感。建筑环境中的自然风和机械风，二者之间最大的区别就是气流产生的动力源的不同。不同的气流产生方式，必然使得二者的气流运动特征具有了不同的特质。研究发现，典型自然风和机械风在气流湍流度、偏斜度和功率谱特征等动态特征方面均具有明显不同的特点（如图 3-60 给出了典型自然风和机械风的风谱特征，二者在人体敏感频率区间 0.01－1Hz 之间存在明显区别），如果能利用动态化控制装置，一定程度上

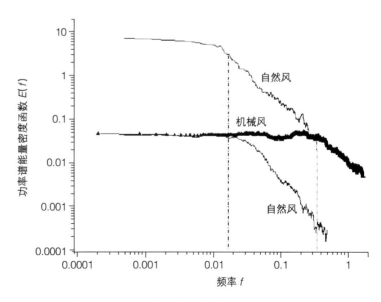

图 3-60 典型自然风和机械风的风谱特征

产生出符合自然风某些动态特征的送风气流,则可以大大提高使用者对送风气流的可接受度。

3)动态化实现装置

目前,动态化装置有两种基本方式:①送风末端节流阀阀位调节控制;②风机变频控制。

● 装置1:末端节流阀阀位调节控制

此控制方法的主要思想是利用送风末端节流阀的阀位调节出风口风速,从而产生动态化的气流。图3-61是末端节流阀阀位调节控制的示意图,其中的半圆形转动盘在装置中起到节流阀的作用。气流经过风机后进入流量分配通道,风口隔板把通道分隔成出风通道与旁通通道,出风口接至用户末端,排风从旁通通道中直接排出。尽管转动盘的位置变化会影响出风通道与排风通道各自流道截面积大小的变化,但两者之和并不变化,因此总流量基本维持不变。由上述调节过程可以看出,出风口送风风速的变化与转动盘的位置是一一对应的。当出风通道全部被转动盘遮挡时,风速最小;当出风通道全部打开时,风速最大。由于转动盘的位置可由步进电机的输入信号精确控制,因此出风口送风风速完全取决于控制信号,只要调节控制信号就可以得到一系列具有不同流动参数的气流。

步进电机是此动态化装置的核心部件,能够实现半圆形转动盘的精确定位,从而起到风量调节和控制的作用。步进电机是一种将电压脉冲信号转换成相应的角位移(或线位移)的机电元件。当步进电机外加脉冲信号时,其机械运动与脉冲信号相对应,也就是说做同步的旋转。该装置选用开环控制方法,即利用计算机发送控制信号至驱动器,带动半圆盘转动,其控制原理,如图3-62所示。

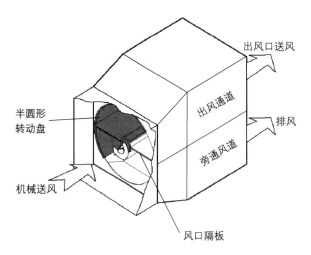

图3-61 末端节流阀阀位调节控制示意图

图 3-62 节流阀阀位控制原理图

- 装置 2：风机变频控制

风机变频控制是产生动态化气流的另一种有效方法。图 3-63 为风机变频控制产生动态化气流的控制流程图，计算机通过 D/A（数字量/模拟量）转换卡实时输出表征风速信号的电压序列（0~10V），变频器根据输入电压控制输出频率，从而带动个体化送风的末端风机的转速变化。输入电压与风机频率之间线性对应，因此通过调节计算机发出的时序信号就能控制送风口的实际风速，进而产生具有不同流动参数的气流。

图 3-63 风机变频控制原理图

对于以上两种动态化实现装置，通过控制信号的设计，均可得到一系列具有不同流动参数的空气流动方式，实现了一定程度上对自然风的模拟。

4）动态送风方式设计

人体热舒适投票实验表明具有自然风风谱特征的动态化气流在个体送风中的应用可以有效地提高人体对个体送风的评价，显著改善局部热环境；在动态个体送风条件下，TCV 与 TSV 发生了分离，受试者对气流的可接受度、单调性评价均有显著改善；在动态化条件下，人体整体热感觉与平均风速、背景温度、送风温差之间关系，如下式所示（李俊，2004）：

$$DGEN = 0.152 \times T_{room} - 0.0726 \times DT - 0.676 \times v - 3.66 \quad (p<0.001)$$

(3-35)

式中，$DGEN$ 为动态整体热感觉。上式的适用范围为 T_{room}：26~30℃，DT：

$0 \sim 6℃$,v:$0.4 \sim 1.4 m/s$,且要求使用者着夏季薄质衣服,从事普通的办公活动。

由式(3-35)可以相应地计算出在一定背景温度和送风温差条件下,保持人体热中性所需要的动态送风平均速度:

$$v = 0.225 \times T_{room} - 0.107 \times DT - 5.40 \qquad (3-36)$$

图 3-64 给出了保持人体处于热中性状态下($DGEN = 0$),动态送风方式下个体送风速度与送风温差关系。从中可知,在同样的整体热感觉、背景温度、送风温差情况下,相比稳态送风,动态化的平均风速可以降低 0.2m/s 左右,可进一步降低能耗。

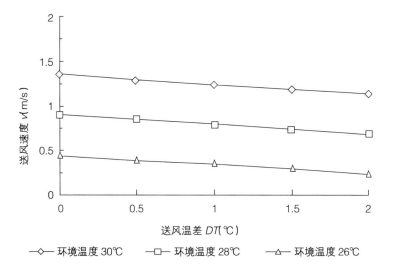

图 3-64 动态送风方式下个体送风速度与送风温差关系(保持人体处于热中性状态)

3. 风口的确定

确定了风量和送风速度之后,即可以进一步确定风口的具体形式以及开口面积。个体化风口常使用孔板风口,为美观和使用安全考虑,以下以使用圆形孔板风口为例进行计算说明。

孔板射流的紊流系数很小,与周围空气的掺混也比较小,其射流的起

始段长度 x_1 可以用以下经验公式来计算,式中 b 为矩形孔板的直径。

$$x_1 = 4.5b \tag{3-37}$$

在起始段内,射流核心速度没有明显变化,而之后的射流主体段,轴心速度随着距离出口断面距离的增加而减小。设计中,一般可选取送风口与人体距离在射流起始段之中。例如,对于直径大于10cm的孔板来说,射流起始段的长度大于0.5m,选取送风口和人体距离约在0.4m处,可以使得射流到达人体时仍然处于起始段,送到人体呼吸区的空气质量可以得到保证,同时到达人员的射流轴心风速可以认为约为送风轴心风速。

3.4.2.3 调节策略

个体化送风装置的最大特点即是个性化,突出由使用者自行调节。一方面,可通过采用多级变速风机为末端风口送风,从而使得用户可以根据自己的需要,来选择适合自己所需的风速。此外,还可以设计风口可以适当移动,使得用户可以改变来流的方向;另一方面,用户还可自行调节冷辐射隔板的温度,来改变工位局部环境温度。

第4章 盐溶液处理空气的基本原理

由于溶液除湿空调系统在去除室内潜热负荷上的优越性，近年来逐渐得到大家的广泛关注。在温湿度独立控制空调系统中，可以采用溶液除湿系统处理出干燥的新风去除室内的余湿。本章介绍溶液除湿空调系统工作介质——除湿溶液的基本物理性质，以及系统的基本工作原理，为介绍后面章节中的新型溶液除湿空调系统提供基础。在溶液除湿空调系统中，能量在除湿溶液中是以化学能而不是以热能的形式存在，因而其蓄能能力很大，本章第四节详细介绍了溶液系统的蓄能能力及其计算方法。盐溶液具有杀菌除尘作用，能够明显提高室内空气品质，本章第五节介绍了在此方面的一些研究进展以及研究成果。最后一节介绍了以前的工程应用情况，并分析了其存在的问题。

4.1 盐溶液的吸湿性能

4.1.1 用于除湿系统的盐溶液期望的性质

除湿溶液除湿性能的好坏用其表面蒸汽压的大小来衡量。由于被处理空气的水蒸气分压力与除湿溶液的表面蒸汽压之间的压差是水分由空气向除湿溶液传递的驱动力，因而除湿溶液表面蒸汽压越低，在相同的处理条件下，溶液的除湿能力越强，与所接触的湿空气达到平衡时，湿空气具有更低的相对湿度。理想溶液的性质符合拉乌尔定律，其表面蒸汽压随溶剂的摩尔百分数线性变化：

$$p_z = p_z^0 \cdot x_1 \tag{4-1}$$

式中，p_z 是溶剂的蒸汽分压，p_z^0 是纯溶剂在溶液的温度和压力下的蒸汽压力，x_1 是溶液的摩尔百分数。

对于空调系统中常用除湿溶液，溶剂是水，上述定律可表述为：随着溶质浓度的增加，溶液表面的水蒸气分压力（溶剂）逐渐降低。实际的除湿溶液，其性能偏离拉乌尔定律，而且是负偏差，因而实际的除湿溶液具有更强的吸湿能力。溶液的表面蒸汽压是溶液温度 t_z 与浓度 ξ 的函数，随着溶液温度的降低、溶液浓度的升高而降低，见式（4-2）。

$$p_z = f(t_z, \xi) \tag{4-2}$$

当被处理空气与除湿溶液接触达到平衡时，二者的温度与水蒸气分压力分别对应相等，如下式所示，下标 a 和 z 分别表示空气与溶液。

$$t_a = t_z \tag{4-3}$$

$$p_a = p_z \tag{4-4}$$

由此可以定义与溶液状态平衡的等效湿空气状态，即湿空气的温度与水蒸气分压力分别与溶液相同。湿空气的含湿量 d 与湿空气中水蒸气分压力存在一一对应的关系，如式（4-5）所示，其中 B 为大气压：

$$d = 0.622 \frac{p_a}{B - p_a} \tag{4-5}$$

因而，与溶液等效的湿空气状态的含湿量可以写为：

$$d_e = 0.622 \frac{p_z}{B - p_z} \tag{4-6}$$

根据式（4-3）和式（4-6）可以将溶液的状态在湿空气的焓湿图上表示出来，图 4-1 给出了不同温度与浓度的溴化锂溶液在湿空气焓湿图上的对应状态，溶液的等浓度线与湿空气的等相对湿度线基本重合。对于相同的空气状态 O 与相同浓度、温度不同的溶液（A、B、C）接触，最后达到平衡的空气终状态，溶液的温度越低，其等效含湿量也越低。

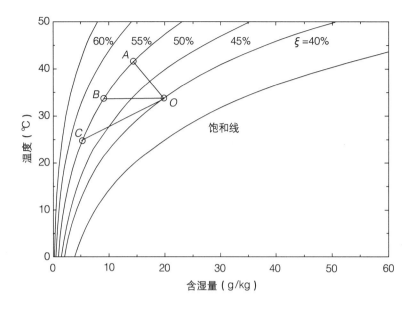

图 4-1 空气除湿过程

在溶液除湿剂为循环工质的除湿空调系统中，除湿剂的特性对于系统性能有着重要的影响，直接关系到系统的除湿效率和运行情况。所期望的除湿剂特性有：

（1）相同的温度、浓度下，除湿剂表面蒸汽压较低，使得与被处理空气中水蒸气分压力之间有较大的压差，即除湿剂有较强的吸湿能力。

（2）除湿剂对于空气中的水分有较大的溶解度，这样可提高吸收率并减小溶液除湿剂的用量。

（3）除湿剂在对空气中水分有较强吸收能力的同时，对混合气体中的其他组分基本不吸收或吸收甚微，否则不能有效实现分离。

（4）低黏度，以降低泵的输送功耗，减小传热阻力。

（5）高沸点，高冷凝热和稀释热，低凝固点。

（6）除湿剂性质稳定，低挥发性、低腐蚀性，无毒性。

（7）价格低廉，容易获得。

4.1.2 常用溶液除湿剂的性质

由于湿空气的除湿过程是依赖于除湿溶液较低的表面蒸汽压来进行的，可以说对溶液除湿空调系统的研究最早是从除湿溶液的物性研究开始的。在空气调节工程中，使用的溶液除湿剂有溴化锂溶液、氯化锂溶液、氯化钙溶液、乙二醇、三甘醇等，表4-1是常用液体吸湿剂的性能。

常用液体吸湿剂　　　　　表 4-1

	溴化锂溶液	氯化锂溶液	氯化钙溶液	乙二醇	三甘醇
常用露点（℃）	−10~4	−10~4	−3~−1	−15~−10	−15~−10
浓度（%）	45~65	30~40	40~50	70~90	80~96
毒性	无	无	无	无	无
腐蚀性	中	中	中	小	小
稳定性	稳定	稳定	稳定	稳定	稳定
主要用途	空气调节除湿	空调杀菌低温干燥	城市气体吸湿	一般气体吸湿	空调、一般气体吸湿

三甘醇是最早用于溶液除湿系统的除湿剂（Lof，1955），但由于它是有机溶剂，黏度较大，在系统中循环流动时容易发生停滞，粘附于空调系统的表面，影响系统的稳定工作，而且乙二醇、三甘醇等有机物质易挥发，容易进入空调房间，对人体造成危害，上述缺点限制了它们在溶液除湿系统中的应用，已经被金属卤盐溶液所取代。溴化锂、氯化锂等盐溶液虽然具有一定的腐蚀性，但塑料等防腐材料的使用，可以防止盐溶液对管道等设备的腐蚀，而且成本较低，另外盐溶液不会挥发到空气中影响、污染室内空气，相反还具有除尘杀菌功能，有益于提高室内空气品质，所以盐溶液成为优选的溶液除湿剂。

4.1.2.1 溴化锂溶液

溴化锂是一种稳定的物质，在大气中不变质、不挥发、不分解、极易溶于水，常温下是无色晶体，无毒、无嗅、有咸苦味，其特性见表4-2。

溴化锂的特性　　　　　　　　　　　　　　　表 4-2

分子式	相对分子量	密度（kg/m³）(25℃)	熔点（℃）	沸点（℃）
LiBr	86.856	3464	549	1265

溴化锂极易溶于水，20℃时食盐的溶解度为 35.9g，而溴化锂的溶解度是其 3 倍左右。溴化锂溶液的蒸汽压，远低于同温度下水的饱和蒸汽压，这表明溴化锂溶液有较强的吸收水分的能力。溴化锂溶液对金属材料的腐蚀，比氯化钠、氯化钙等溶液要小，但仍是一种有较强腐蚀性的介质。60%～70%浓度范围的溴化锂溶液在常温下溶液就结晶，因而溴化锂溶液浓度的使用范围一般不超过 70%。溴化锂溶液的表面蒸汽压、密度、黏度、表面张力等参数随着溶液温度和浓度的变化情况参见附录 B。

4.1.2.2 氯化锂溶液

氯化锂是一种白色、立方晶体的盐，分子量 42.4，在水中溶解度很大。氯化锂水溶液无色透明，无毒无臭，黏性小，传热性能好，容易再生，化学稳定性好。在通常条件下，氯化锂溶质不分解，不挥发，溶液表面蒸汽压低，吸湿能力大，是一种良好的吸湿剂。氯化锂溶液结晶温度随溶液浓度的增大而增大，在浓度大于 40% 时，氯化锂溶液在常温下即发生结晶现象，因此在除湿应用中，其浓度宜小于 40%，氯化锂溶液的性质见表 4-3。氯化锂溶液对金属有一定的腐蚀性，钛和钛合金、含钼的不锈钢、镍铜合金、合成聚合物和树脂等都能承受氯化锂溶液的腐蚀。氯化锂溶液的表面蒸汽压、密度、黏度、表面张力等参数随着溶液温度和浓度的变化情况参见附录 B。

氯化锂溶液性质　　　　　　　　　　　　　　　表 4-3

浓度（%）	比热容 [J/(kg·℃)]	冰点（℃）	沸点（℃）	10℃时的密度（kg/m³）
15.5	3479	-21.2	105.28	1085
25.3	3093	-56	114.5	1150
33.6	2875	-40	128.1	1203
40.4	2708		136.57	1257

4.1.2.3 氯化钙溶液

氯化钙是一种无机盐，具有很强的吸湿性，吸收空气中的水蒸气后与之结合为水化合物。无水氯化钙白色，多孔，呈菱形结晶块，略带苦咸味，熔点为772℃，沸点为1600℃，吸收水分时放出熔解热、稀释热和凝结热，但不产生氯化氢等有害气体，只有在 700～800℃ 高温时才稍有分解。氯化钙溶液仍有吸湿能力，但吸湿量显著减小。氯化钙价格低廉，来源丰富，但氯化钙水溶液对金属有腐蚀性，其容器必须防腐。氯化锂溶液的表面蒸汽压、密度、黏度、表面张力等参数随着溶液温度和浓度的变化情况参见附录 B。

通过以上三种卤盐溶液的表面蒸汽压的比较，可以看出：在相同的温度和浓度下，氯化锂溶液的表面蒸汽压最低；但溴化锂的溶解度大于氯化锂，因而可以使用浓度较大的溶液，以获得较低的表面蒸汽压。虽然氯化钙的价格低廉，但溶液的表面蒸汽压较大，而且它的溶解性不好、黏度大，长期使用会有结晶现象发生，除湿性能随着入口空气参数和溶液浓度发生很大的变化。为了开发廉价的除湿溶液，很多学者建议将除湿性能优良但价格昂贵的除湿溶液与性能差但低廉的除湿溶液进行混合。因为 $CaCl_2$ 是最廉价、最常见的除湿剂，Ertas 将它与 LiCl 溶液按照不同的质量比配置成除湿溶液，实验测试了混合溶液的表面蒸汽压、密度、黏度等参数，结果是混合溶液的黏度降低、溶解度增大，而且按1∶1 的比例混合可以获得最好的性价比。

4.2 典型的除湿—再生过程分析

4.2.1 除湿—再生基本循环

在湿空气的除湿过程中，溶液吸收空气中的水分，自身浓度降低，需要浓缩再生才能重新使用。因此，除湿—再生过程是一个完整的溶液循环处理过程。图 4-2 给出了一种典型的除湿—再生过程中除湿剂在湿空气性质图上的变化过程。1→2 是溶液的吸湿过程，溶液和湿空气直接接触，由于溶液的表面蒸汽压小于湿空气的水蒸气分压力，水蒸气就从空气向溶液转移，同时水蒸气的凝结潜热大部分也被溶液吸收。为了抑制溶液温升保持除湿剂的吸湿能力，一般采用冷却的方式带走释放的潜热或者采用较大的溶液流量；溶液吸收水蒸气后，浓度变小到达 2 点，而空气湿度达到要求后一般需进一步降温处理再送入室内。2→3→4 是溶液的再生过程。溶液被热水等低品位热能加热，当溶液表面蒸汽压大于空气的水蒸气分压力时，溶液中的水分蒸发到空气中，溶液被浓缩再生。再生过程所需能量包括三部分：加热溶液使得其表面蒸汽压高于周围空气的水蒸气分压力所需的热量（2→3）；所含水分蒸发过程所需的汽化潜热（3→4）；溶质解吸附的热量，这一项相比水的汽化潜热较小，由溶液物理性质决定。4→1 是溶液的冷却过程，所需能量取决于除湿剂的质量、比热以及再生后和冷却到重新具有吸收能力之间的温差。通常在 2→3 的加热过程和 4→1 的冷却过程之间增加换热器，对进入再生器的较冷的稀溶液和流出再生器的较热的浓溶液进行热

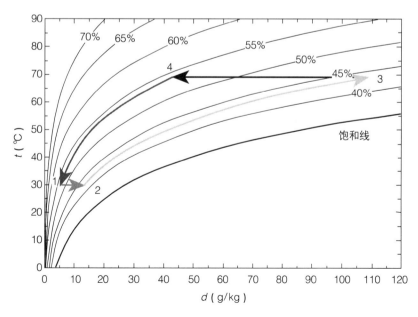

图 4-2　典型的除湿—再生循环示意图（溴化锂 LiBr 溶液为例）

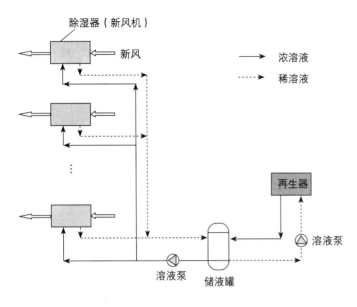

图 4-3 典型的溶液除湿空调系统

交换,回收一部分热量,可提高再生器的工作效率。一般在溶液系统中,除了风机、水泵等输配系统的能耗外,所需投入的主要能量是用于除湿剂的浓缩再生。

图 4-3 是一个典型的溶液除湿空调系统的工作原理图,由除湿器(新风机)、再生器、储液罐、输配系统和管路组成。溶液除湿系统中,一般采用分散除湿、集中再生的方式,将再生浓缩后的浓溶液分别输送到各个新风机中。利用溶液的吸湿性能实现新风的处理过程,使之承担建筑的全部潜热负荷。在除湿器(新风机)中,一般设有冷却装置(采用室内排风、冷却水等),用于降低除湿过程中溶液的温度,从而增强其除湿能力。在再生器中,由加热装置,利用外界的热能等能量实现溶液的浓缩再生。在除湿器与再生器之间,经常设置储液罐,除了起到存储溶液的作用外,还能实现高能力的能量蓄存功能,从而缓解再生器中对于持续热源的需求,也可降低整个溶液除湿空调系统的容量。

4.2.2 影响除湿/再生效果的主要因素

在溶液除湿空调系统中,除湿器、再生器是最重要的热质交换部件,其传热传质性能直接影响整个溶液除湿空调系统的性能。为了增大传热传质能力及减小除湿/再生器的压降损失,国内外不少学者进行了细致的研究。根据前面介绍的溶液的性质以及热质交换过程的基本原理,可以看出溶液的表面蒸汽压是其重要的物性参数,直接影响溶液除湿的效果。在相同的冷却温度下,为了增强除湿溶液的效果,宜选择表面蒸汽压较低的除湿剂。除了溶液物性的影响外，溶液与空气的气液接触形式、除湿器/再生器的结构、气液流量比等运行参数也是影响热质交换效果的重要因素。

4.2.2.1 气液接触形式

按照除湿器/再生器中溶液与空气接触方向的不同，可以将除湿器/再生器分为顺流、逆流和叉流三种形式。顺流装置的热质交换效果最差，逆流装置最优，叉流装置介于二者之间。逆流装置虽然传热传质的效果优于叉流，但逆流接触形式使得空气和溶液的热质交换装置不好布置、占空间大，很难使用多级串接的形式，一般采用单级形式。叉流热质交换装置相对于逆流而言，使得风道的布置更为容易、占用空间小，多个装置很容易结合起来，形成多级的除湿—再生系统，从而进一步提高热质交换的能力。

4.2.2.2 除湿器/再生器的结构

再生器的结构与除湿器大致相同，仅是二者的传热传质方向不同，以下以除湿器为例，说明其结构以及影响。除湿器根据内部有无冷却装置可以分为：绝热型和内冷型两种形式。在绝热型除湿器中，除湿溶液和湿空气绝热进行热质交换，见图4-4（a）。在内冷型除湿器中，有冷却流体带走吸收过程产生的热量，见图4-4（b）。绝热型除湿器一般采用填料喷淋方式，它具有结构简单和比表面积大等优点。除湿溶液吸收空气中的水蒸气后，绝大部分水蒸气的凝结潜热进入溶液，使得溶液的温度显著升高。与此同时，溶液表面蒸汽压也随之升高，导致溶液的吸湿能力下降。如果此时将溶液重新浓缩再生，由于溶液浓度变化太小会使得再生器的工作效率很低，同时也不能实现高效蓄能。以溴化锂溶液为例，当1kg溴化锂溶液吸收5g水蒸气时，温度大约升高 $5 \sim 6\text{℃}$，而此时浓度变化约为0.25%（溶液的进口浓度不同，变化值稍有差异）。为解决这个问题，目前常见的做法之一是使用带内冷型的除湿器，利用冷却水或冷却空气（都不与被处理空气直接接触）将除湿过程放出的热量带走，以维持溶液的吸湿能力，这样溶液除湿前后的浓度变化较大。图 4-5 是实际装置中,采用的绝热型与内冷型的除湿器。

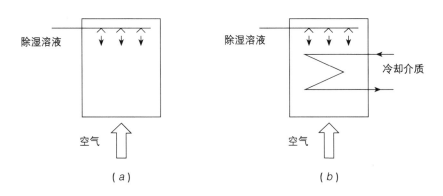

图 4-4 开式绝热型除湿器和内冷型除湿器示意图

(a) 绝热型除湿器;(b) 内冷型除湿器

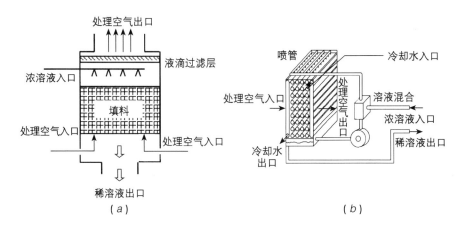

图 4-5 开式绝热型除湿器和内冷型除湿器示意图

(a) 绝热型除湿器;(b) 内冷型除湿器

基于以上原因,Albers 等人(1991)提出了一种新型的除湿器结构,结合了以上两种形式的优点。它采用分级除湿的方法,即每一级内为绝热除湿过程,可采用较大的溶液流量,使得空气含湿量和溶液浓度均变化较小;

级间增加冷却装置，除湿后温度较高的溶液在流入下一级之前被冷却水冷却，重新恢复吸湿的能力。级间的溶液流量比级内的溶液循环流量大约小一个数量级，较小的级间流量使得各级之间保持一定的浓度差，经过多级除湿后溶液的浓度变化也较大，充分利用了溶液的化学能。

绝热型的除湿/再生器中，大多采用填料形式，以增加溶液与空气的有效接触面积，从而增强其热质交换的效果。早期的研究工作主要集中在散装填料的性能分析，如陶瓷 Intalox 鞍状散装填料、塑料或聚丙烯鲍尔环等。规整填料相对于散装填料而言，以其特定的规则几何形状，规定了气液流路，在提供较大气液接触面积的同时有效地降低了流体阻力。有不少研究者侧重规整填料的性能分析，如不锈钢波纹孔板、Celdek 规整填料等。不同性能的填料，其润湿的难易程度不同，所能提供的气液有效接触面积不同，是影响溶液与湿空气热质交换效果的重要因素之一。图 4-6 和图 4-7 分别给出了一部分散装填料与规整填料的结构示意图。

拉西环
Raschig Ring

十字隔环
Cross Partition Ring

螺旋环填料
Spirai Ring

贝尔鞍型
Berl Saddle

超级矩鞍
Super Intalox

阶梯环
Cascade Mini Ring

共轭环
Conjugate Ring

英特派克
Interpak

托泼派克
Top-Pak

狄克松填料
Dixon Ring

图 4-6 部分散装填料的类型

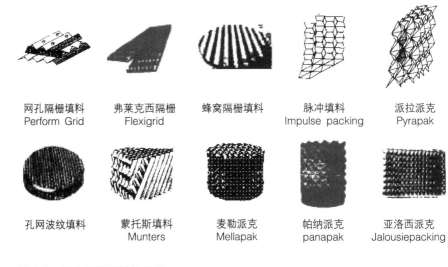

图 4-7　部分规整填料的类型

4.2.2.3　气液流量比等运行参数

溶液和空气的流量是影响除湿性能的重要参数，文献中除湿器的运行参数的变化范围，见表 4-4。空气与溶液的进口参数对除湿量的影响情况，见表 4-5，其中"—"表示基本无影响。可以看出，叉流热质交换装置与逆流装置的影响规律基本相同，仅是个别因素的影响显著性不同。溶液和空气共计 6 个进口参数中，空气流量和进口含湿量、溶液进口温度和浓度的影响规律一致，仅是溶液流量和空气进口温度的个别实验结果不同。对于溶液流量而言，Fumo 等的实验结果表明除湿量受溶液流量影响不大，而包括叉流除湿器研究结果在内的 4 个不同实验结果显示除湿量随着溶液流量的增加而增大。主要原因是 Fumo 等的除湿实验中所选择的溶液流量远大于表 4-4 所示的其余实验工况，除湿量随着溶液流量的增加而增大，但增加的趋势逐渐减缓，由于 Fumo 等选择充分大的溶液流量所以其对除湿量的影响不显著。对于空气进口温度而言，各个不同实验研究得到不同的影响趋势。

除湿器空气和溶液流量与文献比较　　　　表 4-4

	刘晓华等	Chung 等	Fumo 等	杨英	Patnaik 等	Zurigat 等
除湿剂种类	溴化锂溶液	氯化锂溶液	氯化锂溶液	氯化钙与氯化锌混合液	溴化锂溶液	三甘醇溶液
气液接触形式	叉流	逆流	逆流	逆流	逆流	逆流
填料种类	规整填料	散装填料	散装填料	规整填料	散装填料	规整填料
空气流量 G [kg/(m²·s)]	1.59~2.43	1.83~2.75	0.89~1.51	0.77~1.62	1.30~1.90	1.50~2.61
溶液流量 L [kg/(m²·s)]	2.15~4.55	1.83~2.94	5.02~7.42	1.03~5.15	0.60~1.70	0.13~1.00
气液流量比 (G/L)	0.44~1.12	0.60~1.50	0.15~0.25	0.15~1.60	1.3~3.3	1.5~20

注：摘自刘晓华等（2005）。

除湿量的变化规律　　　　表 4-5

	空气流量	空气进口温度	空气进口含湿量	溶液流量	溶液进口温度	溶液进口浓度
刘晓华等	↑	—	↑	↑	↓	↑
Fumo 等	↑	—	↑	—	↓	↑
杨英	↑	↑	↑	↑	↓	↑
Patnaik 等	↑	↓	↑	↑	↓	↑
Zurigat 等	↑	↓	未分析	↑	↓	↑

注：摘自刘晓华等（2005）。

4.3　与其他除湿方式的比较

在空调系统中，除湿方式大致分为：低温露点除湿、膜除湿、加压冷却除湿和吸湿剂除湿，其中吸湿剂除湿可分为固体吸附除湿和液体吸收除湿两种。以下分别介绍各种除湿方式的原理，并对各除湿方式加以比较。

4.3.1 其他除湿方式

4.3.1.1 低温露点除湿

利用冷却方法使空气温度降低到露点以下，水蒸气凝结析出，从而降低了空气的含湿量，其系统图见图4-8（a）（以表冷器为例），空气处理过程在焓湿图上的表示见图4-8（b）。空气的状态点为A，对应的露点为B，水的状态点为W。空气经过冷凝除湿后，可以到达A、B、W围成的三角形区域。低温露点除湿是目前空调系统中应用最为广泛的一种，因为其技术比较成熟、使用可靠。

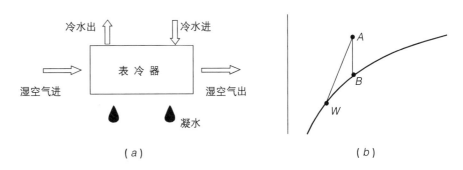

图4-8 低温露点除湿工作原理
(a) 系统图；(b) 在焓湿图上的处理过程

4.3.1.2 膜除湿

利用某些特殊材料制成的膜，可以使空气中的水蒸气从分压大处向分压小处转移，从而达到除湿的目的。膜除湿可以分成压缩法、真空法、加热再生法等，图4-9是加热再生法的工作原理图。表4-6是各种膜除湿方式的原理及应用情况，可以看出就目前而言，膜除湿方式离实际应用尚有一定距离。

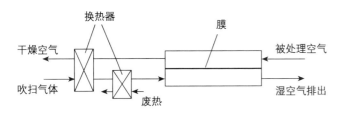

图4-9 加热再生法的膜除湿工作原理图

各种膜除湿方式　　　　　　　　　　表 4-6

膜除湿方式	除湿原理	应用情况分析
压缩法	靠压缩输入气流，形成传质势差	当含湿量较高时，增大压力易使水蒸气在膜的表面凝结，影响水蒸气向膜内的溶解扩散作用，降低膜的除湿效果。而且提高气体压力，必然导致对膜强度以及组件设备耐压性能的要求相应提高，从而对实际应用造成某些局限
真空法	靠降低渗透侧压力，产生传湿动力	对膜的强度要求非常高，而且耗功很大，因而在实际应用中受到限制
加热再生法	膜另一侧加热再生，靠膜两侧化学势差作为推动力	由于膜本身很薄，使得膜两侧不可能有较大的温差，温差是产生化学势差的原因，所以膜两侧的传湿动力很小。该方法存在成本高、不易操作、除湿量小且速度慢等不足，离实际应用尚有一定的距离

4.3.1.3 加压冷却除湿

加压冷却除湿方法的基本系统图见图 4-10（a）。首先将空气的压力提高，这样在绝热条件下其干球温度也随之提高，然后再进行冷却，直至干球温度低于增压后的露点温度，这时空气中的水蒸气凝结，从而达到除湿的目的。此过程还可以用图 4-10（b）的等温线进行说明，从减压状态③移

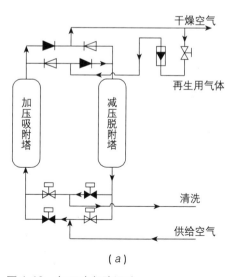
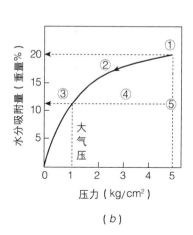

图 4-10　加压冷却除湿法

(a) 系统图；(b) 原理图

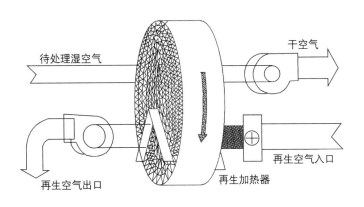

图 4-11 转轮除湿装置

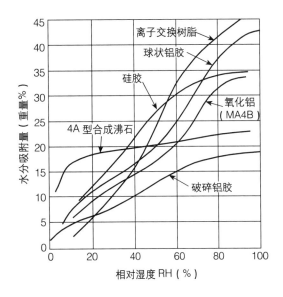

图 4-12 常用固体吸附剂的性能

到加压状态①，此时减压状态下的平衡吸附量③和加压状态下的平衡吸附量①的差即是有效吸附量。减压后就成为状态②，此时湿空气中的水分凝结出来。③－④－⑤是相应的升压过程。

4.3.1.4 固体吸附除湿

所有固体吸附剂本身都具有大量孔隙，因此孔隙内表面面积非常大。各孔隙内表面呈凹面，曲率半径小的凹面上水蒸气分压力比平液面上水蒸气分压力低，当被处理空气通过吸附材料时，空气的水蒸气分压力比凹面上水蒸气分压力高，因此空气中的水蒸气向凹面迁移，由气态变为液态并释放出汽化潜热。固体吸附除湿设备有固定式和转轮式两种，固定式采用周期性切换的方法，实现间歇式的吸湿再生；转轮式除湿可实现连续的除湿和再生，应用较为广泛，图 4-11 是转轮除湿装置的工作原理。常用的固体吸附剂有硅胶、活性炭、分子筛、氧化铝凝胶等，其吸附性能见图 4-12。

4.3.2 溶液除湿与其他除湿方式的比较

上述几种除湿方式中，加压除湿方法的本质还是"露点除湿"，但在加压过程中，干空气也同时被压缩，能耗大。膜除湿方式离实际应用尚有一定距离。目前，以低温露点除湿最为常用，固体吸附除湿有一定的应用。本书第 1 章中已经阐述了低温露点（冷凝）除湿方式带来的一系列问题，此处不再赘述，着重比较溶液除湿与固体吸附除湿这两种除湿方式。

固体吸附除湿设备有固定式和转轮式两种，但这两种除湿方式有着致命的弱点，都是动态过程，期间混合损失大，而且该形式很难实现等温的除湿过程，除湿过程释放出的潜热使除湿剂的温度升高，吸湿能力显著降低，整个过程的不可逆损失大，效率低。溶液除湿存在着一些缺点，例如：一些溶液除湿剂具有腐蚀性；除湿剂可能会泄漏到空气中，影响人体健康。但溶液除湿系统有很多优于固体除湿系统的优点。

- 溶液除湿过程容易被冷却，从而实现等温的除湿过程，使得不可逆损失减小，所以采用液体吸收除湿的方法可以达到较高的热力学完善性。

- 溶液除湿方式可以使用比固体除湿方式更低品位的热能作为驱动能源。由于溶液具有流动性，很容易在除湿过程中进行冷却，从而改善溶液的吸湿性能，但固体除湿很难实现带有冷却的除湿过程。因而处理要求达到相同空气湿度时，溶液可采用较低的浓度即可实现该目标，所以采用较低的再生温度即可满足溶液再生的要求。

- 由于在溶液除湿系统中，能量以化学能而不是热能的方式存储，因而降低了对热能持续供应的依赖程度，蓄能能力超过冰蓄冷；而且在一般的存储条件下不会发生耗散，蓄能稳定。

- 固体除湿系统的尺寸一般较大，而且转轮这类的运动部件，会对材料有磨损，缩短其使用寿命。由于液体具有流动性，所以采用液体吸湿材料的传热传质设备比较容易实现。溶液除湿系统的几何构造相对简单，没有大的运动部件，因此在满足性能要求的前提下，系统的几何尺寸可以大大减小，使得系统的小型化设计成为可能。

- 通过溶液的喷洒可以除去空气中的尘埃、细菌、霉菌及其他有害物，有利于提高室内空气品质。

综上所述，在空调系统中使用溶液除湿，无论从保护环境、节约能源，还是人体舒适性等方面来看，都是一种很有吸引力的方式。鉴于该除湿方式的以上优点，溶液除湿逐渐受到了国内外众多研究人员的关注。

4.4 溶液除湿空调系统的蓄能能力

4.4.1 蓄能的相关研究

对于溶液除湿空调系统而言，能量在除湿溶液中是以化学能而不是以热能的形式存在，所以其蓄能能力很大，而且在一般的存储条件下不会发生耗散，蓄能稳定。在图4-3所示的溶液除湿空调系统中，储液罐就是该系统的蓄能部件。蓄能装置的采用（图4-13），可以降低溶液系统对于持续热源的需求，同时可以降低系统的设计容量。

由于溶液除湿空调系统在蓄能方面的显著优势，诸多学者开展相关的科研工作。Kessling等人（1998）给出了蓄能能力 SC 的计算方法。张小松等人（2001）分析了溶液除湿蒸发冷却系统的蓄能特性，使用 LiCl 溶液为除湿剂，系统的最低溶液浓度为26%，当热源温度为100℃的时候，溶液的最浓溶液浓度为57%，由此得到系统的最大蓄能能力为 1300~1400MJ/m³，其蓄能能力比传统的冰蓄冷高 3~5 倍，见表4-7。

Liu XH 等人（2004）给出了溶液除湿系统与热电联产（BCHP）结合起来的复合空调系统的性能，利用BCHP的排

图4-13　储液罐

溶液除湿蒸发冷却系统与常规冰蓄冷空调系统的比较　　表4-7

	溶液除湿蒸发冷却系统	常规冰蓄冷空调系统
消耗能源	低品位热能	高品位电能
蓄能能力	1300~1400MJ/m³	200~300MJ/m³
所需蓄能介质	较少的溶液	大量的水
处理的空气质量	高，保证无菌无尘	较高，不能杀菌
对环境污染与否	有利于环保，无污染	易产生制冷剂泄漏，破坏臭氧层
对管路的腐蚀性	有腐蚀	无腐蚀

注：摘自张小松等人，2001。

热进行溶液的浓缩再生。系统中同时采用蓄热罐和储液罐两种蓄能装置，改善了建筑显热负荷、潜热负荷与电负荷在时间上的不匹配，减小了电动制冷机和溶液除湿系统的容量，电动制冷机的容量从 820kW 减至 360kW，溶液除湿系统的容量从 600kW 减至 280kW，同时大幅度提高了 BCHP 的运行时间，详见第 8 章 8.3 节。

4.4.2 蓄能能力的计算

质量流量为 $\dot{m}_a$ 的空气，当除湿过程中空气的含湿量变化为 Δd 时，浓溶液吸收的潜热如式（4-7）所示，其中 r_0 是水蒸气在 t_0℃ 的汽化潜热，$c_{p,v}$ 是水的比热。

$$\Delta H = \dot{m}_a \cdot \Delta d \cdot [r_0 + c_{p,v}(t - t_0)] \tag{4-7}$$

定义蓄能能力 SC 为单位体积稀溶液在除湿过程中释放的潜热。当忽略上式中水蒸气的显热变化时，SC 的表达式如式（4-8）所示，其中 $\dot{m}_{z,dil}$ 是稀溶液的体积流量。

$$SC = \frac{\Delta H}{\dot{m}_{z,dil}} = \frac{\dot{m}_a \cdot \Delta d \cdot r_0}{\dot{m}_{z,dil}} \tag{4-8}$$

根据溶液与湿空气的总水量守恒关系，可以得到式（4-9），其中 $\dot{m}_{z,con}$ 是浓溶液的体积流量。

$$\dot{m}_a \cdot \Delta d = \dot{m}_{z,dil} - \dot{m}_{z,con} \tag{4-9}$$

根据溶液中溶质的质量守恒关系，可以得到式（4-10），其中 ξ_{dil} 和 ξ_{con} 分别为稀溶液和浓溶液的浓度。

$$\dot{m}_{z,dil} \cdot \xi_{dil} = \dot{m}_{z,con} \cdot \xi_{con} \tag{4-10}$$

将式（4-9）和式（4-10）关联式代入式（4-8），得到 SC 的关联式为：

$$SC = r_0 \cdot \left(1 - \frac{\xi_{dil}}{\xi_{con}}\right) \tag{4-11}$$

图 4-14 是采用溴化锂溶液为除湿剂，蓄能能力 SC 随系统中溶液不同浓度变化范围的变化情况，稀溶液的浓度为 40%。从图中可以看出，蓄能能

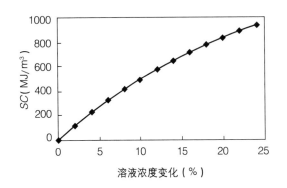

图 4-14 蓄能能力随溶液浓度变化曲线（溴化锂溶液）

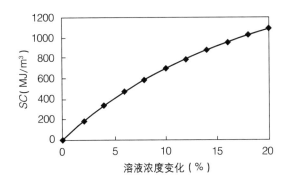

图 4-15 蓄能能力随溶液浓度变化曲线（氯化锂溶液）

力随着溶液浓度变化幅度的增加而显著增大。当系统中浓溶液的浓度为50%时，溶液系统的蓄能能力为500MJ/m^3；当系统中浓溶液的浓度为60%时，溶液系统的蓄能能力为833MJ/m^3。

图 4-15 是采用氯化锂溶液为除湿剂，蓄能能力 SC 随系统中溶液不同浓度变化范围的变化情况，稀溶液的浓度为26%。蓄能能力随着溶液浓度变化幅度的增加而显著增大。当系统中氯化锂浓溶液的浓度分别为35%、40%和45%时，溶液系统的蓄能能力分别为643、875、1056MJ/m^3。

4.5 对室内空气品质的作用

4.5.1 过滤除尘作用

几乎所有的粉尘都可以被水或其他液体吸附，目前亦有用液体吸附粉尘的除尘器，称为湿式除尘器，一般湿式除尘器的效率可以达到60%~80%。使用液体不但对亲水性粉尘吸附效率高，对非亲水性的粉尘也可以吸附，只是效率低一些。不难想象，要用水来吸附粉尘，必须使水与含尘气体充分接触，要充分接触必须扩大二者之间的接触面，而这一要求与溶液除湿空调系统中为了强化传热传质而增大溶液和空气的接触面积的目标是一致的。因此可以认为，溶液除湿空调系统中处理室外空气的过程也是一个除尘的过程，经过合理设计，溶液除湿空调系统的除尘效率可以期望达到湿式除尘器的效率。湿空气处理模块可以在一定程度上过滤掉空气中的粉尘，但还不能完全取代空气过滤器。要保证溶液最大限度的吸附粉尘，有两个必要条件：其一含尘气体细化，其二是潜入溶液中。这两个条件也是判断一个除尘器结构是否合理，效果是否理想的标准。

如图 4-5（a）所示，在空气与浸润的填料的接触过程中，粉尘被吸附于填料上，再由不断喷淋向下流动的溶液将这些固体颗粒物带走。如果在系统中，加入对溶液净化的装置，将形成一个完整的循环过滤器。

4.5.2 去除空气中的污染物

除湿溶液的附加好处是，溶液能够去除空气中某些污染物，相关的研究见表 4-8。其中 Chung 的研究指出：无机和有机溶液除湿剂均具有消除空气污染物的能力，而以三甘醇为代表的有机化合物相较于以氯化锂溶液为代表的无机盐溶液，对有机气体污染物具有更强的清除力，化学污染物的去除完全取决于它们在不同溶液除湿剂中的溶解度。

液体除湿剂对污染物的去除作用　　　　表 4-8

研究者	研究对象	主要结论
Moschandreas 和 Relwani（1990）	LiCl 溶液	LiCl 溶液具有清除室内污染物的作用
铃木谦一郎和大矢信男（1983）	LiCl 溶液	LiCl 溶液能杀死葡萄球菌、链球菌、肺炎杆菌、大肠杆菌、变形菌、绿脓杆菌、坏疽菌等
中国疾控中心（2003）	LiBr 与 LiCl 混合溶液	LiBr 与 LiCl 的混合溶液对 SARS 冠状病毒具有明显的破坏作用
张伟荣等（2005）	LiBr 溶液	LiBr 溶液具有吸收甲醛的作用
李震等（2003）	LiBr 溶液	常温下 3mL 的 LiBr 溶液能够在 3h 内杀死 5 万 XL1-blue 实验细菌
Chung 等（1993）	LiCl 溶液 TEG 溶液	40% 的 LiCl 溶液可以去除约 20% 的甲苯和甲醛，但对二氧化碳和三氯乙烷的吸收却极其微小；95% 浓度的 TEG 溶液对甲苯和三氯乙烷的去除率可达 100%，对二氧化碳和甲醛的去除率可分别达到 50% 和 25%

注：摘自张伟荣等（2005）。

2003 年我国爆发了严重急性呼吸道综合症（SARS），SARS 病毒通过空气进行呼吸道传播，传播速度快，给人们的生命生活带来很大危害。为研究溶液除湿系统中盐溶液的杀菌效果，笔者请中国疾控中心病毒预防控制所对溶液除湿空调系统所使用的工质溴化锂、氯化锂混合溶液进行了灭活SARS病毒的检测。

在实验中，进行两组比较，一组是选择与溶液除湿系统中工作溶液相同浓度的工质与病毒作用后细胞培养，另一组为正常生理盐水与病毒作用后细胞培养，以及基因放大（RT—PCR）检测的实验组和对照组的病毒遗传物质的存在情况。细胞培养结果显示，以 10^{-1}~$^{-7}$ 稀释病毒，分别以待检物（溴化锂、氯化锂混合液）和生理盐水 1:1 处理 SARS 病毒后，接种 E6 细胞。待检物实验组病毒自最低浓度（10^{-7}）至最高浓度（10^{-1}）均被灭活，细胞培养为阴性。生理盐水对照组 SARS 病毒自最低浓度至最高浓度均存活，细胞培养为阳性。另一项关于病毒遗传物质破坏情况的结果显示，自最低浓度（10^{-7}）至最高浓度（10^{-1}）的工作溶液组（溴化锂、氯化锂混合液）经处理后，病毒遗传物质未能检出，而生理盐水对照组的病毒遗传物质各个浓度均保存良好。

由以上实验结果可知溴化锂、氯化锂混合液对 SARS 冠状病毒具有明显的破坏作用；病毒遗传物质的检测结果说明在该混合液中病毒遗传物质极不稳定。其发生机理可能是直接化学破坏作用，或者是病毒颗粒被破坏后，病毒遗传物质（单链核糖核酸）受微环境影响，发生生物降解所致。

4.5.3 溶液带液问题检测

在溴化锂溶液除湿空调系统中，空气与溴化锂溶液直接接触，溶液中的溴、锂离子会有多少随空气进入室内并对人体健康造成危害一直是各界所关心的问题之一。

本节对溶液除湿空调示范系统中空气中溴、锂离子的含量进行了测量。取样方法如下：在溶液式新风机组（参见第 6 章 6.3 节）进气口、出气口分别各采样两次，采样流量 100L/min，采样时间为 1 小时，采样体积为

6.0m³。进气口样品标记为"入1"、"入2",出气口样品标记为"出1"、"出2",样品密封后送清华大学分析中心检测阳离子及阴离子浓度。检测结果如下:Li 离子:0.3μg/m³;Br 离子:0.12μg/m³。

由于目前没有关于室内溴离子等离子浓度的国家标准,根据英国 Winton 环境质量管理监测中心提供的标准,空气中的溴化锂含量低于 70μg/m³,不会对人体造成危害。

4.6 以前的工程应用及存在的问题

国际上,很早就开展了溶液除湿系统的研究。最早提出溶液除湿空调系统的是 Lof,他在 1955 年提出并实验了一套采用三甘醇(TEG)为除湿剂的溶液除湿系统。该系统采用太阳能驱动,通过对室内回风除湿而后蒸发冷却降温送入室内。该系统的最大问题是三甘醇会散发到空气中,并进入室内。1961 年,Sheridan 提出了类似的采用太阳能再生的溶液除湿系统,工质为氯化锂溶液。早期的研究溶液除湿系统的效率都小于 1.0,所以,溶液除湿并没有像固体除湿那样引起人们足够的重视。但是,由于其具有固体没有的流动性、可蓄能等优点,可以灵活地构造出各种系统形式,最近又有很多研究者开始对其进行研究。研究主要集中在溶液除湿和蒸发冷却系统的结合,以及溶液除湿系统和蒸汽压缩式热泵结合的复合式系统。

Jain 等人、Dhar 等人介绍了除湿和蒸发冷却结合的系统,并通过模拟得到系统的效率。Wilkinson 指出溶液除湿系统和蒸发冷却系统结合,可以大大提高系统的效率。Gandhidasan 提出一种太阳能驱动的溶液除湿—蒸发冷却空调系统,除湿过程采用冷却水冷却,并进行了模拟分析。Patnaik 等人搭建了除湿器容量为 3.5~10.4kW 的太阳能驱动溶液除湿系统。

复合式系统采用溶液除湿系统和现有的空调系统结合,溶液除湿系统承担空调的除湿负荷,除湿剂再生系统采用燃气或太阳能。Kinsara 提出了一套以氯化钙溶液为吸湿介质的复合式空调系统,对该系统进行了计算机模拟,发现比现有系统节能。Sick 建立了分析复合型溶液除湿系统季节能效的模型,并比较了复合系统与现有的制冷机—冷却塔系统的能效,发现溶液除湿系统并不节能。Novosel and Griffiths (1988) 设计了燃气再生的溶液除湿系统负责除湿,采用常规的空调系统负责降温,该系统中溶液除湿再生循环预测能效达到 0.71。Ryan 等人开发了一种家用的采用氯化锂为除湿剂的除湿机,采用燃气再生,总效率达到 0.5。Dai 和 Wang 对溶液除湿和电压缩制冷的混合系统进行实验研究,该系统回收了热泵冷凝器中的热用来再生,结果表明,该系统比单纯蒸汽压缩制冷系统的容量增加 20%~30%。Lowenstein 的系统采用燃气双效再生,在实例分析中,其效率达到 1.3 以上。Alber 和 Beckman,采用回风蒸发冷却得到冷量来冷却除湿过程,使得效率提高,采用燃气再生,整体效率达到 1.5 以上,这是文献报道中效率比较高的系统,提高效率的原因是再生器也采用了双级形式,并且充分回收了室内回风的冷量。

我国在 70 年代曾大量应用在三线建设的地下厂房除湿中。可以连续除湿,除湿幅度较大,特别在大风量和热湿比较小的场合,用液体除湿更经济。若与制冷机联合使用,能比较容易地获得低湿低露点的空气;经氯化锂、三甘醇处理后的空气中含菌量可减少 90% 以上。然而,当时其除湿应用的能源利用率甚至低于转轮,这就制约了它的灵活易调节等多个优越性的发挥。因此也仅在某些特殊的场合得到应用。现在,许多国内的大学或研究机构开展了相关的研究。

溶液除湿空调是利用吸湿溶液和室外新风进行热湿交换,从而得到常温或低温的干燥新风,作为中央空调新风供应,并承担室内湿负荷。由于基于这种新风机组构成的温度湿度独立控制的空调系统可有效改善室内空气质量和热舒适,并大幅度减少空调能耗,因此被世界上空调领域普遍认为是未来中央空调的主要方向。目前世界上有上百个研究机构在积极开展溶液除湿和温湿度独立控制的空调方式的研究。但由于不能解决其中的关键问题，且没找到正确的技术路线，因此能效比都比较低。目前根据报道的最高水平，采用天然气作为再生热源的装置，COP 为 1.5，采用 70℃ 热水为再生热源的装置，美国能源部（DOE）支持的研发计划准备达到 COP 为 0.7。

第 5 章 盐溶液处理空气的基本模块与装置

本章介绍溶液除湿空调系统中溶液与空气进行热质交换的基本模块与装置。溶液与空气接触的单元除湿（或再生）模块是溶液除湿空调系统的核心部件，如何设计其处理流程以实现更高的效率，如何设计其流量参数使除湿（或再生）过程更接近理想的可逆过程，本章第一节将从热力学的理想可逆除湿与再生过程出发，分析实现可逆过程的流量与中间补热量的条件，并综合考虑流量等参数对热质交换效果的影响，从而确定出溶液与空气接触进行热量与质量交换的单元喷淋模块的基本构成形式，并探讨了多级单元模块串联的处理过程。全热回收装置在降低新风处理能耗方面具有不可比拟的优越性，现有的转轮全热回收装置，板翅式全热回收装置均不能避免新、排风之间的交叉污染，本章 5.2 节将介绍新型的以溶液为媒介的全热回收装置，利用具有吸湿性能的除湿溶液为工作介质实现能量从排风到新风的传递过程，并给出了影响溶液全热回收装置热回收效率的因素，以及提高其热回收效率的有效方法。

5.1 可调温的单元喷淋模块

5.1.1 理想可逆过程的实现条件

空气与溶液直接接触换热过程是有两个驱动力的过程，不仅有热量的传递，还同时伴随质量的传递。溶液式的除湿和再生过程都是潜热与显热的转换，空气与吸湿介质之间在传质的同时会吸收或释放出相变热，使空气和吸湿介质的温度同时发生变化，而这一变化恰恰抑制和降低了传质推动力，从而不可能实现传热传质推动力在接触面上的均匀分配。由此导致很大的不可逆损失，这是这类方式能源利用效率低的本质原因。例如空气的除湿过程，空气中的水蒸气变为液态水进入吸湿溶液中，放出潜热使空气和溶液的温度都升高。温度升高使同样浓度溶液的水蒸气分压力升高，导致吸湿能力下降。这样就需要使用更高浓度的溶液以满足吸湿要求。而在再生器中通过加热使溶液水蒸气分压力高于空气，溶液中的液态水变为气态进入空气中，此时又需要吸收大量的相变潜热，使空气温度和溶液温度降低，反过来又使溶液的表面蒸汽压降低、蒸发浓缩的能力下降，从而需要更高的加热温度才能满足再生溶液的浓度要求。伴随这样的热量和质量的传递过程，空气和溶液都产生了很大范围的温度变化，这反映出过程本身热湿传递的不匹配性。要实现逆流并且匹配的热质交换过程，就要保证传热、传质同时"势容均衡"。从以上分析出发，改善吸湿式空气处理方式的关键就是要保证传热、传质的驱动力均匀，并且通过另一冷（热）源吸收或补充空气与吸湿介质间传质产生的相变潜热，以减少这一过程的不可逆损失。

由于在除湿或再生过程中，均同时存在传热、传质两种驱动力，所以要使其达到匹配的效果，就需要有两个调节手段。其中一个调节手段是改变流量，另一个调节手段是调节补热量，在流量比和补热量两个条件都满足的情况下才有可能实现匹配的热湿传递过程。本节将从这两个方面来探讨溶液—空气热质交换的匹配问题。

5.1.1.1 实现可逆过程的条件

在溶液与空气直接接触式空气换热过程中，如图 5-1 所示，对于某一微段换热表面来说，要实现可逆的传热传质就要使传热传质的推动力（温差、分压力差）为零，即达到匹配的要求。下标 l 表示溶液，a 表示空气，v 表示空气中的水蒸气。即对于整个传热传质过程要满足：

$$t_a = t_l \quad (5\text{-}1)$$

$$p_{a,v} = p_l \quad (5\text{-}2)$$

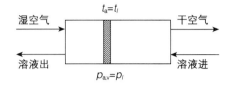

图 5-1 逆流换热情况下除湿器

因此，实现可逆除湿过程的条件可以表述为：保证除湿过程中除湿溶液和被处理空气之间的温差和压差无限小。

具体对于一个直接接触式空气换热过程，湿空气和吸湿介质（溶液）的变化必须要符合能量守恒和质量守恒定律。质量守恒体现在溶液和被处理空气中的水分总量保持不变，即在图 5-1 所示的每一小微元段内，有下述关系成立，若 G 为风量，kg/s；L 为溶液溶质的流量，kg/s；w 为湿空气的含湿量，kg/kg；x 为每公斤溶质的含水量，kg/kg。则水分的质量守恒关系为：

$$G\mathrm{d}w + L\mathrm{d}x = 0 \quad (5\text{-}3)$$

$$\frac{L}{G} = -\frac{\mathrm{d}w}{\mathrm{d}x} \quad (5\text{-}4)$$

过程中的能量守恒方程见式（5-5）。式中，$\mathrm{d}Q$ 表示除湿过程中溶液和湿空气组成的系统与冷却介质（冷却水等）之间交换的热量，h 为被处理空气的焓值，C_l 为单位溶质质量的溶液的比热。

$$G\mathrm{d}h + \mathrm{d}(LC_l t_l) + \mathrm{d}Q = 0 \quad (5\text{-}5)$$

可逆过程的实现受到能量守恒和质量守恒的制约。

5.1.1.2 可逆过程的流量比

定义溶液与空气的流量比为：

$$Fr = \frac{L}{G} \quad (5\text{-}6)$$

可逆过程要求的流量比可以写为式（5-7）的形式，详细的推导过程参见李震的博士论文（2005），式中 x 为溶液中的含水量。式（5-7）右端的微分关系见式（5-8）。

$$Fr = -\frac{\mathrm{d}w}{\mathrm{d}x} \quad (5\text{-}7)$$

$$\frac{\mathrm{d}x}{\mathrm{d}w} = (1+x)^2 \left(\frac{M_a(P_0 - P_{a,v})^2}{M_w P_0} \cdot \frac{1}{BP_l} - \frac{\Delta H_w}{BR_v T_l^2} \frac{\partial T_a}{\partial_w} \right) \quad (5\text{-}8)$$

式中，M_a 和 M_w 分别为空气和水的摩尔质量；P_0、P_l 和 $p_{a,v}$ 分别为大气压、溶液的表面蒸汽压、空气中的水蒸气分压力；ΔH_w 为水蒸气的汽化潜热；B 为溶液的物性参数，满足式（5-9），C 为溶液的浓度，B 和 C_0 是溶液物性决定的系数。

$$\ln P_l = \frac{-\Delta H_w}{R_v T} + BC + C_0 \tag{5-9}$$

根据式（5-7）、式（5-8）即可求出空气与理想溶液热质交换可逆过程的流量比。在实际的溶液—空气热质交换过程中，通过流量是固定的，从某一状态出发，在流量比一定的情况下，沿着由流量比决定的过程进行方向，可以绘制出一条等流量比过程线。图 5-2 就是分别从点（30℃，15g/kg）和点（50℃，30g/kg）出发，使用溴化锂溶液为除湿剂，不同流量比下的可逆过程线。这样，对于确定初、终状态的空气处理过程，可以选择合适的流量比，沿着可逆过程线来处理空气，实现接近可逆的处理过程。

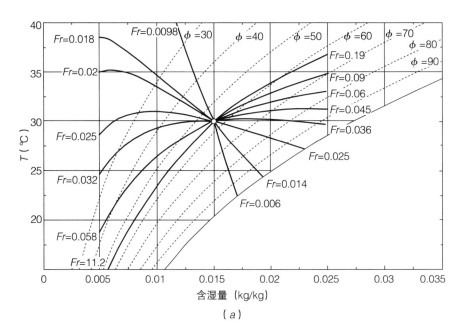

图 5-2 流量比确定情况下的可逆过程线

(a) 初始空气状态 30℃，0.015kg/kg

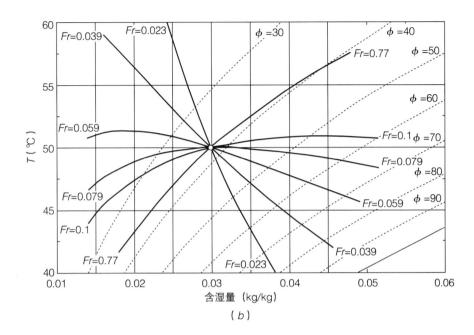

图 5-2 流量比确定情况下的可逆过程线（续）

（b）初始空气状态 50℃，0.03kg/kg

5.1.1.3 可逆过程的能量平衡

前一小节指出了可逆的空气—溶液接触过程的流量比关系，是从传热、传质动力损失为零和质量平衡角度出发得到的。对于传热传质双驱动力问题，要使得过程得以匹配的进行，除流量比以外还要引入一个调节手段，即调节补热量。在满足流量比条件的情况下，还要满足热量平衡关系，也就是过程中还要吸收或者释放出热量。可以根据能量守恒关系求解出各个过程需要投入或释放的热量。具体的推导过程参见李震的博士论文（2005），此处仅列出计算结果。可逆过程，所要求的吸收或者释放的热量为：

$$\frac{dQ}{Gdw} = \left[(c_{p,a} + wc_{p,v})\frac{dt_a}{dw} + (c_{p,v}t_a + \Delta H_w)\right]$$

$$- \left(h_l - \frac{1}{(1+x)}\frac{\partial h}{\partial C}\right) + (1+x)\frac{\partial h_l}{\partial t_l}\left(-\frac{dt_a}{dw}\right)Fr \quad (5-10)$$

dQ/Gdw 为溶液与空气接触的传热传质过程要吸收或放出的单位空气质

量下的热量。根据式（5-10），可以计算出 dQ/Gdw 随着状态点和过程进行方向的变化。在求解流量比的过程中，得到了湿空气与溶液接触处理过程的可逆过程线。在可逆过程线上，流量比恒定，还需要满足热量平衡关系才能实现可逆的过程。以每千克干空气为核算量，可以在可逆过程线上积分得到过程的补热量。图 5-3 是采用溴化锂溶液为除湿剂，将过程的补热量绘于可逆过程线上，图中的每条可逆过程线上均标出了热量值，空气被除湿的过程需要放出热量，空气被加湿的过程需要吸收热量。图中标出的是每千克空气从初始点沿等流量比线变化到终状态沿途需要吸收或释放的热量。发现可逆过程线并不是直线，在可逆过程线弯曲的区域，吸（放）热量也相对直线区域不均匀。

图中，流量比变化较大的区域位于等相对湿度线附近和等含湿量线附近。该区域由于空气或溶液的显热相对于相变潜热而言更大，在可逆过程线上放（吸）热量就会很不均匀。甚至在同一可逆过程线上有时需要放热，

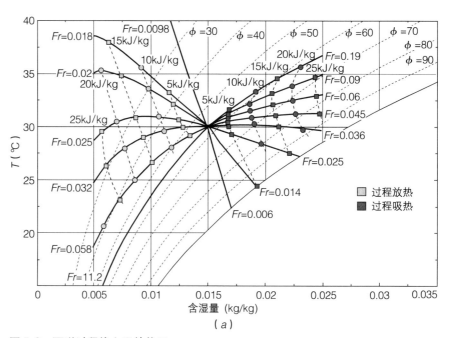

图 5-3 可逆过程线上吸放热量

(a) 初始空气状态 30℃, 0.015kg/kg

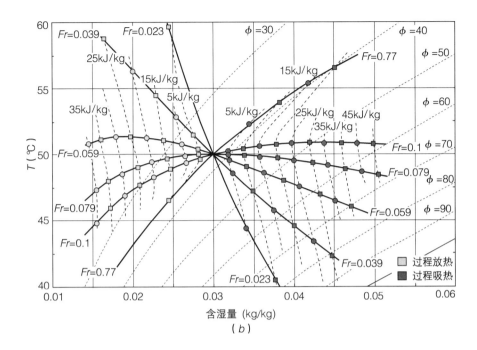

图 5-3 可逆过程线上吸放热量（续）

(b) 初始空气状态 50℃, 0.03kg/kg

有时需要吸热的现象。如图 5-3 (b) 中，流量比为 0.77 的可逆过程线，左侧，其吸热量明显比流量比为 0.1 附近的几条线上的吸热量小，这是因为溶液的流量大，导致溶液进口携带的冷量大，可以部分的冷却除湿过程。

5.1.2 可调温的单元喷淋模块

5.1.2.1 单元模块的工作原理

溶液与空气直接接触的传热传质基本单元可以应用于众多的气液直接接触的传热传质场合，它的基本原理是在全热交换过程中通过热交换器引入外加的热源（或冷源），使得吸湿液体在与气体接触的过程中同时被加热或冷却。这为实现空气与溶液之间的可逆热质交换过程提供了可能，因为根据 5.1.1 节的结论，空气与溶液的可逆交换过程不仅要满足流量比的要求，而且还要同时满足补热量的要求。一般的直接接触式换热设备只能调节

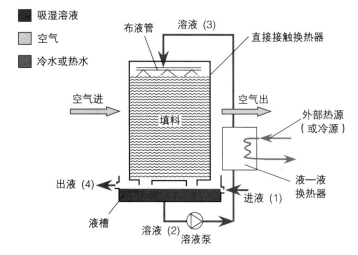

图 5-4 气液直接接触式全热换热装置结构示意图

流量,有些带内冷(Khan,1998)的直接接触式设备其调节手段不灵活,在大参数范围下流量比及补热量变化的情况下,不能够适应。

本节介绍一种可以灵活调节流量比和过程补(吸)热量的空气与溶液直接接触的热质交换装置。该装置采用冷水或热水吸收或补充传质过程中增加或减少的显热,避免热量变化导致传质动力的减少,提高全热交换的效率。该装置(专利号 ZL 03249068.2,2003)有 3 股流体参与,分别为:空气、溶液和提供冷量或热量的冷水或热水。该装置的工作原理,如图 5-4 所示,溶液从底部溶液槽内被溶液泵抽出,经过显热换热器与冷水(或热水)换热,放出(或吸收)热量后送入布液管。通过布液管将溶液均匀的喷洒在填料表面,与空气进行热质交换,然后由重力作用流回溶液槽。

出于要充分浸润填料,溶液在填料中的循环量要足够大,这个流量会远大于 5.1.1.2 节理论分析得到的流量比。更重要的是,除湿过程中吸收或放出的热量也要依靠溶液带走,这都决定了溶液的流量不能过小。为了解决二者的矛盾,以减少热质交换过程的不可逆损失,该装置设计成进出热质交换装置的溶液流量与热质交换装置自身溶液的循环量不一样的,这样把几个单元模块串联使用,内部循环喷洒的溶液量可以选取很大,满足传热传质及散热的要求,而在每个模块之间的流量可以选取 5.1.1.2 节理论分析得到的流量比,以使得整个串联的过程满足可逆的要求。

5.1.2.2 单元模块的处理过程

图 5-5 是单级模块处理空气过程,溶液的进口状态为 D,流出模块的状态为 E,溶液空气的进口状态为 A,出口状态为 C。根据 5.1.1.3 节的可逆

过程线，该过程是需要冷却的过程。理想的情况是 C 达到 D 点，溶液和空气实现完全的状态互换。但由于溶液进口 D 状态和模块液槽中溶液有浓度差，还有换热器流程的不匹配因素，导致空气出口状态达不到 D 点。

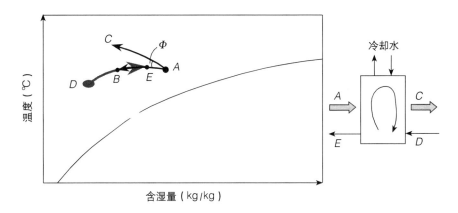

图 5-5　单级模块处理空气的过程

5.1.3　多个单元模块的串联处理过程

全热换热基本单元不是单独使用的，一般要几个组合使用才能实现调节流量比，同时达到热湿平衡的效果。下面以除湿过程为例，说明基本单元模块的组合应用情况。

传统的溶液除湿空调系统除湿器溶液的流量很大，浓溶液和稀溶液的浓度差在2%左右（以采用溴化锂溶液为例），其原因是由于没有中间排热措施，导致过程不匹配。这样尽管在除湿前溶液被冷却到较低温度，但是由于溶液温升导致其吸湿能力下降的趋势，传质过程中水蒸气分压差造成的不可逆损失很大，如图 5-6 所示。

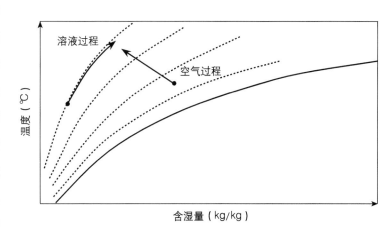

图 5-6　单级除湿器的空气处理过程

可以看出，溶液与空气的初状态相差很大，由于要克服由于温升造成的溶液吸湿能力的下降，除湿过程需要浓度很高的溶液，这使得再生温度提高，再生器的效率降低。上述现象产生的根源在于没有达到传热和传质混合过程的"势容均衡"，要实现"势容均衡"就需要调整流体的流量比，并且同时实现过程中吸收或释放热量的平衡。采用本节提出的几个全热交换模块串联的方式，可以达到上述效果，如图5-7所示。

图5-7中Ⅰ、Ⅱ和Ⅲ分别为三个独立的单元模块，将Ⅲ的出液口与Ⅱ的进液口相连，将Ⅱ的出液口与Ⅰ的进液口相连，空气依次流过Ⅰ、Ⅱ、Ⅲ模块与液体进行热质交换，该补液量和空气流量满足5.1.1.2节得到的流量比要求。在每一个模块中都有冷却水，来吸收除湿过程释放的热量，溶液和空气的热质交换实现了匹配条件。

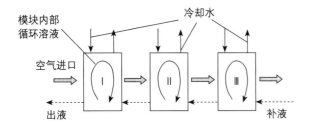

图5-7 气液直接接触式全热换热单元的串联运行

用这一方式协调了传热传质要求的大溶液流量与系统匹配所要求的小溶液流量的矛盾，同时也可以通过调节各级换热器内另一侧的水温、水量，来实现补热或吸热量的匹配要求，从而实现匹配系数接近于1的空气处理过程。

在除湿的过程中盐溶液的浓度是随着湿空气湿度的变化而变化的，同时每一级都采取相应的冷却措施。该过程如图5-8所示，传热温差、传质的浓度差会大大减小，从而减小了除湿过程的不可逆损失，实现接近可逆的过程。单纯看一个模块中的过程，是不匹配的，但是，从整体效果看，流量比和中间补热量都满足溶液状态和空气状态所决定的可逆过程线的要求。若该过程分为无穷

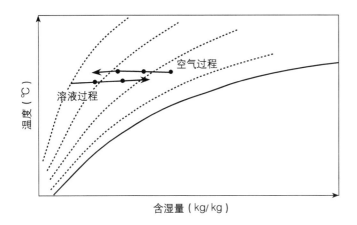

图5-8 采用分级除湿的方法减小不可逆损失

多级，则接近满足可逆过程线的要求。

5.2 溶液为媒介的全热回收装置

5.2.1 现有全热回收装置及存在的问题

在新风处理过程中，采用热回收技术是降低新风处理能耗的一个重要手段。热回收装置可分为显热回收与全热回收装置。显热回收装置仅能回收室内排风的显热部分，效率较低；全热回收装置，既回收显热又能回收潜热，由于在空调排风可供回收的能量中潜热占较大的比例（在气候潮湿的地区更为显著），因此全热回收装置具有较高的热回收效率，空调系统采用全热回收装置相对于显热回收装置而言，具有更大的节能潜力。目前采用的全热回收装置主要有转轮式全热回收器与翅板式全热回收器。

转轮式全热回收器是通过排风与新风交替逆向流过转轮实现全热回收，见图5-9。转芯上添加一定的吸热剂和吸湿剂，利用转芯蓄热和吸收水分的作用回收排风中的能量，并将回收的能量直接传递给新风，转轮的全热交换效率较高，可达到70%以上，是目前使用的最广泛的全热回收器。但由于送风与排风之间存在压差，此种全热回收装置无法完全避免气体的交叉污染，有少量气体互相渗漏。为了保证全热回收的效果，限制了转轮迎风面的流速不能过大，从而使整个装置占用建筑空间过大，而且送风和排风的接管位置固定，使系统布置的灵活性变差。

翅板式全热回收器在两股空气之间，隔了一层特殊加工的薄膜或纸，利用这层薄膜（或纸）的透湿传热作用进行全热交换（图5-10），由于传热传质机理的原因使得这种全热交换器对材料要求较高。这种固定式全热交换器无转动部件，构造简单，其热回收效率一般介于40%～60%之间，低于转轮式全热回收器，而且由于薄膜（或纸）对水气渗透性的限制，通常

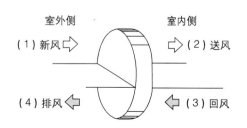

图5-9 转轮式全热回收装置

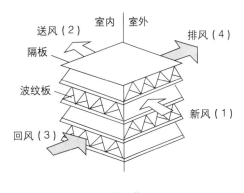

图 5-10 翅板式全热回收装置

湿度效率要比温度效率低10%左右。该形式的回收器送风和排风的接管位置也是固定的,系统布置的灵活性很差。

这两种全热回收装置均不能避免新风和排风的交叉污染,室内排风中的有害物质会进入新风,从而污染新风。所以,上述两种全热交换器中,流过的气体必须是无害物质,否则会引起交叉感染。5.2.2节提出了一种利用具有吸湿性能的盐溶液作为媒介的溶液全热回收装置(专利号 ZL 03251151.5,2003),盐溶液具有杀菌除尘功能,能够避免新风和室内排风的交叉污染。

5.2.2 单级溶液式全热回收装置

5.2.2.1 工作原理

溶液式全热回收器,是以具有吸湿性能的盐溶液作为工作介质,如溴化锂、氯化锂、氯化钙等溶液。常温情况下一定浓度的溶液,其表面蒸汽压低于空气中的水蒸气分压力,可以实现水分由空气向溶液的转移,空气的湿度降低,吸收了水分的溶液浓度降低。浓度降低的溶液加热后,其表面蒸汽压升高,当溶液表面蒸汽压大于空气中水蒸气分压力时,溶液中的水分就蒸发到空气中,从而完成溶液的浓缩过程。利用盐溶液的吸湿、放湿特性,可以实现新风和室内排风之间热量和水分的传递过程。

图5-11是一个典型的单级溶液全热回收装置,上层为排风通道,下层为新风通道,新风和排风分别用 a 和 r 表示,溶液状态用 z 表示。该单级热回收装置由两个单元喷淋模块和一个溶液泵组成。单元喷淋模块中的填料可以增加溶液和空气的有效接触面积,从而增强热湿交换的效果。考虑夏季利用室内排风对新风进行预冷和除湿的过程。开始运行时,溶液泵从下层单元喷淋模块底部的溶液槽中把溶液输送至上层单元喷淋模块的顶部,

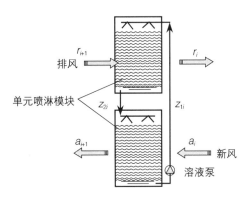

图 5-11 单级全热回收装置

溶液自顶部的布液装置喷淋而下润湿填料,并与室内排风在填料中接触,溶液被降温浓缩,排风被加热加湿后排到室外。降温浓缩后的溶液从上层单元喷淋模块底部溢流进入下层单元喷淋模块顶部,经布液装置均匀的分布到下层填料中。室外新风在下层填料与溶液接触,由于溶液的温度和表面蒸汽压均低于空气的温度和水蒸气分压力,溶液被加热稀释,空气被降温除湿。溶液重新回到底部溶液槽中,完成循环。在此全热回收装置中,利用溶液的循环流动,新风被降温除湿、排风被加热加湿,从而实现了能量从室内排风到新风的传递过程。冬季的情况与夏季类似,仅是传热传质的方向不同,新风被加热加湿、排风被降温除湿。

5.2.2.2 热回收性能分析

对于第 i 级全热回收装置,其新风和排风的进出口参数,如图 5-11 所示。第 i 级全热回收装置的效率 η_i 为:

$$\eta_i = \frac{h(a_i) - h(a_{i+1})}{h(a_i) - h(r_{i+1})} \tag{5-11}$$

图 5-11 所示的单级全热回收装置,由上部排风与溶液接触的单元喷淋模块和下部新风与溶液接触的单元喷淋模块构成,两个单元喷淋模块的效率分别为:

$$\eta_{ri} = \frac{h(r_i) - h(r_{i+1})}{h_e(z_{1i}) - h(r_{i+1})} \tag{5-12}$$

$$\eta_{ai} = \frac{h(a_i) - h(a_{i+1})}{h(a_i) - h_e(z_{2i})} \tag{5-13}$$

式中,$h_e(z_{1i})$ 是与溶液状态 z_{1i} 相平衡的湿空气状态(温度和水蒸气分压力均相同)的焓值。为了保证填料充分的润湿,级内溶液的循环量一般都比较大,溶液由于吸、放湿所引起的质量变化可以忽略不计,因而下部新风单元喷淋模块内的能量守恒关系可以表示为:

$$\dot{m}_a [h(a_i) - h(a_{i+1})] = \dot{m}_z [h_z(z_{1i}) - h_z(z_{2i})] \tag{5-14}$$

由于可以忽略单级喷淋模块内部的溶液质量变化,因而在单级喷淋模块内的溶液焓值仅是温度的单值函数(Stevens,1989),可以用式(5-15)

来表示。式中，$c_{p,z}$ 为溶液的定压比热，$h_z(0,\xi)$ 是溶液在温度为 0℃、浓度为 ξ 时的焓值。

$$h_z = c_{p,z} \cdot t_z + h_z(0,\xi) \tag{5-15}$$

当已知溶液进口浓度时，$h_z(0,\xi)$ 为一常数。对上式微分得到：

$$\mathrm{d}h_z = c_{p,z}\mathrm{d}t_z \tag{5-16}$$

溶液与空气热质交换界面处等效湿空气比热容 $c_{p,e}$ 定义为：

$$c_{p,e} = \frac{\mathrm{d}h_e}{\mathrm{d}t_z} \tag{5-17}$$

根据式（5-15）~式（5-17），式（5-14）的能量守恒关系式可以改写为：

$$\dot{m}_a[h(a_i) - h(a_{i+1})] = \frac{\dot{m}_z \cdot c_{p,z}}{c_{p,e}}[h_e(z_{1i}) - h_e(z_{2i})] \tag{5-18}$$

式（5-12）、（5-13）、（5-18）三式联立带入式（5-11），得到第 i 级全热回收装置的效率为：

$$\eta_i = \frac{1}{\left(\dfrac{1}{\eta_{ri}} \cdot \dfrac{\dot{m}_a}{\dot{m}_r} + \dfrac{1}{\eta_{ai}} - m^*\right)} \tag{5-19}$$

式中，m^* 为空气与溶液的热容量比，其定义为：

$$m^* = \frac{\dot{m}_a \cdot c_{p,e}}{\dot{m}_z \cdot c_{p,z}} \tag{5-20}$$

由此，得到第 i 级全热回收效率与上、下两个单元喷淋模块的效率，新风与排风量比值，新风与循环溶液热容量比的关系式。当新风量与排风量相等、两个单元喷淋模块的效率相同时，式（5-19）可简化为：

$$\eta_i = \frac{1}{2/\eta_{ai} - m^*} \tag{5-21}$$

当溶液流量趋于无穷大，即 $m^* \to 0$ 的情况下，溶液 z_{1i} 和 z_{2i} 点重合，根据上式，第 i 级全热回收效率见式（5-22）。单个模块的效率 η_{ai} 可以达到 1，因此第 i 级全热回收效率 η_i 可以达到 50%。

$$\eta_i = \frac{\eta_{ai}}{2} \tag{5-22}$$

当溶液与空气热容量相同，即 $m^* = 1$ 的情况下，根据式（5-21），第 i 级全热回收效率见式（5-23）。当每个模块的效率 η_{ai} 等于 1 时，第 i 级全热回收效率 η_i 可以达到 1。

$$\eta_i = \frac{1}{2/\eta_{ai} - 1} \tag{5-23}$$

$m^* \to 0$ 和 $m^* = 1$ 两种情况的比较，见图 5-12。当单个模块的效率 η_{ai} 相同时，$m^* = 1$ 情况下的总体热回收效率 η_i 高于 $m^* \to 0$ 的情况。

图 5-13 和图 5-14 为采用式（5-21）计算得到的单元喷淋模块效率 η_{ai} 和单级热回收装置的效率 η_i 随热容量比 m^* 的变化情况，NTU 分别取 0.5、1、2。单元喷淋模块的效率 η_{ai} 随着 m^* 的减小而增大，即当空气流量固定的情况下，增加溶液流量有利于 η_{ai} 的提高；η_{ai} 增加的幅度随着 NTU 的增加而越明显。对于单级热回收装置的效率 η_i，当 $m^* \leq 1$ 的时候达到最大值，且在此范围内，η_i 随 m^* 的变化很小。

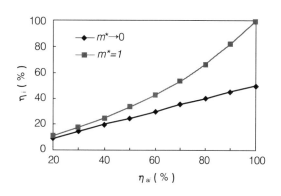

图 5-12 热回收效率 η_i 与单个模块效率 η_{ai} 的关系

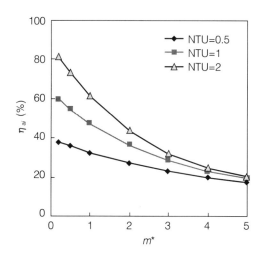

图 5-13 单个模块效率 η_{ai} 与 m^* 的关系

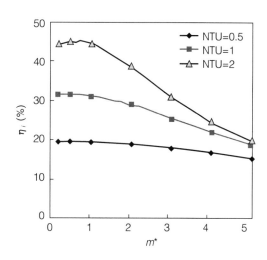

图 5-14 热回收效率 η_i 与 m^* 的关系

5.2.3 多级溶液式全热回收装置

5.2.3.1 工作原理

多个单级全热回收装置可以串接起来，组成多级溶液全热回收装置，如图 5-15 所示（图中共有 n 级），新风和排风逆向流经各级并与溶液进行热质交换。多级溶液全热回收装置中，仅是对应级内的排风和新风通道内的溶液存在质量交换，级和级之间的溶液是彼此独立，不存在质量的交换。每一级内溶液的温度与浓度由新风和室内排风的状态参数决定。采用多级串接的形式，可以实现较高的全热回收效率。n 级热回收装置的总全热回收效率 $\eta_{[n]}$ 为：

$$\eta_{[n]} = \frac{h(a_1) - h(a_{n+1})}{h(a_1) - h(r_{n+1})} \tag{5-24}$$

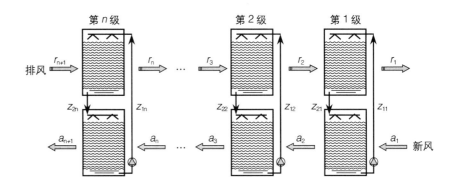

图 5-15 多级全热回收装置

5.2.3.2 热回收性能分析

根据式 (5-22)，多级全热回收装置的总效率可以改写为：

$$\eta_{[n]} = \frac{[h(a_1) - h(a_2)] + \cdots + [h(a_{n-1}) - h(a_n)] + [h(a_n) - h(a_{n+1})]}{[h(a_1) - h(a_2)] + \cdots + [h(a_{n-1}) - h(a_n)] + \dfrac{1}{\eta_n}[h(a_n) - h(a_{n+1})]}$$

$$\tag{5-25}$$

空气焓值变化在不同级之间存在如下递推关系式（刘晓华等，2005）：

$$[h(a_i) - h(a_{i+1})] = [h(a_{i-1}) - h(a_i)] \cdot \left(\frac{1}{\eta_{i-1}} - 1\right) \bigg/ \left(\frac{1}{\eta_i} - \frac{\dot{m}_a}{\dot{m}_r}\right) \tag{5-26}$$

将上述的递推关系式带入式（5-25），即可得到 n 级全热回收装置的总效率。例如，对于两级和三级全热回收装置的总全热回收效率分别为：

$$\eta_{[2]} = \frac{1 + \left(\dfrac{1/\eta_1 - 1}{1/\eta_2 - \dot{m}_a/\dot{m}_r}\right)}{1 + \dfrac{1}{\eta_2} \cdot \left(\dfrac{1/\eta_1 - 1}{1/\eta_2 - \dot{m}_a/\dot{m}_r}\right)} \tag{5-27}$$

$$\eta_{[3]} = \frac{1 + \left(\dfrac{1/\eta_1 - 1}{1/\eta_2 - \dot{m}_a/\dot{m}_r}\right) \cdot \left(1 + \dfrac{1/\eta_2 - 1}{1/\eta_3 - \dot{m}_a/\dot{m}_r}\right)}{1 + \left(\dfrac{1/\eta_1 - 1}{1/\eta_2 - \dot{m}_a/\dot{m}_r}\right) \cdot \left(1 + \dfrac{1}{\eta_3} \cdot \dfrac{1/\eta_2 - 1}{1/\eta_3 - \dot{m}_a/\dot{m}_r}\right)} \tag{5-28}$$

一般情况下，新风量与排风量相同，即 $\dot{m}_a = \dot{m}_r$，此时多级热回收装置的总全热回收效率可以简化为：

$$\eta_{[n]} = \frac{\left(\dfrac{1}{1/\eta_1 - 1}\right) + \cdots + \left(\dfrac{1}{1/\eta_{n-1} - 1}\right) + \left(\dfrac{1}{1/\eta_n - 1}\right)}{\left(\dfrac{1}{1/\eta_1 - 1}\right) + \cdots + \left(\dfrac{1}{1/\eta_{n-1} - 1}\right) + \dfrac{1}{\eta_n} \cdot \left(\dfrac{1}{1/\eta_n - 1}\right)} \tag{5-29}$$

当每个单级热回收装置的效率相同时，即 $\eta_1 = \eta_2 = \cdots \eta_n$，上式可以进一步简化为：

$$\eta_{[n]} = \frac{n \cdot \eta_1}{1 + (n-1) \cdot \eta_1} \tag{5-30}$$

图 5-16 是采用式（5-30）计算得到的多级全热回收装置的总效率 $\eta_{[n]}$ 随级数 n 的变化情况。随着级数的增加，全热回收效率逐渐增加，但增加的幅度逐渐变缓。当单级热回收装置的效率 η_i 分别为 40%、50% 和 60% 的情况下，两级全热回收装置的效率分别为 57.1%、66.7% 和 75.0%。

根据实际热回收装置所采用的填料类型、尺寸、

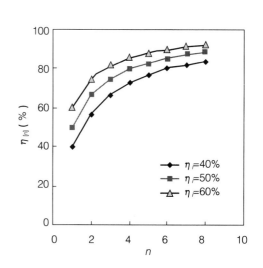

图 5-16　全热回收装置效率与级数的关系

除湿剂种类，运行参数等可以分析级数对全热回收装置总效率的影响。在单元喷淋模块的除湿/再生实验中，使用溴化锂溶液作为除湿剂，填料选用 Celdek 7090 规整填料，溶液与空气的流向为叉流，单元喷淋模块的高度、宽度与厚度分别为 550mm、350mm 和 400mm，具体的实验结果参见附录 C。

对于设计新风量为 3600m³/h（折合 1.2kg/s）的全热回收装置，新风通道内的单元喷淋模块宽度从实验装置所采用的 350mm 增加至设计风量下的 1000mm，溶液流量按比例增加即可。当排风量与新风量相等时，排风通道内的模块尺寸与新风通道的相同。溶液总循环流量为 6.0kg/s，新风通道的模块总尺寸为：高度×宽度×厚度 = 550mm×1000mm×1500mm。采用不同级数时，单级模块参数随级数的变化关系，见表 5-1。

单级模块参数随级数的变化关系　　　　　表 5-1

	一级	两级	三级	四级	五级
单级填料厚度（mm）	1500	750	500	375	300
单级循环溶液量（kg/s）	6.0	3.0	2.0	1.5	1.2

全热回收效果随级数的变化关系，见图 5-17，其中室外新风的温度为 33.2℃、含湿量为 18.3g/kg（相对湿度为 57%），室内排风的温度为 25.0℃、含湿量为 11.9g/kg（相对湿度为 60%）。由图 5-17（a）可以得到：单级热回收装置的平均效率随着级数的增加而显著降低。虽然空气与喷淋溶液的流速（截面流量）不受级数影响，但单元喷淋模块的体积随着级数的增加而按比例减小，造成单元喷淋模块的效率随级数的增加而降低。由式（5-19）可以看出，单级的全热回收效率随着单元喷淋模块效率的降低而降低。虽然分级后，单级热回收装置的效率随着级数的增加而降低，但多级热回收装置的总体效率却随着级数的增加而增大，见图 5-17（b）。当级数从一级增加到三级时，溶液热回收装置的总全热回收效率从 55.7% 增加到 70.6%。当级数大于或等于 3 之后，继续增加级数对热回收装置的整体效果影响并不显著。

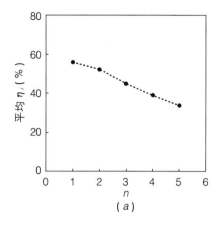 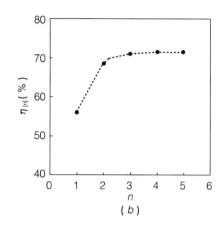

图 5-17 全热回收装置效果

(a) 单级全热回收装置的平均效率；(b) 多级全热回收装置的总效率

因而，对于相同体积的填料，增加级数有利于提高总体热质交换效果；但当级数增加到一定程度后，继续增加级数对整体热回收的效果影响并不显著。增加填料总体积、溶液循环喷淋量、或采用更好性能的填料（能提供更大的热质接触面积）能够进一步提高总体热回收效果。

第6章 基于盐溶液除湿系统的新风处理方式

在第5章介绍的可调温的单元喷淋模块、溶液全热回收装置的基础上，可以构建各种全新的空气处理流程，本章第一节介绍了多种不同的空气处理装置与溶液再生系统。利用上述基本单元模块还可以根据实际需要设计出许多种不同的空气处理系统，本章6.2～6.4节分别以三种不同流程的新风机组为例，详细介绍其工作原理、全年的运行模式、以及全年的运行性能。最后一节总体介绍了以溶液为媒介的新风机组的特点，以及对能源系统与室内空气品质的影响。

6.1 各种利用溶液为媒介的新风处理流程

新风机组可分为由再生器统一制备并向各新风机组提供浓溶液的方式和各新风机组自行解决溶液再生这两种方式。

6.1.1 统一提供浓溶液方式

溶液在除湿过程中，不断吸收空气中的水蒸气，吸收水蒸气的过程中有大量的相变潜热释放，造成溶液与空气温度的升高。溶液的表面蒸汽压随着溶液温度的升高而迅速增加，从而使得溶液的吸湿性能变差。为了保证除湿过程中溶液具有较低的表面蒸汽压，需要在除湿过程中不断冷却溶液。图 6-1 为由四个基本单元模块组成的新风机组,图中采用两种温度的冷水冷却除湿过程。浓溶液从送风侧进入新风机,稀溶液从新风进风处排出,溶液与空气为逆向流动。左侧两个单元采用 18~21℃ 冷水冷却,以获得更好的除湿效果,并实现较低的送风温度。右侧两个单元采用 26~30℃ 冷却水冷却,以带走除湿产生的潜热。冷却水可由冷却塔获得。

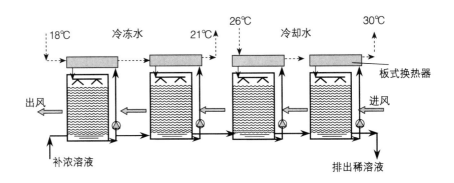

图 6-1 四级串联的空气处理单元

图 6-2 为这一流程在焓湿图上典型工况的处理过程。吸湿后的溶液需要浓缩再生才能重新使用,再生器采用多级再生的方式。当室外湿度逐渐下降时,冷却水温度也会逐渐下降,此时只需右侧两个单元运行,左侧单元

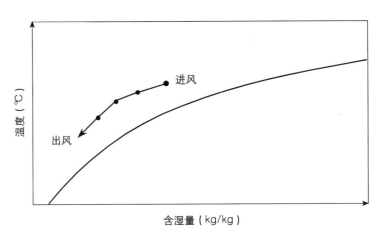

图 6-2 四级串联的空气处理单元在 h-d 图上的处理过程

可停掉。室外湿度下降到低于要求的送风湿度以下时，降低溶液浓度，停止冷却水，利用右侧两级通过喷稀溶液对空气加湿降温，直到直接喷水。冬季到来，冷却水改为热水，通过喷稀溶液或水对空气加热加湿。这样，通过调整溶液浓度和板式换热器另一侧的水温，实现不同季节不同工况下的连续转换。

图 6-3 为带有排风热回收的新风机组。上部三个单元喷循环水，使排风的冷量通过循环水冷却新风除湿单元。下部三个单元逐级对新风减湿，浓溶液从右侧进入，稀释后从左侧排出。由于依靠排风不能对送风充分冷却，因此空气送入室内之前还可利用 18~21℃ 的冷水进行进一步冷却。同样当过渡季室外湿度低于要求的送风湿度时，停止对排风的热回收，并且降低溶液浓度，直至改为直接喷水降温加湿。冬季，上部排风侧改为溶液循环，对排风进行除湿，使其潜热转换为显热来加热送风。稀释后的溶液进入下部与干燥的室外空气接触，进行再生，同时对空气进行加热加湿，然后在末端的空气换热器再利用热水进一步升温，以满足室内送风温度要求。

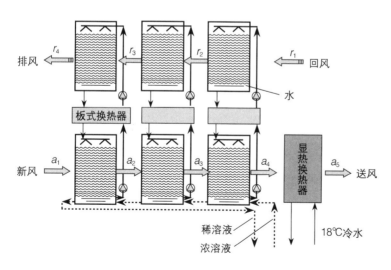

图 6-3 通过喷水对排风热回收的新风机组

图 6-4 为另一种带排风热回收的新风处理机。与图 6-3 的方式不同，溶

液直接在送风处理单元和排风处理单元间循环,实现全热回收。三级逆流热回收可实现 70% 以上的全热回收效率。为使送风进一步冷却和除湿,最后一级使用再生器提供的浓溶液和 18~21℃ 冷水对空气进行进一步减湿降温,实现要求的送风参数。冬季仍利用上下间的溶液循环实现排风的全热回收,而最后一级改为喷水加湿,换热器内也改为通热水来满足送风的温湿度要求。图 6-5 为夏季典型工况下此种机组在焓湿图上的处理过程。

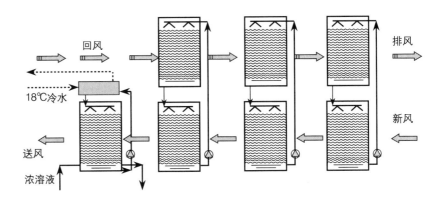

图 6-4　溶液循环实现全热回收的新风机组

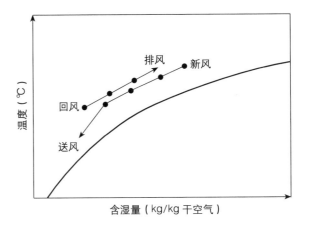

图 6-5　溶液循环全热回收空调处理机的处理过程

6.1.2 独立的带有热泵的新风机组

还可以不设统一提供浓溶液的集中的再生器，而由各台新风机独立地利用排风对溶液进行再生。采用小型热泵，用其制冷端对送风进一步冷却，制热端则提供溶液再生的热源。图 6-6 为由六个基本单元组成的这样的系统。其中四个单元构成两级热回收，每级通过热交换器耦合，稀溶液在排风侧蒸发降温，溶液通过换热器吸收浓溶液在送风侧吸湿时放出的热量。经热泵的制热端加热而再生的浓溶液与从送风侧返回的稀溶液换热，温度降至接近室外温度后，进入送风侧最后一级，在接近热泵冷端的温度下对送风温度吸湿和降温。然后逐级与送风方向逆流地对送风进行两级吸湿。凝结产生的热量被排风侧溶液再生吸热过程所吸收。经过送风侧第一级吸湿后已被稀释的稀溶液再送到排风侧左侧第一级利用较干燥的从室内来的回风再生。两级后排风温度升高，溶液浓度亦升高。排风和溶液都进入热泵的热端使溶液进一步浓缩。送风的含湿量可通过热泵热端温度来控制。另外设一组直接风冷冷凝器，通过电磁阀控制进入该冷凝器的制冷工质的流量，从而控制热泵的热端温度。而送风温度则由调节热泵的出力来控制。随室外温度降低，逐渐减少热泵制热制冷量，直至完全

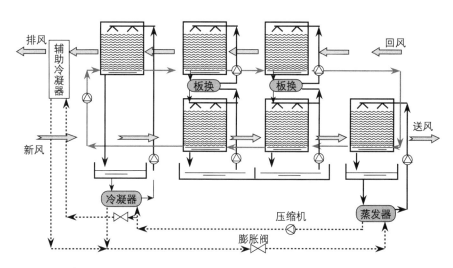

图 6-6　带有热泵通过换热器回收热量的溶液除湿新风机

关闭。此时由于溶液中水分蒸发对空气加湿,因此逐渐变浓。这时通过电磁阀向溶液中加水,控制送风温度。当外温进一步降低时,热泵反向工作,制热端加热送风,制冷端将排风进一步冷却和干燥,从而最大限度的回收显热和潜热。

上述方式中,排风的热量要通过板式换热器两次换热后才能回收,因此热回收效率较低。还可以采用图6-7的方式,用四个单元构成两级直接的全热回收,热泵的冷端与热端的溶液也经过回热后直接循环,在热端再生后在冷端吸湿。此种方式溶液彼此不连通,在过渡季和冬季需在不同的单元加水调节溶液浓度,以控制送风湿度。

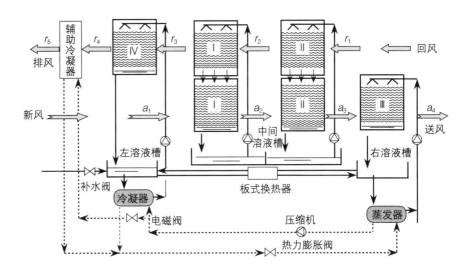

图 6-7 热泵驱动的全热回收型新风机组

6.2 热泵驱动的溶液热回收型新风机组

6.2.1 工作原理

图6-7是热泵驱动的新风机的工作原理,由两级溶液全热回收装置(编号为Ⅰ和Ⅱ的喷淋单元)和热泵系统组成。图中直线表示吸湿溶液,虚线表示制冷工质。新风机的上层通道是回风处理通道,下层是新风处理通道。

室外新风先经过溶液全热回收装置，而后经过由蒸发器冷却的溶液喷淋单元Ⅲ后，送入室内。室内回风也是首先经过溶液全热回收装置，再经过由冷凝器加热的溶液喷淋单元Ⅳ，最后经过辅助冷凝器排向室外。设置热泵系统的主要原因是仅靠全热回收装置无法达到送风温度和湿度的要求，因此加入蒸发器来对最后一级的溶液进行降温以增强其除湿能力，从而得到适宜的送风参数。由于溶液侧的负荷与制冷剂侧的负荷不能很好的匹配，系统中加入了一个辅助冷凝器进行调节，由图6-7中的电磁阀控制辅助冷凝器的启停。

新风机中溶液分为两部分：一部分是作为全热回收器（图6-7中喷淋单元Ⅰ和Ⅱ）的工作介质，此部分溶液积存在中间溶液槽内，溶液的平衡状态由新风和室内排风的参数确定；另一部分是分别与冷凝器和蒸发器换热的溶液，分别积存在左溶液槽和右溶液槽内。左溶液槽和右溶液槽的溶液存在质量交换，但左、右溶液槽内的溶液与中间溶液槽的溶液不存在质量交换。夏季时，右溶液槽内的溶液被蒸发器冷却后，在喷淋单元Ⅲ内与被处理新风进行热湿交换，溶液被稀释且温度升高。左溶液槽内的溶液被冷凝器加热后，在喷淋单元Ⅳ内完成溶液的浓缩再生过程。被稀释和被浓缩的溶液通过溶液管相连，通过溶液管中溶液的流动完成蒸发器侧和冷凝器侧溶液的循环，以维持两端的浓度差。

夏季运行时，制冷系统中蒸发器和冷凝器在新风机中的位置见图6-7，室外新风和室内排风在新风机中的状态变化过程参见图6-8（a），其中a_1表示新风，a_4为送风，r_1为室内状态，r_5为排风状态。$a_1 \sim a_2 \sim a_3$和$r_1 \sim r_2 \sim r_3$分别为新风和室内排风经过两级全热回收装置的状态变化过程，图中可以明显看出：全热回收装置的采用有效的降低了新风处理能耗。新风机中制冷循环的制冷量和排热量均得到了有效的利用，蒸发器的制冷量用于冷却进入喷淋模块Ⅲ的溶液以增强其除湿能力，冷凝器的排热量用于溶液的浓缩再生。

冬季运行时，采用四通阀实现蒸发器和冷凝器的相互转换，使制冷装

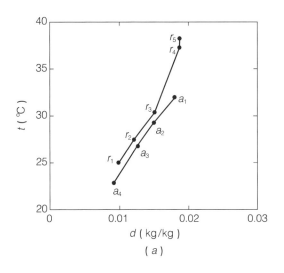 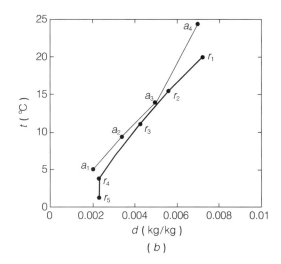

图 6-8 空气处理状态变化
(a) 夏季；(b) 冬季

置工作在热泵工况下，新风被加热加湿。室外新风和室内排风在新风机中的状态变化过程见图 6-8 (b)，室外新风 a_1 经过全热回收装置后状态变为 a_3，而后进入喷淋模块Ⅲ被进一步加热加湿后送入室内。冬季，冷凝器的排热量用于加热进入喷淋模块Ⅲ的溶液以增强其加湿能力。

6.2.2 冬夏性能测试

溶液热回收型新风机安装于北京市某医院楼顶（图 6-9），除湿剂选用溴化锂溶液，制冷工质选用 R22。新风机的设计最大送风量为 $4000m^3/h$，满足该医院内某病房区的新风需求。病房的建筑面积约为 $300m^2$，图 6-10 为该病房区的照片。该病房的空调系统为风机盘管加新风形式。新风机的测试主要包括以下几个方面的内容：一是空气状态，包括新风、送风、回风以及排风参数，空气的状态采用干、湿球温度计测量，风量通过测量风道内风速及风道截面尺寸得到；二是溶液状态，包括溶液的温度和密度，分别采用温度计和密度计测量；三是制冷系统各部件的性能，包括蒸发器、

图 6-9　新风机照片　　　　　　图 6-10　病房区照片

冷凝器、压缩机等，分别测量蒸发温度和冷凝温度以及压缩机的输入电流和电压。

1. 夏季测试结果

新风机夏季性能的测试结果见表 6-1。新风量为 3950m³/h，回风量为 4600m³/h。测试过程中，室外新风温度在 28～30℃、含湿量在 20～22g/kg 范围内；室内排风温度在 22～26℃、含湿量在 12～13g/kg 范围内。新风机的性能系数 EER 定义为新风获得冷量与系统耗电量的比值，见式（6-1）。新风冷量为新风量与新风处理焓差的乘积。系统耗电量忽略溶液泵和风机的能耗，仅记入压缩机的能耗。测试条件下，新风冷量为 40～47kW，压缩机的耗电量为 6.3～6.7kW，新风机的性能系数 EER 在 6.3～7.3 范围内。

$$EER = \frac{新风冷量}{系统耗电量} \tag{6-1}$$

表 6-1 中第 4 组和第 5 组测量数据是关闭辅助冷凝器的测量结果，其余 6 组数据是开启辅助冷凝器的结果。关闭辅助冷凝器时，制冷系统的散热情况变差，冷凝温度升高 3℃ 左右，制冷系统的性能变差。新风机中的溶液泵的耗电量约为压缩机耗电量的 5%，当式（6-1）耗电量中计入压缩机和所

有溶液泵的能耗时,新风机的性能系数在 6.0~7.0 范围内。

2. 冬季测试结果

新风机冬季性能的测试结果见表 6-2。新风量为 2935m³/h,回风量为 2230m³/h。测试过程中,室外温度在 6.2~6.9℃、含湿量在 1.4~1.9g/kg 范围内;室内回风温度在 20~22℃、含湿量在 4.0~4.3g/kg 范围内。测试条件下,新风获得热量为 23~26kW,压缩机的耗电量为 5.3~5.4kW,新风机的性能系数 EER 在 4.7~5.0 范围内。当式(6-1)耗电量中计入压缩机和所有溶液泵的能耗时,新风机的性能系数在 4.5~4.8 范围内。

夏季测试数据　　　　　表 6-1

序号	新风		送风		回风		冷凝温度 (℃)	蒸发温度 (℃)	新风冷量 (kW)	耗电量 (kW)	新风机 EER	辅助冷凝器
	t (℃)	d (g/kg)	t (℃)	d (g/kg)	t (℃)	d (g/kg)						
1	29.0	21.3	21.2	11.0	23.7	12.8	48.2	8.0	45.2	6.3	7.2	开
2	29.3	21.0	21.1	10.9	23.6	12.1	48.3	8.0	45.0	6.3	7.2	开
3	29.4	21.7	20.6	11.2	23.3	12.3	48.5	8.0	47.0	6.4	7.3	开
4	29.1	21.4	20.6	11.1	22.7	12.5	51.5	8.1	46.2	6.6	7.0	关
5	28.5	21.2	20.8	11.2	23.8	12.7	51.5	8.3	44.1	6.7	6.6	关
6	29.0	21.5	21.4	11.4	24.3	13.0	49.0	8.6	44.2	6.4	6.9	开
7	29.2	20.7	21.6	11.3	24.6	12.9	49.0	8.6	41.8	6.4	6.5	开
8	29.7	20.3	21.4	11.5	25.5	12.8	49.2	8.8	40.8	6.4	6.3	开

冬季测试数据　　　　　表 6-2

序号	新风		送风		回风		冷凝温度 (℃)	蒸发温度 (℃)	新风热量 (kW)	耗电量 (kW)	新风机 EER	辅助蒸发器
	t (℃)	d (g/kg)	t (℃)	d (g/kg)	t (℃)	d (g/kg)						
1	6.7	1.4	21.6	6.0	21.1	4.2	26.9	-11.0	24.6	5.3	4.9	开
2	6.2	1.6	21.7	5.9	21.3	4.1	27.5	-10.8	24.4	5.3	4.8	开
3	6.5	1.5	22.4	5.7	21.1	4.1	27.9	-10.8	24.6	5.4	4.9	开
4	6.7	1.9	22.4	5.8	21.0	4.3	28.1	-10.7	23.9	5.4	4.7	开
5	6.5	1.7	22.4	6.2	21.1	4.2	28.5	-10.6	25.3	5.3	5.0	开
6	6.9	1.5	22.4	5.9	20.6	4.0	28.7	-10.8	24.7	5.3	5.0	开

6.2.3 全年性能分析

根据测试得到的新风机性能数据，可以确定新风机主要部件的性能参数，从而可以预测新风机在其他工况条件下的性能。新风机在北京夏季气象条件下的性能见图 6-11（a），室内排风的温度恒为 24℃、含湿量为 12g/kg，新风量等于室内排风量。夏季平均的 EER 为 5.3。图 6-11（b）所示的新风机性能是在室外温度高于 5℃时北京的室外参数。室内排风的温度恒为 20℃、含湿量为 7.2g/kg，新风量与室内排风量相同。从模拟结果可以看出：冬季新风机的性能系数 EER 随着室外温度和相对湿度的降低而增加，冬季平均 EER 为 4.3。通过冬、夏的性能分析可以得到如下结果：新风与室内排风的温度和湿度差异越大，新风机的性能系数越高。

本节提出的溶液热回收型新风机将新型的溶液全热回收装置和热泵系统结合起来。溶液全热回收装置的采用，充分回收室内排风的能量，有效的降低了新风处理能耗；制冷循环的制冷量和排热量均得到了有效的利用，

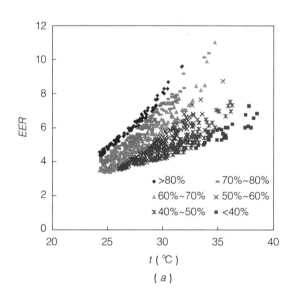 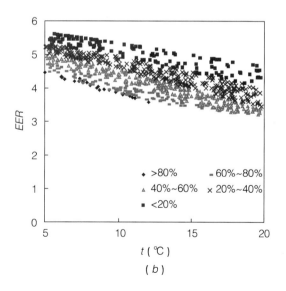

(a) (b)

图 6-11 新风机全年性能分析

(a) 夏季性能；(b) 冬季性能

新风机的性能系数明显提高。

安装于某医院的新风机的测试结果表明：测试条件下，夏季性能系数在6.3~7.3范围内，冬季性能系数在5.0~5.3范围内。该形式的新风机相对于常规新风机而言，具有明显的节能效果，而且很容易解决新风的冬季加湿问题。北京气象条件下，逐时模拟的结果表明：新风机在夏季的平均性能系数为5.3，冬季平均性能系数为4.3（仅分析室外温度高于5℃的情况）。

新风机的工作介质——吸湿溶液，可以去除室内的多种污染物，能够避免新风和室内排风之间的交叉污染。新风的潜热负荷由溶液系统承担，夏季不再需要7℃的冷冻水满足新风除湿要求，空调系统中不存在冷凝水的表面，也消除了室内一大污染源。另一方面，新风机性能系数的提高，为新风量的增加提供了条件，能够进一步提高室内空气品质。

6.3 热水驱动的溶液热回收型新风机组（形式Ⅰ）

6.3.1 工作原理

1. 夏季

图6-3是夏季除湿新风机的工作原理。室内排风进入新风机的上层通道，利用蒸发冷却得到的冷量，通过板式换热器对除湿过程进行冷却以增强溶液除湿的效果。浓溶液进入新风机，吸收新风中的水分，浓度变低后流入再生器进行浓缩再生。新风经过除湿模块后湿度达到送风参数的要求，再经过显热换热器降温后送入室内。新风机中溶液和被处理空气的流向是相反的，虽然在每一除湿单元模块中，实现的是溶液和新风的叉流热质交换过程，但是多个模块联合起来，就能近似实现逆流传热传质的效果。溶液系统承担新风的除湿要求，所以显热换热器中通入18℃的冷水即可满足新风降温的要求。

从新风机流出的溶液浓度降低，需要进行浓缩再生，才能继续循环使用。溶液系统中可以采用集中再生的方式，见图6-12。储液罐承担蓄存溶液与蓄能的作用，可以有效的降低对再生热源的要求，使得除湿过程与再生过程不必同步进行。浓溶液在溶液泵的驱动下自储液罐进入各层的新风机组中，吸收水分后的溶液浓度变稀，稀溶液从各个新风机中靠重力作用溢流至储液罐中。从新风机流回的稀溶液统一进入再生器中，再生浓缩后直接供给新风机使用或者进入储液罐中。

图 6-13 是再生器的工作原理（图示为三级），80~90℃热水是溶液再生的热源。系统中设有空气—空气显热回收器和溶液—溶液换热器，对进入再生器的空气和稀溶液进行预热，回收排风和流出再生器浓溶液的热量。

室外新风在新风机的除湿降温过程以及再生空气在再生器的处理过程参见图 6-14，热水的温度按照 80℃ 计算，溶液系统使用溴化锂溶液。图中 a_1 代表室外空气状态，a_5 是送风状态，a_{10} 是再生器的排风状态，r_1 是室内状态点，r_4 是室内排风经过新风

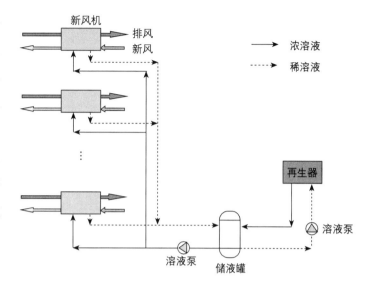

图 6-12 溶液除湿系统的工作原理图

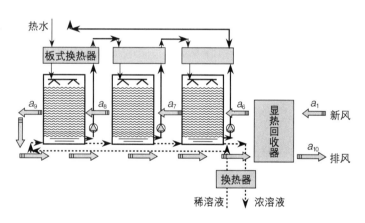

图 6-13 再生器原理图

机最终排向室外的状态点。a_1~a_2~a_3~a_4~a_5 是室外空气在新风机的处理过程，其中 a_1~a_2~a_3~a_4 是室外空气经过除湿单元的状态变化过程，a_4~a_5 是经过 18℃冷水冷却的显热换热器的过程。由于在除湿过程中利用室内排风蒸发冷却产生的冷量，因此可以实现降温的除湿过程。r_1~r_2~r_3~r_4 是室内排风经过新风机的状态变化过程，最后接近饱和的空气 r_4 排向室外。

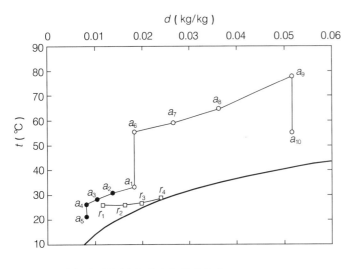

图 6-14 新风机和再生器中空气状态变化

$a_1 \sim a_6 \sim a_7 \sim a_8 \sim a_9 \sim a_{10}$ 是再生空气的状态变化过程，其中 $a_1 \sim a_6$ 和 $a_9 \sim a_{10}$ 是再生空气经过显热回收器的状态变化，$a_6 \sim a_7 \sim a_8 \sim a_9$ 是空气在再生单元中被加热湿度不断升高的过程，最后湿热的排风经过显热回收后排向室外。图 6-14 是在北京市室外气象条件下的数值模拟结果，新风的设计参数为干球温度 33.2℃，湿球温度 26.4℃，含湿量 18.3g/kg；室内设计参数为干球温度 26℃，相对湿度 55%，含湿量 11.5g/kg。室外新风经过新风机后的送风状态点为：温度 21.2℃，含湿量 8.2g/kg。定义除湿系统的性能系数为新风经过新风机中除湿单元获得的冷量与溶液再生所需加热量的比值，在上述工况下，溶液系统的性能系数为 1.06。增加热源的温度，或者增大其流量，都可以降低送风的湿度。

2. 冬季

冬季，溶液各单元模块组合起来，以具有吸湿能力的盐溶液为媒介，实现了新风和室内排风的全热交换。经过全热回收模块后的新风，再经过显热换热器被加热后，送入室内，新风机在冬季的工作原理，见图 6-15。室外新风的处理过程参见图 6-16，a_1 代表室外空气状态，a_5 是送风状态，r_1 是室内空气状态，r_4 是室内排风的状态。图中 $a_1 \sim a_2 \sim$

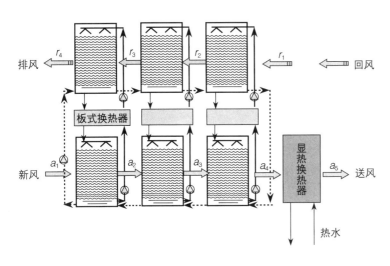

图 6-15 新风机冬季工作原理图

$a_3 \sim a_4 \sim a_5$ 是室外新风的处理过程，其中 $a_1 \sim a_2 \sim a_3 \sim a_4$ 是新风经过溶液全热回收器的热回收过程，$a_4 \sim a_5$ 是新风经过由热水加热的显热换热器的过程。$r_1 \sim r_2 \sim r_3 \sim r_4$ 是室内排风经过溶液全热回收器的状态变化过程。

6.3.2 夏季性能测试与分析

溶液热回收型新风机安装于北京市某办公楼内，建筑面积 $3000m^2$。溶液除湿空调系统，见图 6-12，新风机、再生器、储液罐的照片，见图 6-17 ~ 图 6-19。溶液除湿空调系统利用城市热网的热水作为溶液浓缩再生的能量来源，新风机和再生器均为四级处理装置。

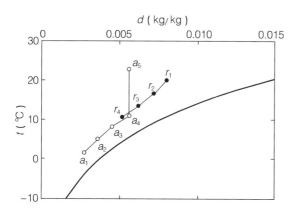

图 6-16 新风机中空气状态变化

图 6-17 新风机的照片

图 6-18 再生器的照片

图 6-19 储液罐的照片

6.3.2.1 新风机组的工作性能

以下对两种典型室外条件下空调系统的运行情况进行分析。图 6-20 及图 6-21 分别给出了从早上 9 点到下午 4 点新风机组进出口空气参数变化情况（图 6-20 对应较湿的工况，图 6-21 对应较干的工况）。在室外空气含湿量较大的情况下，空气干球温度在 27~30℃ 之间，相对湿度从 70% 到 80%。在室外空气含湿量较小的情况下，空气干球温度在 27~31℃ 之间，相对湿度从 47% 到 60%。

当新风机组工作在除湿冷却模式时，定义新风机组的能效比为：

$$\eta_0 = \frac{\Delta h}{\Delta w \times r} \tag{6-2}$$

式中，Δh 为新风机组提供的冷量，其值等于新风进出口焓差，kW；

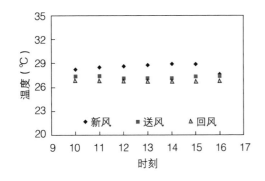

图 6-20 潮湿工况下新风机组运行参数变化

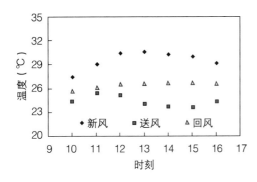
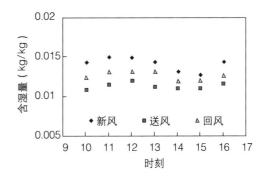

图 6-21 干燥情况下新风机组运行参数变化

Δw 为溶液吸湿前后含水量差，kg/s，可认为是驱动新风机组投入的能量；r 为水的汽化潜热，kJ/kg。表 6-3 给出了几种典型工况下，新风机组的空气进出口参数随室外状态变化情况，按新风含湿量从大到小排列。图 6-22 给出了新风机组的能效比随含湿量及相对湿度变化情况，可以看出能效比受室外状态影响显著，随着相对湿度的增加，能效比变小。通过对连续测量数据的分析计算，新风机组的平均能效比值为 1.83。

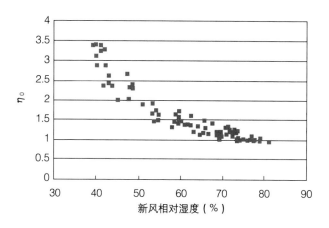

图 6-22 新风相对湿度对新风机组工作效率的影响

典型工况下新风机组的工作性能　　　　表 6-3

新风				回风				η_0
进口		出口		进口		出口		
温度 (℃)	含湿量 (g/kg)	温度 (℃)	含湿量 (g/kg)	温度 (℃)	含湿量 (g/kg)	温度 (℃)	含湿量 (g/kg)	
28.6	17.1	27.1	10.6	26.7	12.4	29.9	23.3	1.11
29.3	13.7	24.3	10.4	26.1	11.9	27.5	19.3	1.66
31.3	11.6	22.8	9.8	26.4	10.6	26.6	17.3	2.87

6.3.2.2 再生器的工作性能

再生器的工作性能以除水量和再生效率两个指标衡量，除水量为溶液浓缩前后含水量差，再生效率定义如下：

$$\eta_r = \frac{\Delta w \times r}{Q} \qquad (6-3)$$

式中，Q 为再生加热量，kW。表 6-4 列出了除水量及再生效率不同工况下的变化情况，再生的平均效率约为 0.82。

再生器在不同工况下的工作性能　　　　表 6-4

工况	新风 温度 (℃)	新风 含湿量 (g/kg)	热水 进口温度 (℃)	热水 出口温度 (℃)	进口溶液 流量 (mL/s)	进口溶液 密度 (g/mL)	出口溶液 流量 (mL/s)	出口溶液 密度 (g/mL)	除水量 (g/s)	η_r
1	30.6	20.2	68.7	57.7	186.2	1.3049	147.3	1.3780	40.0	0.89
2	30.9	19.7	69.3	57.9	182.7	1.3112	142.0	1.3817	43.3	0.92
3	30.3	18.3	72.8	62.3	166.9	1.3550	128.8	1.4310	41.9	0.94
4	33.4	20.2	73.2	60.5	212.9	1.3452	173.0	1.4045	43.1	0.84
5	34.2	21.5	73.2	61.0	213.5	1.3581	172.6	1.4245	44.1	0.92
6	33.4	22.1	73.1	61.4	199.3	1.3632	170.0	1.4279	28.8	0.64
7	33.4	21.8	73.2	61.4	195.7	1.3648	161.3	1.4310	36.2	0.81
8	32.8	21.1	73.2	61.6	189.2	1.3722	156.6	1.4390	34.3	0.79
9	30.2	19.5	72.0	61.6	187.2	1.3815	155.6	1.4483	33.3	0.79
10	28.7	17.9	71.6	61.4	189.8	1.3855	155.8	1.4477	37.4	0.90
11	28.7	17.6	71.5	62.2	141.5	1.3868	112.6	1.4775	29.9	0.81

6.3.2.3 系统的能耗

定义整个溶液除湿系统的能效比为：

$$\eta = \eta_0 \times \eta_r = \frac{\Delta h}{Q} \tag{6-4}$$

由新风机组及再生器的测量数据可得，系统的平均能效比为 1.50。

6.3.3 冬季性能测试与分析

冬季工况时，再生器停止运行，溶液在新风机内循环流动，实现新风与排风的全热交换。新风机组相当于一个全热交换器。表 6-5 给出了冬季某天的测量数据，结果表明全热回收效率以及潜热回收效率大约在 50% 左右，新风的处理能耗可减小一半。

全热回收器工作性能 表6-5

新风				回风				η_d	η_h
进口		出口		进口		出口			
温度(℃)	含湿量(g/kg)	温度(℃)	含湿量(g/kg)	温度(℃)	含湿量(g/kg)	温度(℃)	含湿量(g/kg)		
5.8	3.1	12.6	4.0	18.7	5.0	12.7	4.0	0.50	0.52
7.1	3.1	13.3	4.1	19.5	5.1	13.7	4.1	0.49	0.50
12.4	3.4	16.7	4.4	20.7	5.3	17.2	4.0	0.51	0.52

6.4 热水驱动的溶液热回收型新风机组（形式Ⅱ）

利用热水驱动的第二种形式的新风机组见图6-23（或图6-4），新风机组由溶液全热回收装置和可调温的单元喷淋模块组成。新风首先经过溶液全热回收装置，回收室内排风能量后，再经过单元喷淋模块进一步处理后，送入室内。该过程热回收效率高，使得新风处理能耗大大降低，可采用热水等低品位热能作为驱动能源。夏季，回收室内回风的能量，利用溶液循环实现新风的除湿效果，将干燥、低温的新风送入室内。冬季，新风回收排风的能量后，再在单元喷淋模块中进一步加热加湿，达到送风参

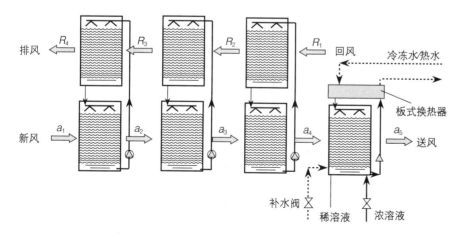

图6-23 新风机工作原理

数的要求。

6.4.1 工作原理

夏季运行时，图 6-23 中的补水阀关闭、溶液阀打开，进入板式换热器的是 18℃ 的冷冻水。冷冻水的作用不再是将空气冷却到露点以下从而完成对新风的除湿要求，而是冷却进入单级喷淋模块的溶液，从而增强溶液的除湿能力。室外新风首先经过溶液全热回收装置，回收室内排风的能量后，再进入单级喷淋模块进一步被降温除湿后送入空调房间。由于采用了全热回收装置和利用冷水降低溶液的温度增强其除湿能力，所以进入新风机的浓溶液浓度可以比较低，使用太阳能、工业废热等低温热源即可实现溶液的浓缩再生，图 6-24 是使用热水作为热源的再生器工作原理。再生器中设有溶液回热器和空气回热器，分别预热进入再生器的稀溶液和再生气流，以减少系统的能耗。在有多台新风机的空调系统中，可以采用集中再生的方式。冬季运行时，图 6-23 中的补水阀打开、溶液阀关闭，进入板式换热器的是 40℃ 的热水。再生器停止运行，溶液仅在各自的新风机中循环流动。热水用于加热进入单级喷淋模块的溶液，从而提高溶液的表面蒸汽压，实现对新风的进一步加热加湿处理过程。新风机中设有补水装置，以维持单级喷淋模块中溶液的浓度。

在夏季与冬季，室外新风和室内排风在新风机中的状态变化情况分别参见图 6-25 和图 6-26（图中的状态编号见图 6-23）。其中 a_1 是新风状态，a_5 是送风状态，R_1 是室内状态，R_4 是排风状态。$a_1 \sim a_2 \sim a_3 \sim a_4$ 是新风在溶液全热回收器中的状态变化过程，$a_4 \sim a_5$ 是经过可调温的单级喷淋模块的状态变化；$R_1 \sim R_4$ 是排风在溶液全热回收器的状态变化情况。

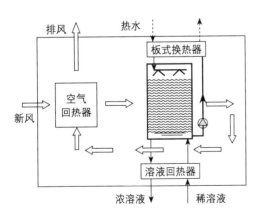

图 6-24 再生器工作原理

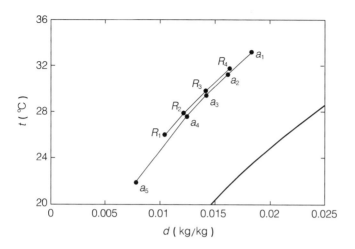

图 6-25 空气在夏季的状态变化过程

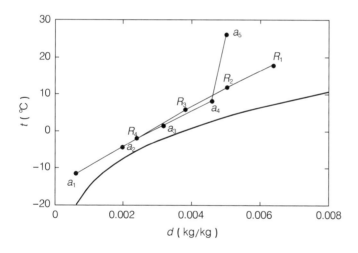

图 6-26 空气在冬季的状态变化过程

6.4.2 夏季性能分析

1. 冷源与再生热源的相互影响

溶液的吸湿能力同时受到溶液温度和浓度的影响，冷源影响溶液的温度，再生热源影响溶液的浓度。对溶液吸湿系统而言，冷源和再生热源并不是独立发挥作用的，两者间的相互影响，见表6-6（除湿剂选用溴化锂溶液)。该表是在北京市夏季室外设计参数(33.2℃、含湿量 d 为 18.3g/kg、相对湿度57%);室内设计温度为26.0℃、含湿量 d 为10.4g/kg、相对湿度为50%;要求送风含湿量为7.8g/kg的条件下的计算结果。随着供给新风机的冷水进口温度的升高,要求再生热源的温度逐渐升高。当冷水的进口温度在 8~16℃时,新风可以承担潜热负荷,又可以承担显热负荷。当冷水的进口温度为32℃时,冷水的降温作用非常差,需要很浓的溶液和较高的再生温度才能满足送风含湿量的要求,而且此时送风的温度已经达到31.2℃,新风仅承担潜热负荷,还需要其他的低温冷源来承担显热负荷。通过该表的分析,可以得到如下结论:当再生热源的品位较高时,对冷源的要求有所降低,即冷冻水的供水温度可以稍高;当冷源的品位较高时,对再生热源的要求就有所降低。

溶液系统工作参数　　　　　　　表6-6

温度 (℃)			浓度 (%)	
冷水	热源	送风	浓溶液	稀溶液
8.0	46.0	17.2	37.5	36.8
12.0	52.0	19.5	43.0	42.1
16.0	56.8	21.8	46.5	45.4
32.0	73.2	31.2	56.2	54.5

2. 室外气象条件的影响

夏季运行时,新风机所消耗的能量包括两部分,一是制备新风机所需冷冻水,需要制冷机消耗的电能 E;二是提供新风机所需浓溶液,需要再生热源提供的热量 Q。新风机的性能,可以用电性能系数 η_E 和热性能系数 η_H 来描述,两系数的定义如下,其中 W 为新风机中被处理新风获得的冷量:

$$\eta_E = \frac{W}{E} \tag{6-5}$$

$$\eta_H = \frac{W}{Q} \tag{6-6}$$

令 r 为新风机中冷冻水提供冷量与新风获得冷量 W 的比值，COP 为制冷机的性能系数，式（6-5）改写为：

$$\eta_E = \frac{COP}{r} \tag{6-7}$$

图 6-27 是在室内温度为 26.0℃、相对湿度为 50%，北京市的气象条件下，新风机的性能随室外参数的变化情况。溶液全热回收装置夏季的平均全热回收效率为 74%。如果增加填料面积或热回收装置的级数，可以进一步提高全热回收效率。图 6-27（a）是新风机电性能系数 η_E 的变化情况，平均值为 9.4。图 6-27（b）是新风机热性能系数 η_H 的变化情况，平均值为 3.0。当式（6-6）新风获得的冷量中不计入由全热回收器回收的能量时，η_H 平均值为 1.7。

常规新风机利用电动制冷机制备出的 7℃ 的冷冻水，实现对新风的冷凝除湿和降温的处理过程，但此时虽然新风的湿度满足要求、但温度偏低，有时又需要再热来满足送风温度的要求。常规新风机中，当不考虑再热造成的能源浪费时，新风机的平均电性能系数 η_E 为 4.1，仅为溶液热回收型新风机的 44%。在北京市现有的能源价格水平下（电价 0.8 元/（kW·h），

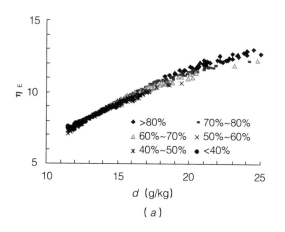
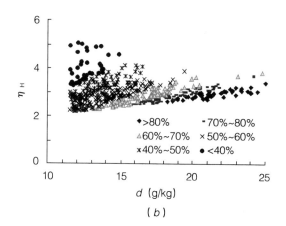

(a)　(b)

图 6-27　新风机夏季性能

(a) 电性能系数；(b) 热性能系数

热价 50 元/GJ），不考虑常规新风机中再热造成的能源损失，溶液热回收型新风机的夏季运行费用约为常规新风机的 75%。

6.4.3 冬季性能分析

冬季时，新风机消耗的能量是流入板式换热器的热水加热溶液所投入的热量 Q。新风机的性能用热性能系数 η_H 来描述，见式（6-6），式中 W 为新风机中被处理新风获得的热量。北京气象条件下，当室内空气状态为 18.0℃、50% 相对湿度时，溶液热回收装置在冬季的平均全热回收效率为 67%。新风机的热性能系数 η_H 随新风状态的变化情况参见图 6-28，冬季平均 η_H 为 2.2。常规新风处理机组中，利用城市热网的热量加热新风，还需要采用电加湿器或蒸汽加湿器才能实现新风的加湿要求。在北京市现有的能源价格水平下，溶液热回收型新风机的冬季运行费用约为常规新风机（利用城市热网加热、电加湿器加湿）的 25%。

本章 6.2～6.4 节分别介绍了三种不同类型的溶液热回收型新风机组，虽然新风机的驱动能源不同，但新风机具有以下共同点：①均采用多级溶液热回收装置，充分回收室内排风的能量，从而有效的降低新风处理能耗；②利用溶液系统去除潜热负荷，系统中所采用的冷水的作用在于降低溶液的温度，从而提高其除湿能力，因此冷水的供水温度从常规冷凝除湿的 7℃ 提高到 18℃。此温度的冷水，为地下水等天然冷源的使用提供了条件；即使没有天然冷源可供利用、需要采用机械制冷方式时，制冷机的 COP 也有明显提高；③冬季，可以很容易的实现对新风的加湿处理过程。以上几方面的原因，使得新风处理能耗大幅度降低。此外，盐溶液具有杀菌、除尘作用，能够避免新风和室内排风的交叉污染。新风机中不再产生凝水，也消除了空调系统的一大污染源。新风机能耗的降低，为增加新风量提

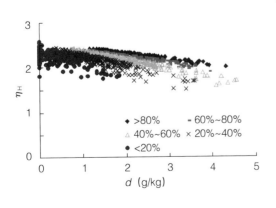

图 6-28 新风机冬季性能

供了条件，有利于进一步提高室内空气品质。几种不同类型的新风机组的区别，见表6-7。

以溶液为媒介的新风机组比较　　　　　表6-7

	热泵驱动的新风机	热水驱动的新风机（形式Ⅰ）	热水驱动的新风机（形式Ⅱ）
驱动源	电能	城市热网、太阳能、工业废热等低品位热能	城市热网、太阳能、工业废热等低品位热能
排风热回收	冬夏均按照全热回收模式运行	夏季利用排风喷水冷却的冷量冷却新风通道内的循环溶液，提高溶液的除湿能力；冬季直接进行全热回收	冬夏均按照全热回收模式运行
溶液系统构成	新风机	新风机、再生器、溶液罐、输送溶液管道	新风机、再生器、溶液罐、输送溶液管道
蓄能能力	无	利用溶液罐蓄存能量，溶液浓度变化大，蓄能能力大	利用溶液罐蓄存能量，溶液浓度变化小，蓄能能力相对较小
其他		可采用分散除湿（新风机），集中再生方式	可采用分散除湿（新风机），集中再生方式

6.5　溶液式新风机的优势与特点

6.5.1　对能源系统的影响

由于溶液式新风机承担建筑的所有潜热负荷，因此温度的处理不再需要7℃的低温冷冻水，而只需要15~18℃的冷水用于排除室内余热。这时就可以有多种方式低成本地获得这样的冷源。我国黄河以北地区地下水（30~50m以下）温度在夏季基本不超过15℃，通过换热器即可获得18℃冷水。升温后的地下水回灌到地下，不会对地下造成生物污染和热污染。在某些干燥地区和过渡季还可以通过直接蒸发或间接蒸发的方法获取18℃冷水。即使采用电能驱动的压缩式制冷机，由于要求的压缩机压缩比很小，使用专门的离心式冷机时COP可达到8，也具有巨大的节能效果。

湿度的处理可采用溶液除湿系统实现，即利用溶液的吸湿性能去除空气中的水分从而实现除湿的目的，经过除湿装置后，空气的湿度降低，但溶液吸收空气中的水分后浓度降低，需要浓缩再生才能重新循环使用。由于在除湿过程中，可以通过室内排风的蒸发冷却、冷水的冷却作用等方式降低溶液的温度来增强其除湿效果，因此在达到相同空气处理要求湿度的情况下，有效的降低了系统中所使用溶液的浓度，从而降低了对再生热源的能量品位要求。溶液的浓缩再生可以使用太阳能、冷凝器排热、发电机的余热、工业废热等低品位能源，从而大幅度降低了溶液除湿空调系统的电耗。溶液除湿系统浓缩再生的驱动热源温度很低，约在 50~80℃ 范围内，再生效率为 0.85 左右。

(1) 城市热网供热。对于以热电联产为热源的城市集中供热热网，由于夏季无热负荷，往往处于停机状态，造成夏季缺电时热电厂却不能发电。大面积采用这种空调方式，将此热量用于溶液再生，就可使热电厂夏季开起来，既可多发电，又可替代常规电空调耗电。热电厂运行时，希望末端是稳定的热负荷，在一天内不太发生变化。这可使再生器连续工作，制备出的浓溶液存于溶液罐中随时供空气处理机使用。除湿溶液以化学能的形式而不是热能的形式蓄存能量，因此蓄能密度很大，高于冰蓄冷的蓄能能力（参见第 4 章 4.4 节）；并且由于是常温储存，不存在漏热造成的冷量损失。这样再生器可以按照热电厂供热的要求运行，而新风机则按照建筑使用情况运行，二者完全不需要同步。

(2) 热泵方式供热。在没有城市热网时，还可以通过高温热泵，一侧提供 15~18℃ 冷水作除湿冷却和末端供冷，另一侧提供 55~65℃ 热水供溶液再生。使用螺杆或活塞式压缩机可以实现这种工况。这时热泵热端排出的热量远大于再生器所需要的热量，为此要使热泵在两种工况下交替运行。需要再生时，热端温度为 55~65℃，全部排热量用于溶液再生，再生出的浓溶液存于溶液罐中。当然也可取部分热量制取生活热水，并存于生活热水箱中。溶液罐充满后，热泵则工作在冷侧 18℃、热侧 35℃ 的单制冷工况。

两种工况可分别通过压机的串级和单级压缩实现。这样的热泵在冬季还可以通过串级工况工作在冷侧 -10℃、热侧 40℃ 的热泵状态,从空气中提取热量充当供热热源。

(3) 燃气热电联产方式供热（BCHP）。采用小型的天然气热电联产装置与溶液系统配合,全面解决建筑物的电,热和空调所需能源,可能是天然气作为建筑物一次能源供应时的最佳解决方案。图 6-29 为这种方式的一种搭配形式。使用天然气内燃机作为动力机带动发电机发电,其缸套冷却水为 80~90℃,这恰好可作为溶液再生器的热源。发动机排出的 300℃ 左右的烟气则可直接驱动吸收机制取 18~21℃ 的冷水。吸收机排出的低温烟气则可进一步用于加热生活热水。这样整个系统的能量利用率可达 95% 以上,并分四级实现了能量的梯级利用。由于浓溶液可以高密度储存,生活热水可以储存,吸收机也可工作在制备热水工况,系统可以进行多种转换,调节和储存以适应电、热、冷的负荷变化,解决 BCHP 负荷匹配的难题。

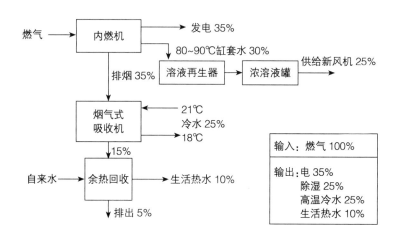

图 6-29 BCHP 系统的能量梯级利用

6.5.2 对室内空气品质的影响

使用具有吸湿性能的溶液直接与空气接触,其对空气品质还有以下好处:(1) 采用溶液喷淋的方式处理空气,可以有效的实现对空气的过滤功能,与湿式除尘器类似;(2)除湿溶液本身具有杀菌、除尘作用,能够起到净化空气的作用,因而可以进一步提高室内空气品质。此部分内容,详见第 4 章 4.5 节。除此之外,采用溶液除湿方式的温湿度独立控制的空调系统,可以明显的提高室内空气品质。主要体现在以下几个方面:①排除室内余湿的任务不再采用冷凝除湿方式,而是采用吸收除湿的方法,因此杜绝了潮湿表面,避免了潮湿表面滋生细菌的问题;②热湿分开处理的空调方式,实现了室内温度和湿度的精确控制,防止出现室内湿度过高的现象。

1. 杜绝潮湿表面

世界各地已发现空调系统的冷却塔水中含有军团菌,检出率颇高;还发现空调系统的湿润器、滤网等设施是积存微生物,甚至是微生物扩增的地方。不少报告表明一些疾病与空调系统的微生物污染有直接关系。室内微生物污染已先后被一些国家和地区列入室内空气质量(IAQ)监测的内容。

在热湿分开处理的空调系统中,溶液除湿系统处理的干燥新风送入室内,承担建筑的潜热负荷,高温冷水送入空调末端装置以去除显热负荷。由于潜热负荷均由溶液系统承担,冷水仅用于降温去除显热负荷,因此冷水的温度从常规冷凝除湿空调系统的 7/12℃ 提高到 18/21℃。温湿度独立控制空调系统中的温度均高于空气的露点温度,因此不存在冷凝结露问题,可以从根本上杜绝出现潮湿表面,避免了现有空调系统中风机盘管的凝水盘滋生细菌的问题。

2. 室内湿度控制

在生产和生活环境里,空气湿度十分重要,湿度调节是关系到舒适条件、生产条件、物资保管存储条件的重要因素。空气湿度过高,会引起金属锈蚀,食品、粮食、药品等变质和霉烂,电气绝缘性能降级,给生产生活带来巨大损失。在精密机械、计量仪器、化工等生产过程中,如不对湿度进行控制,会严重影响产品质量。而且湿度与人体健康密切相关,潮湿易患关节炎,正常的温湿度环境能提高工作效率。湿度的变化给人的感受虽不像温度那样明显，但随着生活水平的提高和生产的不断发展，对湿度调节的要求也越来越高，舒适的环境需要湿度调节。除湿是空调的主要任务之一，是改善室内空气质量的要求，除湿可以减少霉菌，降低 VOC 的作用，空调制冷量中有 30%~50% 是为了满足除湿的要求。

在温湿度分开处理空调系统中，温度和湿度可以实现独立控制。冷水送入末端装置控制室内温度，溶液系统处理的干燥新风送入室内以控制其湿度。二者可以实现独立调节，不像现有温湿度共同处理的空调系统那样受热湿比的限制。因而，可以实现室内温度和湿度的精确控制，避免了室内湿度过高造成的人体不舒适和生产等等。

图 6-30 给出了适宜各种污染物滋生的湿度环境。这些污染物包括生物污染物（真菌、细菌、病毒、尘螨等）和非生物污染物（甲醛、臭氧等）。生物污染物是病态建筑综合症的成因之一，这些污染物主要是通过呼吸系统进入人体，影响人体健康，也有少部分对皮肤有不良刺激。非生物污染物主要是影响建筑材料对这些物质的释放速度和在建筑表面的化学反应速度。从图中可以看出：适宜人体的健康的湿度环境是 40%~60%。严格控制室内湿度，有利于创造健康的室内环境。

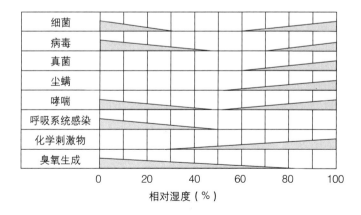

图 6-30 室内生物和化学污染物的湿度环境

第7章 高温冷水的制备

在温湿度独立控制空调系统中，由于潜热（湿）负荷由新风承担，冷冻水仅用于去除显热负荷，因而夏季冷冻水的供水温度可以从常规冷凝除湿方式的7℃提高到18℃。此温度的冷源为很多天然冷源的使用提供了条件，如土壤源换热器、深井回灌、间接蒸发冷却装置等。深井回灌与土壤源换热器的冷水出水温度与使用地的年平均温度密切相关，我国很多地区可以直接利用该方式提供18℃冷水。本章7.3提出的新型间接蒸发冷却装置，能够制备出低于空气的湿球温度、接近露点温度的冷水，在一些干燥的地区，如新疆等地，可以直接用于去除建筑的显热负荷。当上述几种天然冷源均无法采用时，就需要通过人工冷源制备18℃的冷水。温湿度独立控制情况下给人工制冷（制冷机）的性能提出了新的要求：由于冷水的供水温度明显提高，因而要求的压缩比减小，小压缩比理论上能够显著提高制冷机的COP，在此新要求的情况下，何种机械制冷方式能够更好的符合上述要求，制冷机COP提高的幅度又是多少，本章7.4将进行详细的探讨。

7.1 土壤源换热器

7.1.1 工作原理与分类

由于温湿度独立控制空调系统中，供冷水的温度为18℃，在我国有些地区可以在夏季采用土壤源换热器直接输送冷量，而无需开启制冷机（或热泵)。土壤源系统利用地下土壤作为空调系统的吸热和排热场所,研究表明:在地下10m以下的土壤温度基本上不随外界环境及季节变化而变化,且约等于当年年平均气温。表7-1列出了我国主要城市的年平均气温,可以看出我国不少地区的年均气温低于15℃,例如北京市年均气温为11.4℃。像北京这样年平均气温比较低的城市,夏季可以直接利用土壤源这一天然冷源去除室内的显热负荷,不必开启热泵,土壤源换热器的夏季运行模式见图7-1 (a)。

我国主要城市年平均温度(℃) 表7-1

城市名称	哈尔滨	长春	西宁	乌鲁木齐	呼和浩特	拉萨	沈阳
年平均温度	3.6	4.9	5.7	5.7	5.8	7.5	7.8
城市名称	银川	兰州	太原	北京	天津	石家庄	西安
年平均温度	8.5	9.1	9.5	11.4	12.2	12.9	13.3
城市名称	郑州	济南	洛阳	昆明	南京	贵阳	上海
年平均温度	14.2	14.2	14.6	14.7	15.3	15.3	15.7
城市名称	合肥	成都	杭州	武汉	长沙	南昌	重庆
年平均温度	15.7	16.2	16.2	16.3	17.2	17.5	18.3
城市名称	福州	南宁	广州	台北	海口		
年平均温度	19.6	21.6	21.8	22.1	23.8		

冬季时,需要开启热泵,从土壤中取热,经过热泵提升后供给用户使用;由管路实现冬、夏运行模式的切换,冬季的运行模式参见图7-1 (b)。土壤源热泵是利用地下土壤作为热泵低品位热源的热泵系统,其构成主要包括室外管路系统、热泵工质循环系统以及室内空调管路系统。与一般热泵系统相比,其不同之处在于室外管路是由埋设于土壤中的换热器构成,在冬季作为热源从土壤中取热,在夏季作为冷源向土壤放热。

整个土壤源系统的工作原理为:夏季空调时,室内的余热通过埋地换热器释放到土壤中;冬季供暖时,通过埋地换热器从土壤中取热,经过热

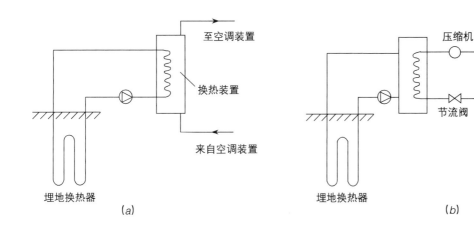

图 7-1 土壤源系统工作原理
(a) 夏季；(b) 冬季

泵提升后，供给供暖用户，同时在土壤中蓄存冷量，以备夏季空调使用。

地下埋地换热器是土壤源系统的核心部件，按照埋地换热器的埋管形式不同，可分为水平埋管、垂直埋管和螺旋埋管三种类型，布置形式分别参见图 7-2。

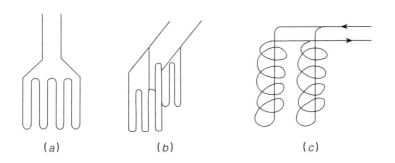

图 7-2 土壤源换热器埋管布置形式
(a) 水平埋管；(b) 垂直埋管；(c) 螺旋埋管

1. 水平埋管换热器

水平埋管热泵系统，见图 7-2 (a)，该形式适用于有足够休闲场地的地方，现在欧洲普遍使用的此类系统多只用于供暖。水平盘管系统有单层和双层两种形式，可采用 U 形、蛇形、单槽单管、单槽多管等形式。单层是最早，也是最常用的一种形式，一般的设计管埋深度为 0.5~2.5m 之间。由于土壤饱和度不同，壕沟深度也不同。若整个冬季土壤均处于饱和状态，壕沟的深度就一定要大于 1.5m。同时用于供暖，管埋深度超过 1.5m 蓄热就慢，而小于 0.8m，盘管就会受地面冷却和结冻的影响，另外管间距若小于 1.5m，盘管间可能会产生固体冰晶并使春季蓄热减少。双层盘管系统一层约在 1.2m 深，另一层约在 1.9m 深，即先在 1.9m 深铺设一层管道，再回填至 1.2m 深，铺设另一层。双层铺设大幅度降低了挖掘深度和填土需砂石量。该形式的优点是：施工方便、造价低；缺点是：换热器传热效果差、受地面温度波动影响较大，同时占地面积也较大，一般为供暖面积的 2 倍左右。

2. 垂直埋管换热器

垂直埋管热泵系统，见图 7-2 (b)，有浅埋和深埋两种。浅埋深度为 8~10m，安装成环形、六边形或直角形，并采用同轴柔性套管。深埋的钻孔深度由现场钻孔条件及经济条件决定，一般为 33~180m 不等。该形式的优点是：占地面积小，由于管道深入地下，土壤的热特性不会受地表温度影响，因而土壤的全年温度比较稳定；缺点是：钻孔、土建等初投资较高，一般占到系统总投资的 50% 左右。

垂直埋管热泵系统较水平系统有许多优点。首先它不需像水平埋管系统那样需要大的场地面积。其次在许多地区，地面以下的一段距离，土壤处于湿度饱和状态，而这段距离又正是热交换器所在的位置，因此对热交换有利。在制冷季节，水平埋管系统流入盘管中的液体加热了饱和的土层，使水分降低，从而降低了土壤的导热率，使得热交换效率也随之降低。而垂直埋管中，这种水分转移只有很小的一部分。而且垂直埋管热泵的稳定工况和部分负荷的运行效率比满负荷情况好，而一般的空调系统设计工况是在满负荷情况下，但实际却很少在此情况下运行，效率也就很难保证是在高效区。

3. 螺旋埋管换热器

螺旋埋管换热器，见图7-2（c），该系统形式结合了水平埋管和垂直埋管的优点，占地面积小、安装费用低，但其管道系统结构复杂、管道加工困难，且系统运行阻力大，能耗高。

根据文件资料，在实际工程中，垂直埋管方式中的U形与套管应用得最多，其单孔形式如图7-3所示。两种形式的垂直埋管方式的单位长度换热量（制冷放热率与供暖取热率）见表7-2。套管埋管形式一般比U形埋管方式效率高出30%左右，但不可忽视的是套管形式往往出现热短路现象，且随着管长和流量的增加，热短路现象越明显。U形埋管方式的热短路现象可以忽略不计。表中的数据与国外有关文献报道的数据非常接近，可以作为实际设计时的参考数据，具体数值大小要根据各地区的土壤结构及气候状况来选定。

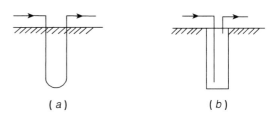

图7-3 垂直埋管的两种形式
(a) U形管；(b) 套管

垂直埋管的单位长度换热量　　　　表7-2

作　者	垂直埋管类型	单位长度换热量 (W/m)	备　注
李元旦,张旭,周亚素等(2002)	U形埋管（敷设井 $\phi 120$, $\phi 20$ 塑料管）	40~60（供暖取热率）	
张开黎(2000)	U形埋管（敷设井 $\phi 110$, $\phi 40$、壁厚4mm 的聚乙烯塑料管）	29.7（供暖取热率） 51.7（连续制冷放热率） 26.1（间断制冷放热率）	青岛地区，土壤结构为花岗岩
刘宪英,胡鸣明(1999)	套管型埋管（$\phi 90$~100 套管，$DN15$~25支管）	70（供暖取热率）	

按有无中间流体分类，土壤源热泵分为二次流体地偶热泵，即在制冷剂和大地之间存在一种中间流体，多为水、盐水或乙二醇溶液（图7-1）；另一种用得较少的系统是直接膨胀式地偶热泵系统，即利用大量制冷剂直接在地下盘管内与环境进行热交换。

7.1.2 国内外研究现状

7.1.2.1 国外研究现状

土壤源热泵的研究在国外大致可分为三个大阶段。土壤源热泵受人关注的特性显然来自于其可能的节能特性。它的起源可以追溯到1912年瑞士人佐伊利（H. Zoelly）提出的关于利用土壤作为热源的专利设想：将热泵装置的室外侧制冷剂——空气换热器改为制冷剂，中间换热流体介质（水或其他抗冻液）改为土壤换热器。由于土壤源热泵无需采用空气换热器时不可避免的融霜循环，同时由于土壤的蓄热特性，地表以下一定深度处的土壤相对于地表温度较高，因而热泵装置的COP会更高，具有显著的节能特性。尽管佐伊利早在1912年就提出了土壤源热泵应用的思想，但大规模的应用直到二战结束以后，才在欧洲和北美兴起。这一阶段主要是对土壤源热泵运行的实验研究，同时建立了许多基础性理论，包括至今仍被设计师们采用的"开尔文线源理论"等数学理论模型。但第一波的研究高潮持续到20世纪50年代中期就基本停止了。

1973年在欧美等国开始的"能源危机"，重新促使人们对土壤源热泵研究的兴趣和需求，特别是引起了北欧国家如瑞典等的兴趣。瑞典在短短的几年中共安装了1000多台、套土壤源热泵装置。美国从1977年开始，重新开始了对土壤源热泵的大规模研究，最显著的特征就是政府积极支持与倡导。资料研究显示表明：几乎所有的研究都是在美国能源部的支持下，由美国的多所大学和ORNL、BNL国家级重点实验室进行的。进入20世纪90年代，土壤源热泵的应用和发展进入了一个新的发展阶段，土壤源热泵在欧洲和北美迅速普及。目前，土壤源热泵在欧美的热泵装置的市场占有份额大约是3%。

7.1.2.2 国内研究现状

我国在开展土壤源热泵系统的研究与应用方面起步较晚（20世纪80年代末），其大规模的研究工作只是在近几年才开始的，研究状况见表7-3。

国内研究状况　　　　　　　　表 7-3

研究机构	主要工作
山东青岛建筑工程学院（1989 年）	当时在国内建立了第一台土源热泵系统的试验台，开始主要从事水平埋管的研究工作，后又完成了竖直 U 形埋管换热的研究工作
天津商学院（1989~1993）	分别对塑料管和铜管的水平蛇管型、螺旋管型土壤源热泵进行了冬季供暖和夏季空调的性能研究
华中理工大学（90 年代开始）	进行了水平单管的换热研究，后来又进行了地下浅层井水用于夏季供冷和冬季供暖的研究
湖南大学（1998 年开始）	多层水平埋管的换热特性研究
同济大学（1999 年开始）	土壤—太阳负荷热源的研究，重点针对长江中下游地区含水率较高的土壤的蓄放热特性进行测试
重庆建筑大学（1999 年开始）	浅埋竖直管换热器地源热泵的供暖和供冷特性研究

7.1.3 性能的影响因素

7.1.3.1 土壤的蓄热性能实现冬、夏能量的互补性

大地土壤本身就是一个巨大的蓄能体，具有较好的蓄能特性。通过埋地换热器，夏季利用土壤本身的冷量以及冬季蓄存的冷量进行空调，同时将部分热量蓄存于土壤中以备冬季供暖用；冬季利用土壤本身的热量及夏季蓄存的热量来供暖，同时蓄存部分冷量以备夏季空调使用。一般情况下，冬季的取热量与夏季的取冷量应该匹配，以避免埋管区域出现越来越热或越来越冷的现象；但是在存在地下水流的情况下，埋管区域与周围土壤的热交换更充分，冬季的取热量和夏季的取冷量可以不同。下面以一具体算例对土壤蓄热性能进行说明。算例所用计算模型简单介绍如下：

如图 7-4 所示，在一个区域内有多根竖直埋管。先不考虑此区域与周围土壤、上方大气的换热，则每两根竖管在其中线处绝热，因此这种情况下可单独研究一根竖管的传热过程，如图 7-4 中阴影部分所示；然后再考虑此区域与周围土壤、上方大气的换热，本文所用模型中这部分做了简化处理，在空调季和取暖季期间不考虑这部分换热量，而假设在过渡季停止从土壤取冷和取热的时间里埋管区域土壤可恢复到原始温度，在有地下水流的情

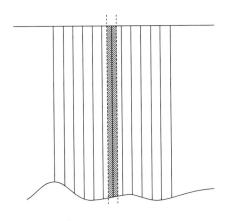 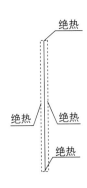

图 7-4　埋管区域示意图　　　　　图 7-5　单管及其周围土壤示意图

况下,热量传递较快,这个假设是基本合理的。

单管传热过程的边界条件,如图 7-5 所示,周围土壤的初始温度为当地的年平均温度。为求解简单起见,单管周围土壤的横截面可能为任意多边形,这里将其转化为同面积的圆形。将单管传热方程及边界条件列出如下:

$$\begin{cases} \dfrac{\partial t}{\partial \tau} = a \dfrac{\partial^2 t}{\partial r^2} \\ \dfrac{\partial t}{\partial r}\bigg|_{r=R_2} = 0 \\ -\dfrac{\partial t}{\partial r}\bigg|_{r=R_1} = h[t_s - t(r)] \end{cases} \quad (7\text{-}1)$$

式中,t 为单管周围土壤的温度,℃;a 为单管皱纹土壤的导温系数,m^2/s;r 为离开单管中心点的距离,m;R_1 为竖直埋管的半径或等效半径,m;R_2 为竖直周围土壤的半径,m;t_s 为单管内流体的平均温度,℃;h 为单管内流体与单管所接触土壤的热交换系数,$W/(m^2 \cdot ℃)$。式(7-1)解析解的求解方法参见《传热学》(查普曼,1986)。

在地面 50m×50m 的区域内,均匀分布一定数量的竖直埋管,埋管深度为 100m;土壤导温系数为 $0.6W/(m \cdot ℃)$,密度为 $2000kg/m^3$,比热为 $1000kg/m^3$,初始温度 12℃;竖直埋管中流体与土壤的传热系数为

5W/(m²·℃)，流体的进、出口温度分别为21℃与18℃。以夏季工况为例，埋管的数目越多，平均到单根管的土壤体积越小，因而单根管自土壤中取冷能力下降，图7-6给出了单根管取冷能力与其"分配"到的土壤体积的关系；但埋管增多时，这个区域土壤的温升比埋管少时高，因此所有埋管的总取冷能力升高，图7-7给出了此区域所有埋管的总取冷能力与埋管数目的关系。当流体的进口温度变为18℃，出口温度变为15℃时，单管空调季取冷量随其所分配到的土壤体积的变化以及区域内埋管空调季总取冷量随埋管数目的变化如图7-8、图7-9所示。

当区域内埋管数目变化时，单根管所分配到的土壤体积也随之变化。以夏季工况为例，当区域内埋管数目较多时，单根管分配到的土壤体积较少，因此管周围土壤的温度很容易升高，在对其取冷量要求一定的情况下，需要流体温度较高；而如果埋管数目较少，则单根管分配到的土壤体积较多，管周围土壤的温度升高缓慢，在对其取冷量要求一定的情况下，需要流体温度较低。图7-10给出了要求取冷（热）量为5.4GJ，并且流体温度在空调季或

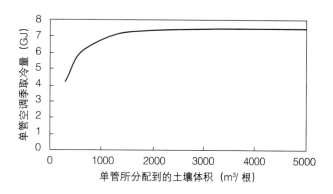

图7-6 单管空调季取冷量随其所分配到的土壤体积的变化

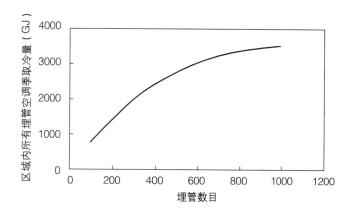

图7-7 区域内埋管空调季总取冷量随埋管数目的变化

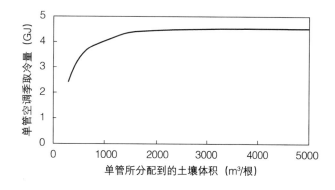

图7-8 单管空调季取冷量随其所分配到的土壤体积的变化

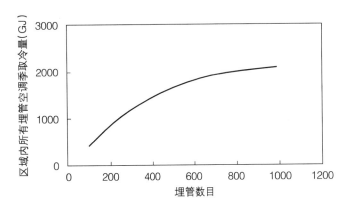

图 7-9 区域内埋管空调季总取冷量随埋管数目的变化

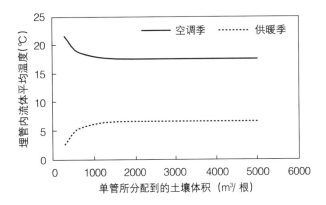

图 7-10 取冷(热)量一定时需要的流体温度随土壤体积的变化

供暖季恒定不变，空调季流体温度和供暖季流体温度随单管分配到的土壤体积的变化。

7.1.3.2 土壤温度对土壤源热泵系统的影响

土壤的温度是影响土壤源热泵系统（换热器）的主要因素。热泵的效率主要取决于建筑物室内与室外温度差，该温度差减少则热泵效率就可以提高。大地温度最主要的特点就是它的延迟和蓄热性。对于北京这样的城市，夏季可以直接应用土壤源换热器将土壤的冷量用于去除室内的显热负荷（图7-1）。

土壤温度变化虽然随纬度、位置不同有所不同，但基本上具有相同的规律，它不会受室外气温的突变或季节变化的太大影响。根据土壤温度变化，可以看出土壤源热泵在制热工况下很有利，虽然室外大气温度很低，但由于土壤的特性，热泵的供热能力不会降得很低，其制热性能系数约为 2.2~3.2。

对于土壤而言，夏季有热量排入土壤中，冬季有热量自土壤中取出。虽然土壤有很强的蓄热性能，但要是夏季排热总量大于冬季取热量，土壤的整体温度会逐年升高。因而，对于土壤源热泵系统而言，如何保证夏季排热量与冬季取热量的平衡是一个很关键的问题。土壤的冬、夏温度决定了埋地换热器的能量输送媒介的选取，当土壤的冬季温度低于0℃时，就不能选择水作为输送媒介，而是选择乙二醇等溶液，土壤的温度越低，要求的乙二醇溶液浓度越大。乙二醇溶液的黏度随着溶液浓度的增加而增大，其黏度直接影响输送系统的能耗。

7.1.3.3 土壤特性对土壤源热泵系统的影响

土壤的类型、热特性、热传导性、密度、湿度等也是影响土壤热泵系统性能的主要因素。就地表而言，垂直地表土方向的导热性大于水平方向的导热性，土壤特性值见表7-4。虽然卵石性土壤导热系数高，但施工费用大，因此黏土和砂地是埋管系统较合适的土壤类型。另外土壤潮湿可以增大导热系数，因为水的导热系数为 $0.6W/(m \cdot ℃)$，而土的导热系数为 $0.519W/(m \cdot ℃)$，所以若土壤潮湿或地下水位高，埋地盘管位于地下水位线附近或地下水位线以下时，土壤接近饱和，那么就可按照水的传热来计算。

另外热泵的循环对土壤的传热有明显的影响，由于热泵在运行期间会在盘管周围因湿土的冻结出现冻土层，使土膨胀，与管道接触紧密而传热系数增大，但热泵一旦停止运行，冻土融化，就会使土移位，从而在土壤与盘管间出现空隙，由于空气的存在使得导热系数大幅度下降。为避免这种情况发生，应采用砂土回填。一般来说，砂土回填有利于在供热模式下运行，黏土回填有利于在制冷模式下运行。

土壤的特性值　　　　　　表 7-4

土壤类型	导热系数 [W/(m·℃)]		比热 [J/(kg·℃)]	密度 (kg/m³)
	干燥土壤	饱和土壤		
粗砂石	0.197	0.6	930	837
细砂石	0.193	0.6	930	837
亚砂石	0.188	0.6	600	2135
亚黏土	0.256	0.6	1260	1005
密石	1.068	—	2000	921
岩石	0.93	—	1700	921
黏土	1.407	—	1850	1842
湿砂	0.593	—	1420	1507

7.1.3.4 埋地换热器对土壤源热泵系统的影响

埋地换热器作为热泵与土壤进行热交换的惟一设备，其传热效果对热泵的性能系数起到至关重要的作用。除了前述的不同类型的埋地换热器形式与管材外，埋管换热器的材质、长度、管中流量、进水温度（运行参数）等都会影响土壤源热泵的整体运行效果。

现在用于土壤源热泵系统的管道材料多采用热熔性塑料，包括聚乙烯管（PE）、聚丁烯管（PB）和聚氯乙烯管（PVC），各种管道的热特性，见表7-5。可以看出：PVC管的导热系数相对低，所以不适合用于此类系统下的导热材料。试验表明，若使土壤导热性提高一倍，在连续运行情况下，聚乙烯管道的热交换升高25%，而PVC管只升高12%，所以应尽量采用高密度聚乙烯材料。尽管金属具有良好的导热性，但比高密度聚乙烯提高并不多，而且造价昂贵。另外由于高密度聚乙烯具有高强度和抗腐蚀能力，所以选用这一类柔性材料作为地下埋管换热材料的土壤源热泵系统寿命可长达50年之久。由于土壤与管道的热交换与管径并没有很明显的关系，所以管径的选择是出于管道压力损失而产生的运行费用与管道造价的折中考虑，一般取20~50mm。

热熔性管道热特性　　　　　　表7-5

材　　料		导热系数 [W/(m·℃)]
聚乙烯	高密	0.46~0.52
	低密	0.35
聚丁烯		0.23
聚氯乙烯	硬质	0.13~0.29
	软质	0.13~0.17

增加埋管长度，会增强管与土壤之间的换热，使其换热更加充分。研究表明：单位管长的换热量随着管长的增加达到最大值后，管长再增加会引起单位管长换热量的减小。最大单位管长换热量随流量的不同而变化，流量越大，最大单位管长换热量也越大。管长的增加意味着造价的增大，实际工程中需要在换热性能与造价之间确定性价比较优的埋管长度。

现国内埋管中流动的多为水或盐水，管内的流量对埋地换热器的性能有较大影响。埋管内的流体流速影响管内对流换热热阻以及水泵扬程。随着液体流量的增加，进、出口的温差越来越小。单位管长换热器随着流量的增大而有较大幅度的增加，但当流量增加到一定程度时，单位管长的换热量达到最大值，以后则有减小的趋势。因此，加大流量并不一定能提高换热效果，管长和出水温度一定时，有一相应的最佳流量与之对应。由于埋地换热器性能的重要性，研发各种形式的高效埋地换热器，提高其换热效率，并加强其在建筑物中的合理布置及应用尤为重要。

埋地换热器的运行模式（连续运行与间歇运行）不同，对换热器的传热性能也有较大的影响。为了释放同样的热量，一种方案为采用大热流短时间间歇运行方式，另一种方案为采用低热流连续运行方式。埋地换热器的换热率大小影响周围土温度的分布，进而影响埋管的出口水温。研究结果表明：由于土的导热系数较低，采用大热流间歇工况运行，使得土温度变化较快，对埋地换热器的传热非常不利。因此，土壤源热泵系统应该尽量避免大热流短时间间歇运行方式，宜采用低热流、连续运行方式。

7.2 深井回灌

7.2.1 工作原理与分类

深井回灌方式与土壤源换热器类似，是利用天然能源实现空调夏季供冷与冬季供暖的需求。在温湿度独立控制空调系统中，由于潜热（湿）负荷全部由溶液除湿系统承担，因而用于去除显热负荷的冷水温度可以从常规冷凝除湿空调系统所要求的7℃提高到18℃。我国黄河以北大部分地区的地下水（30~50m以下）温度可满足此冷源温度的要求，因此在夏季可以直接通过换热装置将地下水的冷量用于去除建筑的显热负荷，无需开启热泵；冬季，开启热泵机组，蒸发器的冷量由地下水带走，冷凝器的排热量用于建筑供暖。

在深井回灌系统中，在冬季，把水体和地层中的热量"取"出来，通过热泵提高温度后，供给室内供暖；夏季，把室内的热量取出来，释放到水体和地层中去。深井回灌系统利用地下水的过程当中，不会引起区域性的地下以及地表水污染。实际上，水源水经过热泵机组后，只是交换了热量，水质几乎没有发生变化，经回灌至地层或重新排入地表水体后，不会造成原有水源的污染。深井回灌系统方式，利用温度全年相对恒定的地下水作为水源热泵的水源，通过建造抽水及回灌井群，实现夏季抽冷水、灌热水，冬季抽热水、灌冷水的这一全年角色轮换的运行过程，地下含水层内部的热量或冷量被提取、蓄存和转移。

深井回灌式水源热泵系统可分为地面以上部分（建筑物、热泵机组）和地面以下部分（井群及其周边含水层），见图7-11。系统井群及其周边含水层是深井回灌式水源热泵系统的一个关键组成部分，其正常运行与否决定了应用水源热泵系统工程的成败，井群的设计布局应当是慎之又慎的关键环节。

一般，在深井水和换热器（或热泵的蒸发器等）之间设一调节水池，如图7-12所示。当外部负荷很小时，调节水池内水的温升很小，可以根据一次水循环泵进口水温控制一次水回调节水池，当温度上升到一定的温度后再回灌，这对于充分利用深井水的冷量以及维护深井的使用寿命大为有益。

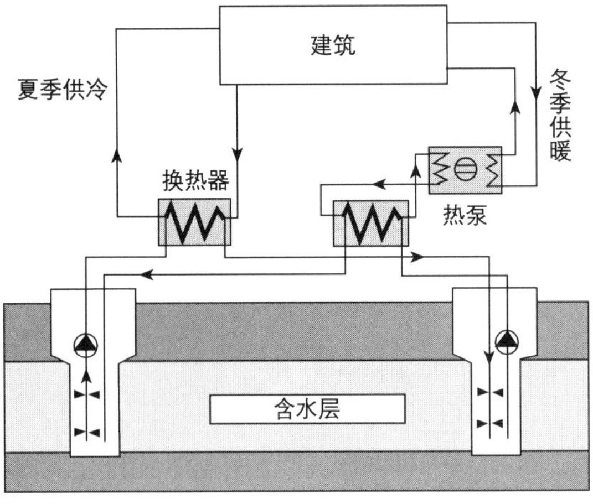

深井水循环系统由五部分组成：抽水部分、回扬部分、供水部分、回水部分和排水部分。所谓"回扬"，即把由回灌井提升上来的含有细砂的水排掉，回扬的目的是使回灌井的网眼不致堵塞。回水部分的关键是回灌，回灌能否正常进行是水源热泵系统能否正常运行的关键。根据回灌方式的不同，可以分为真空回灌和压力回灌。真空回灌仅适用于低水位和渗透性好的含水层，目前国内大多数系统都采用这种方式的地下水回

图7-11 深井回灌系统工作原理

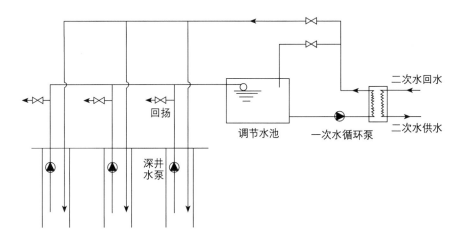

图 7-12 调节水池系统图

灌。压力回灌适用于高水位和低渗透性的含水层,也适用于低水位和渗透性好的地下含水层。

1. 真空回灌

真空回灌的管路密封是真空回灌的关键。密封不好无法形成真空,不能利用虹吸原理产生水头差进行回灌,或者会使空气吸入含水层中,造成各种堵塞现象,影响回灌。深井潜水泵在回灌水位以上的泵管及法兰盘接头处,要进行密封。一般认为真空度在 600~700mmHg 时密封效果较好;真空度在 500~600mmHg 密封一般;500mmHg 以下则说明漏气现象较严重。对于真空回灌方式,需要保证管路系统密封,防止空气进入井内造成各种堵塞现象。回灌时必须先抽真空。必须定期回扬冲洗,排除滤网附近的杂质。回灌量由小到大,避免滤网被破坏而出砂。

2. 压力回灌

压力回灌管路系统是在真空管路装置系统的基础上,把井管密封,利用水泵压力进行回灌。压力回灌与真空回灌的排水及回扬管路完全一致。只是回水管路可以直接回灌到井内,不再单纯经过泵管回灌水。

压力回灌管路密封不仅需要泵管连接处密封,在泵管与井管之间同样需要密封。压力回灌时，需要定期回扬冲洗，以排除滤网附近的杂质。而且，由于管道内有压力，因而回扬后要排气。由于动水位下降，井管内充满空气，因此要先从泵管内进水，使水位迅速上升用以排除井内空气。当水从放气阀溢水后，才能打开回流阀门从井管进水。否则，空气就会进入井内，造成气塞。回扬后，井下含水层杂质排除，滤层通畅。回灌量和压力要由小到大逐步调节。如开始采用大回灌量，会造成井下滤层破坏。

真空回灌只能从泵管内进水，压力回灌不仅可以从泵管内进水，还可以从井管里进水，因此压力回灌比真空回灌水量大。在技术方面，压力回灌能够较好的克服动水位变化、水量不足以及管道密封不严造成深井水无法回灌等问题；在经济性方面，由于压力回灌需要加压泵以及相应的管道及阀部件等设备和材料，需要增加成本支出。

7.2.2 国内外研究现状

目前美国和国内的科研机构对于深井水源热泵（GWHP）应用工程的研究，多集中于地面以上部分，即热泵机组运行效率分析，和循环系统的优化设计及长年运行分析等。

M. J. Hatten 在其论文（1992）中，对位于美国的某建筑水源热泵系统的历史运行进行了总结。提出关于深井回灌水源热泵系统设计中应当注意的方面，其中提及必要的地下含水层的地质分析，及井的尺寸的合理设计和系统设计应满足未来增长的负荷需求，应考虑井的供水和回灌能力在长时间运行后的下降。但没有给出关于前期勘察设计的理论依据。

A. L. Snijders 在其论文（1992）中，提出了水源热泵应用的可行性条件，认为为避免回灌水对抽水井井水的影响，应令两井之间保持一定的距离，但距离大小的确定没有进一步的论述。该文献还提及早在 1991 年 IAE（International Energy Agency）已经进行了推广利用土壤及地下水资源作为蓄热载体的工作。

美国的 B. R. Meloy 在其论文中对美国某建筑的水源热泵系统的设计与

运行进行了总结，提及系统运行中所遇到的问题。B. R. Meloy 的论文中还提及在该工程设计准备阶段，对于井的位置及井水水温的确定，往往通过咨询资深地质人员并凭借主观经验及主观作出判断。

天津大学地热研究培训中心的 Li Xinguo 分析了水源热泵机组在建筑物冷热负荷共存时的运行工况，未涉及地下土壤流动换热问题。

张昆峰等进行了利用土壤中多孔材料竖直埋管提取土壤热量，作为冬季热源的热泵机组运行的试验研究，得出不同埋管尺寸，不同水循环方式以及各种工况下运行参数对热泵性能和取热量的影响，并分析了井水流量及温度对热泵机组性能的影响。张昆峰等随后在其实验数据结果基础上，通过理论计算并进行模拟分析，考察井水热泵运行时，循环水流量、井的直径和深度、运行方式及时间对井水温度和取热量的影响。其选取的数学模型忽略了土壤中的地下水流动，不考虑抽水井和回灌井之间的相互影响，以及假设土壤的热物理参数为常数，即不考虑土壤中的水热耦合。

辛长征等对深井回灌式水源热泵系统耦合传热过程进行了相关分析以及数学建模，并基于美国地质调查局编写的 HST3D 程序，实现了系统长年运行的数值仿真。为验证程序的计算能力与可靠性，对某实际运行的深井回灌式水源热泵系统进行了全年运行能耗以及冬季运行数据记录，并根据工程及当地的水文地质资料进行了该系统的数值模拟计算，模拟结果与监测记录数据的比较和分析表明，两者基本吻合。通过对该系统的进一步模拟分析，同时亦获得了原始地下流动对于含水层内部传热与流动的影响过程的了解。论文还基于典型双井承压水源热泵系统长年运行的数值模拟，针对工程设计人员所关心的井间距和运行流量设定等问题进行了研究，并对数值模拟工作所关注的含水层水文热力参数进行了敏感性分析。论文最后部分基于耦合传热过程分析方法，对一住宅小区多井群水源热泵系统进行了井群布局与调度规划研究工作，并给出该地块应用深井回灌式水源热泵系统的容积率上限。论文的工作和成果为深井回灌式水源热泵系统工程设计与运行预测提供了相关依据。

我国早在 20 世纪 50 年代，就曾在上海、天津等地尝试夏取冬灌的方式抽取地下水制冷，天津大学即开展了我国热泵的最早研究，1965 年研制成功国内第一台水冷式热泵空调机。目前，国内的多家大学和研究机构都在对水源热泵进行研究。表 7-6 给出了国内北方地区已建成的 GWHP 系统容积率与井群概况。

国内北方地区已建成的 GWHP 系统容积率与井群概况　　表 7-6

项目名称	建造用地 (m²)	空调面积 (m²)	井群占地 (m²)	容积率（空调面积与井群占地之比）	井群概况
哈尔滨市道外区某商业街	21665	72523	20000	3.63	共 12 口抽水（回灌）井，单井井深 45m
北京海淀区蓝靛厂住宅小区	6000	19000	2500	7.6	共 3 口井，1 抽 2 灌，井深 100m，出水量 120m³/h，井间距 60m，存在地下原始流动
沈阳某住宅小区	24000	80000	20000	4.0	共 12 口井，井深 100m，出水量 120m³/h，井间距 60m
北京某小区住宅公寓	14175	70000	14000	4.94	共 4 口井，2 抽 2 灌，井深 170m，出水量 200m³/h，井间距 120m，存在地下原始流动

摘自：辛长征硕士论文，2003。

7.2.3　性能的影响因素与注意的问题

7.2.3.1　水文地址条件的影响

地下水回灌技术的边界条件为水文地质条件，是项目的先决条件。地质条件不同，整个系统的经济性也不同。基本的地质条件为所用的含水层深度、含水层厚度、含水层砂层粒度、地下水埋深、水力坡度和水质情况。含水层太深，会影响整个地下系统的造价，一般来说，希望含水层的深度在 150m 以内；含水层的厚度太小，会影响单井出水量，从而影响系统的经济性；含水层的砂层粒度大，含水层的渗透系数大，一方面单井的出水量大，另一方面灌抽比大，地下水容易回灌。所以国内的地下水源热泵基本上都选择地下含水层为砾石和中粗砂地域，而避免在中细砂区域设立项目。只要设计适当，地下水力坡度对地下水源热泵的影响不大，但对地下储能系统的储能效率影响很大。水质对地下水系统的材料有一定要求，咸地下水要求系统具有耐腐蚀性。

虽然从理论上讲，地下水灌抽比可以达到100%，但是目前大多数国家的地下水回灌技术尚不成熟，特别在含水层砂粒较细的情况下，井非常容易被堵，回灌的速度大大低于抽水的速度。对于砂粒较粗的含水层，由于孔隙较大，回灌相对比较容易。表7-7列出了国内针对不同地下含水层情况典型的灌抽比、井的布置和单井出水量情况。

不同地址条件下的地下水系统设计参数　　　表7-7

含水层情况	灌抽比（%）	井的布置	井的流量（t/h）
砾石	>80	一抽一灌	200
中粗砂	50~70	一抽二灌	100
细砂	30~50	一抽三灌	50

7.2.3.2　运行模式的影响

利用"小流量、大温差"的系统运行方式，能够实现对于含水层蓄能的最大利用，同时实现对于地下水资源最小程度的开采利用。对于深井回灌系统而言，"小流量、大温差"的运行方式能够有效减弱热水井与冷水井之间的热力干涉，能够获得更为有利的抽水温度。而且此种运行方式能够减少井群数目，减少系统初投资费用。

7.2.3.3　回灌井回扬

研究表明：提升的深井水含有1/10000的细砂，时间一长就会将回灌井壁的网眼堵塞，致使回灌量下降直至报废。解决方法是使取水井和回灌井都安装深井泵，取水井和回灌井轮换运行，且回灌井要定期回扬，一般运行15天左右回扬10~20分钟。某工程用深井回灌技术代替冷却塔，坚持回扬方法，正常运行了 12 年，后因运行人员更替，回扬制度未能坚持，致使回灌井很快报废。利用深井代替冷却塔回扬的弃水仅是冷却塔补水的 10% 以内，与冷却塔的蒸发、飞水和排污水量相比要少得多。

7.2.3.4 避免"热贯通"现象

由于回灌水温与原始含水层温度存在的差异，在导热和对流等作用下，回灌井水"温度锋面"会导致邻近抽水井出水温度有不同程度的升高或降低，通常称为"热贯通"现象。如何确定适宜的井间距，如何确定井群的布局，避免"热贯通"的影响，是设计人员关心的主要问题。对于高密度住宅小区或城区商用建筑应用深井回灌式水源热泵系统来说，由于可利用建筑用地的面积限制，如何确定井群布局及其各自对应的抽水或回灌角色，最大限度地避免"热贯通"的不利影响尤为关键。

7.3 间接蒸发冷却制备冷水

7.3.1 工作原理

该间接蒸发冷却过程的核心思想是采用逆流换热、逆流传质来减小不可逆损失，以得到较低的供冷温度和较大的供冷量，装置如图 7-13 所示。在理想情况下，冷水的出口温度可接近进口空气的露点温度，而不是进口空气的湿球温度。在此间接蒸发冷却过程中，冷水获得的冷量等于空气进出口的能量变化。空气在换热器 1 中被降温，使得该空气的状态接近饱和线，然后再和水接触，进行蒸发冷却，这样做比不饱和的空气直接跟水接触减小了传热传质的不可逆

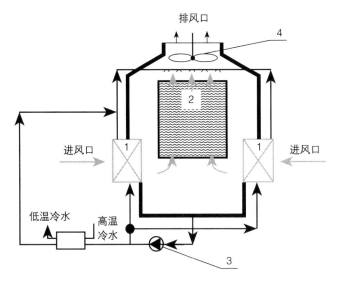

图 7-13 间接蒸发式供冷装置

1. 空气—水逆流换热器；2. 空气—水直接接触逆流换热器；
3. 循环水泵；4. 风机

损失，使得蒸发在较低的温度下进行，产生的冷水温度也随之降低。间接蒸发冷却过程中的可用能分析，参见附录D。

以产生冷水的间接蒸发冷却装置为例进行分析，整个过程在焓湿图上的变化过程，如图7-14所示。$A(T_A, w_A)$点为进口空气的状态，$L(T_L, w_A)$点为进口空气A的露点，排风为$C(T_C, w_C)$点。根据图7-13的流程，室外空气A通过逆流换热器

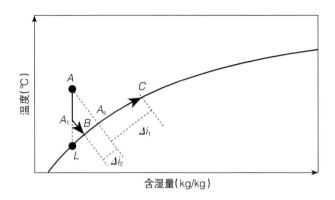

图7-14 间接蒸发供冷装置空气处理过程

1与温度为B点的冷水换热后其温度降低至A_1点，状态为A_1的空气与B状态的水通过等焓加湿进行充分的热湿交换，使其达到B点。B点状态的液态水一部分作为输出冷水，一部分进入换热器1以冷却空气。水的出口温度接近A的干球温度，再从塔顶淋下，与空气进行逆流的热湿交换。B点状态的空气与顶部淋下的水逆流接触，进行热湿交换，沿饱和线升至点C后排出。

7.3.2 性能分析

前面介绍间接蒸发供冷装置的工作原理，本小节讨论用于产生冷水的间接蒸发供冷装置即间接蒸发冷水机组的实际性能。由前所述，间接蒸发冷水机出水温度理论上可以无限接近室外空气的露点温度，室外越干，露点温度越低，则冷水机的出水温度越低，冷水机的理论出水温度由室外空气的含湿量决定。

对于实际的机器，首先室外空气的含湿量仍然是冷水出水温度的主要影响因素，其次由于换热面积有限，冷水的出水温度会比露点温度高，并且由于显热换热器的存在，在给定换热器面积之后，冷水温度还受室外干球温度的影响。下面首先在乌鲁木齐室外设计气象参数下，设计冷水机组，得到其实际的出水温度。然后模拟其在供冷季的逐时性能，并分析影响冷水出水温度的因素。

7.3.2.1 乌鲁木齐设计参数下冷水机性能

根据乌鲁木齐夏季空调室外设计参数：大气压 93.2kPa，干球温度 33.4℃，湿球温度 18.3℃，露点温度 9.6℃。设计冷水机组，考虑冷水经过用户末端的回水温度和机组本身显热换热器后的回水温度相等，得到其出水温度 15.1℃。在焓湿图上表示间接蒸发冷水机空气处理过程，如图 7-15 所示。可以看出，冷水机的排风 C 离饱和状态比较远，主要由于实际的机器从经济性和切实可行的角度考虑，如：空气—水显热换热器、空气与水直接喷淋装置的效率有限等。

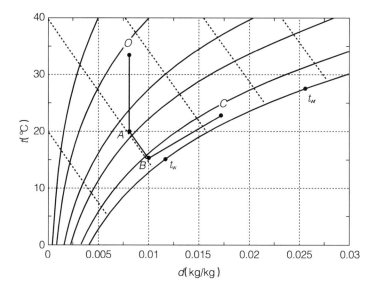

图 7-15　间接蒸发冷水机的实际空气处理过程

7.3.2.2　间接蒸发冷水机组在乌鲁木齐 7~9 月逐时气象参数下的性能

在设计参数下设计好冷水机各部件尺寸后，模拟其在供冷季 7、8、9 月份逐时气象参数下的性能得到图 7-16 ~ 图 7-19，分别为冷水机出水温度随室外干球温度、室外露点温度、室外空气含湿量以及室外空气焓值的变化关系。

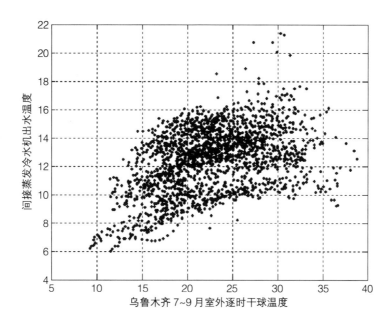

图 7-16　冷水机出水温度随室外干球温度的变化关系

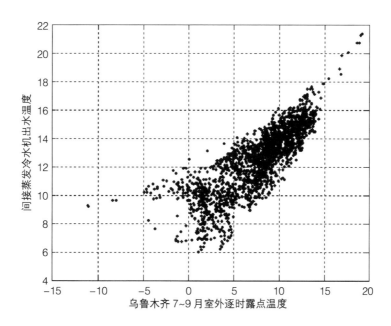

图 7-17　冷水机出水温度随室外露点温度的变化关系

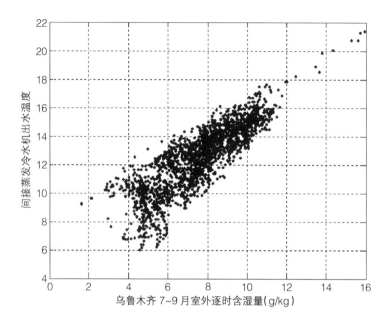

图 7-18 冷水机出水温度随室外含湿量变化关系

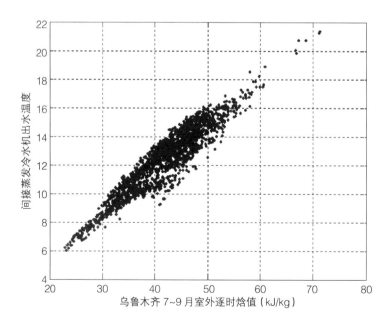

图 7-19 冷水机出水温度随室外焓值变化关系

由图7-16看出冷水机出水温度和室外干球温度没有较明确的变化关系，图7-17得到不同室外露点温度下，冷水机出水温度高出露点温度的范围大小。图7-18、图7-19得到冷水机出水温度和室外含湿量、室外焓值近似成线性关系变化，和室外焓值的线性关系更强一些。室外空气越干燥或焓值越小，则间接蒸发冷却供冷装置的冷水出水温度越低。

由此得到：室外空气的含湿量和干球温度都影响了冷水出水温度，但含湿量为主要影响因素，之所以和温度有一定关系是因为冷水机内部有显热换热器存在，在换热面积一定的情况下，进风的干球温度影响了出风温度A_1，从而影响了A_1喷淋得到的冷水出水温度。实际设计冷水机组时，可以根据设计的气象条件，利用图7-18、图7-19得到冷水出水温度的大致范围。

7.3.3 间接蒸发冷却供冷装置的应用分析

本小节对间接蒸发冷水机在中国其他地区的应用进行可行性分析。采用各地区最湿月平均气象参数进行计算，所选气象参数取自《中国建筑热环境分析专用气象数据集》，对书中涉及各气象台站所在地区进行计算，气象台站分布如图7-20所示。通过模拟，得到各地区最湿月平均气象参数下冷水机的出水温度。由图中可以看出，在中国西部、北部的城市，由于气候比较干燥，利用间接蒸发冷却的方式能产生较低温度的冷水。可以大致划分出冷水机出水20℃的界线，如图7-20所示，在红线的上部——新疆、青海、西藏、甘肃、宁夏、内蒙古、黑龙江的全部、吉林的大部分地区、陕西、山西的北部、四川、云南的西部等地冷水机的供水温度低于20℃，在这些地区间接蒸发冷水机组能被成功的运用。而在红线的下部，主要是中国的东南部，出水温度高于20℃，从实际可行和经济性的考虑应用间接蒸发冷却技术已不合理。

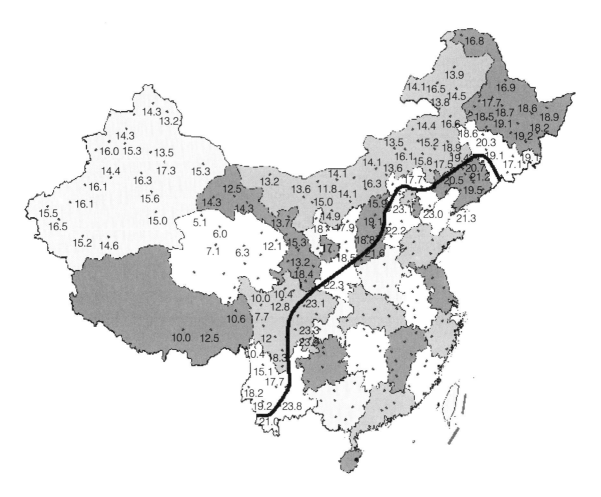

图 7-20 间接蒸发冷水机出水温度分布图

7.4 人工冷源

在温湿度独立控制空调系统中，高温冷水是除去室内显热负荷的热汇（放热源），可以利用天然冷源（自然冷源）制备高温冷水，以实现空调系统的高效节能。然而，天然冷源的利用往往受到地理环境、气象条件以及使用季节的限制，有些场合还不得不直接采用人工冷源（人造冷源）或利用人工冷源作为天然冷源的补充冷源。在空气调节领域所采用的人工冷源技术属于普通制冷范围，普遍采用液体汽化法进行制冷，当制备高温冷水时，因冷水机组的蒸发温度显著提高、耗功减小，可以有效地改善机组的性能系数 COP，对于能源的优化利用具有重要的意义。为区别常规的提供 7℃冷冻水的冷水机组，以下称温湿度独立控制空调系统中所采用的提供 18℃冷水的机组为"高温冷水机组"。

7.4.1 高温冷水机组节能的基本原理

目前，在空气调节等普冷技术领域，应用最广的是蒸汽压缩式制冷和吸收式制冷循环，高温冷水机组也不例外。前者的驱动动力是电能或机械能，而后者是热能。当电能或机械能是由热能转换而来，且热源温度 T_g、环境温度 T_e 以及制取的冷源温度 T_0 均相等时，理想条件下二者的热力系数 ζ_{max} 相等，且与制冷剂的种类无关。即：

$$\zeta_{max} = \frac{T_g - T_e}{T_g} \cdot \frac{T_0}{T_e - T_0} = \eta_c \varepsilon_c \tag{7-2}$$

式中，η_c 为卡诺热机的热效率，ε_c 为卡诺制冷机的制冷系数。从式 (7-2) 可以看出，以热能为原动力驱动的理想制冷循环相当于由一台可逆热机驱动一台可逆制冷机的联合循环，如图 7-21 所示。对于目前所采用的吸收式冷水机组和蒸汽压缩式冷水机组，均可以看成是以热能为原动力驱动的联合制冷循环。因此，只要各温度条件完全相同且忽略所有的能量损失时，吸收式制冷机和蒸汽压缩式制冷机的最大热力系数相同。

在实际冷水机组中，热力循环和制冷循环都存在各种损失，换热器具有传热温差，同时工质性质也影响着热力与制冷循环的效率，故其热力循环的热效率 η 小于 η_c，制冷系数 ε 也小于 ε_c，使得热力系数 ζ 远小于 ζ_{max}。由于吸收式冷水机组的热力循环就在冷水机组的内部，故直接用热力系数 $\zeta = \phi_0 / \phi_g$ 来作为吸收式机组的能效指标（式中，ϕ_0 表示冷水机组的制冷量，kW；ϕ_g 表示机组所消耗的热量，kW）；而压缩式冷水机组的热力循环在远离使用场所的发电厂，且发电厂的热效率不取决于冷水机组的设计水平，通常用性能系数 COP = ϕ_0 / W_c 来

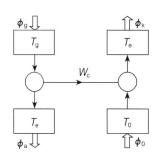

图 7-21　热力循环与制冷循环

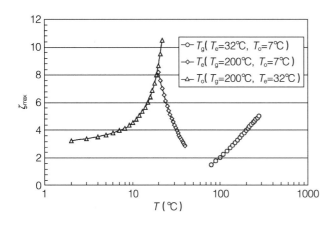

图 7-22 温度条件对最大热力系数的影响关系

表示其能效高低（W_c 为蒸汽压缩式压缩机的耗功量，kW）。工程中常用热力完善度 η_a（热力系数 ζ 与理想制冷循环的热力系数 ζ_{max} 之比）来描述吸收式冷水机组的不可逆损失大小，同样，用制冷效率 η_R（性能系数 COP 与理想制冷循环的制冷系数 ε_c 之比）来描述蒸汽压缩式冷水机组的性能改进空间。热力完善度 η_a 和制冷效率 η_R 越大，表明机组的不可逆损失越小，其性能的可改进空间越小。

图 7-22 是根据式 (7-2) 计算出的各温度条件（T_0、T_g、T_e）对最大热力系数 ζ_{max} 的影响关系。

从图中可以看出，无论是吸收式还是蒸汽压缩式冷水机组，折算到热源驱动层面上看，提高冷、热源温度 T_0、T_g，以及降低环境温度 T_e 都可以提高制冷循环的热力系数 ζ 和热力完善度 η_a。对于冷冻水温度 $T_0 = 7$℃、热源温度 $T_g = 200$℃、冷却水温度 $T_e = 32$℃ 的常规冷水机组而言，$\zeta_{max} = 3.98$；如果热源温度和冷却水温度维持不变，当冷冻水温度提高至 18℃，其 $\zeta_{max} = 7.38$，可以使最大热力系数提高 85%。因此，提高冷冻水温度，可以有效地提高制冷循环的吸收式冷水机组的热力系数 ζ 和蒸汽压缩式冷水机组的性能系数 COP。

7.4.2 高温冷水机组的系统形式及其性能改善措施

7.4.2.1 高温冷水机组的主要特点

在温湿度独立控制空调系统中，利用人工冷源只需要制备 18℃ 的高温冷水即可满足空调系统的降温要求。因此，与常规冷水机组（制备 7℃ 冷冻水）相比，高温冷水机组的最大特点就在于机组处于小压缩比工况下运行。

对于常规冷水机组而言，根据所采用的传热管面积与传热系数以及冷却水、冷冻水的流量（或进、出口温差）不同，蒸发温度 t_0 一般取 3~5℃，冷凝温度 t_k 取 36~40℃，此时蒸汽压缩式冷水机组的压缩比（冷凝压力 p_k 与蒸发压力 p_0 之比）通常都在 3.0（最大功率工况）附近工作，而溴化锂吸收式冷水机组的压缩比则更高，见表 7-8，高压缩比必然导致蒸汽压缩式机组的 COP 偏低，吸收式机组的泵耗（发生器泵）也较大。

常规与高温冷水机组的压缩比　　　　表 7-8

系统形式	制冷剂	p_k(MPa)	常规冷水机组		高温冷水机组	
			p_0(MPa)	p_k/p_0	p_0(MPa)	p_k/p_0
蒸汽压缩式	R22	1.39~1.46	0.549~0.584	2.3~2.66	0.767~0.812	1.7~2.0
	R134a	0.912~1.017	0.326~0.35	2.6~3.12	0.473~0.504	1.8~2.2
溴化锂吸收式	R718(H$_2$O)	0.051~0.063	0.008~0.0091	5.6~1.75	0.0168~0.0186	2.7~3.7

如果取 $t_0 = 14~16℃$、$t_k = 36~40℃$ 设计高温冷水机组，其压缩比降低，可避开蒸汽压缩式制冷循环的最大功率工况，减小压缩机驱动电机的配置容量，提高机组的 COP；也可减小吸收式机组的发生器泵的耗功，提高机组的整体性能。

此外，采用高温冷水供冷为 Free cooling 的应用创造了条件。Free cooling（免费冷源）是冷水机组（包括蒸汽压缩式与吸收式机组等）不运行，仅利用冷却塔的冷却作用，将冷却水直接或间接地输送到空调末端，吸收房间热量的冷源运行模式。由于干燥地区和许多地区的过渡季节，空气湿球温度较低，使冷却塔出水温度低于 18℃ 的时间较长，采用 Free cooling 的供冷方式可以大大缩短冷水机组的运行时间，达到节能之目的。

7.4.2.2　高温冷水机组可能的系统形式

从上述分析可以看出，采用蒸汽压缩式制冷系统和吸收式制冷系统均可以制备高温冷水。

蒸汽压缩式冷水机组由压缩机、冷凝器、节流装置和蒸发器等部件组成。由于提供动力的压缩机有很多形式，包括容积式和离心式，容积式压缩机；又根据压缩气体的结构特点不同，可分为活塞式和回转式。这些压缩机均可作为制备高温冷水的动力源，但因其工作原理不同，其性能系数将出现很大的差异，对此问题后文将进行详细论述。

目前，吸收式冷水机组普遍采用溴化锂—水溶液作为工质对，一般用来制备7℃的常规冷冻水，我国现行标准有7、10、13℃三种名义工况。研究表明，当其他外部与内部条件不变时，在一定范围内，冷冻水出水温度每升高1℃，制冷量 ϕ_0 约提高4%~7%，而且使机组的放汽范围（$\Delta\xi = \xi_s - \xi_a$，表示浓溶液与稀溶液的浓度差）增大，虽然蒸汽耗量升高，但热力系数也升高，单位耗汽量下降（戴永庆，1996）。但是值得注意的是，当冷冻水温度过高时，将导致冷媒水出口温度过高，可能使蒸发器液囊冷剂水位下降，造成冷剂泵吸空，同时制冷量的上升趋势趋于平缓。

目前的单效机组吸收式冷水机组的热源温度 t_g 一般为80~150℃，制备7℃的冷冻水时，其热力系数 ζ 仅为0.65~0.7。随着技术的进步，双效吸收式冷水机组的技术已经非常成熟，热力系数 ζ 已达到1.0~1.2以上。如果采用三效、四效并联流程开发冷水机组，其热力系数可望超越蒸汽压缩式冷水机组，见图7-23（戴永庆，1996）。

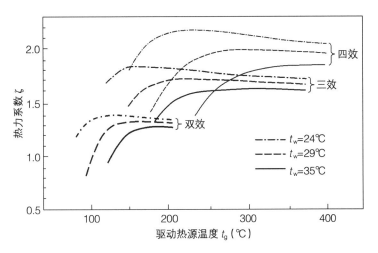

图7-23 双效、三效、四效并联流程冷水机组的性能曲线计算值

我国的电力来源主要是火电厂,而火电厂的发电效率为 35% ~ 40%,经过电力输配、变送,最终的供电效率为 33% ~ 35%。以 GB 19577 – 2004 规定的 1 级能效冷水机组(在冷却水进/出口温度 = 32/37℃,冷冻水进/出口温度 = 12/7℃ 条件下,当 $\phi_0 \leqslant 528$kW 时,COP $\geqslant$ 5.0;当 $528 < \phi_0 \leqslant 1163$kW 时,COP $\geqslant$ 5.5;当 $\phi_0 > 1163$kW 时,COP $\geqslant$ 6.1)计算,折算到热源驱动层面上看,蒸汽压缩式冷水机组的热力系数 $\zeta \geqslant 1.65$,可见三效吸收式机组的热力系数尚未在全容量范围完全达到蒸汽压缩式机组的节能水平。

制备高温冷水机组时,由于冷冻水温升高,使放汽范围 $\Delta\xi$ 增大,在热源温度不变的条件下,可提高制冷量和热力系数;而随着热源温度 t_g 的升高,$\Delta\xi$ 呈直线关系上升,如果仍然维持 $\Delta\xi = 4\% \sim 5\%$,则可适当降低热源温度。因此,在制备高温冷水的场合,可以利用低品位热能(余热、废热、排热),故溴化锂吸收式冷水机组仍是一种较高能效的供冷方式。

鉴于篇幅有限,下面将重点探讨采用目前的技术手段是否可以开发出高性能的蒸汽压缩式高温冷水机组,以及如何开发的问题。

7.4.2.3 提高压缩式冷水机组性能的通用措施

提高冷水机组性能需要从改善循环形式、降低冷凝温度、提高蒸发温度、减少节流损失、提高驱动电机效率以及改进压缩机自身的性能等多方面进行探讨,这些措施可以归结为普遍性措施和特殊性措施两大类。普遍性措施适用于任何形式的压缩机系统,而特殊性措施主要是针对不同类型的压缩机所采取的特殊措施。这里先探讨提高蒸汽压缩式冷水机组的通用措施(即普遍性措施)。

(1) 改善制冷循环。根据蒸汽压缩式制冷原理可知,改善制冷循环性能的主要途径是:①高压液体过冷:即利用外部冷源(如冷却水等)对冷凝器之后的高压液态制冷剂进行过冷;②回收膨胀功:用膨胀机代替膨胀阀,回收制冷剂节流过程中产生的膨胀功,既可减小压缩机的功耗,又能减少因膨胀功转化为热能造成制冷量的降低;③多级压缩、中间冷却:通过多级压缩,减少压缩机的耗功量,最好的循环是等温压缩过程。目前,已有个别型号的大冷量产品采用了膨胀功回收措施,有效地提高了冷水机组的 COP,但该技术尚未得到普及和发展。表 7-9 给出了以 R134a 为制冷剂的几种制冷循环的原理以及性能改善程度。制冷剂是制冷系统中能量输配的介质,其热工(温度、压力、比容、比热、黏度、导热系数、绝热指数等)与化工性能直接关系到机组的性能以及对环境的友好程度。因此,在改善制冷循环过程中,应根据冷水机组的运行工况,充分考虑采用性能优良的制冷剂。

(2)降低冷凝温度、提高蒸发温度。对于给定冷冻水出口温度 t_{cw2}、冷却水进口温度 t_{w1} 和制冷量 ϕ_0 的冷水机组,由式(7-2)可知降低冷凝温度 t_k 与提高蒸发温度 t_0 都有利于提高机组的性能系数 COP,故应尽可能采取措施提高蒸发器与冷凝器的换热性能。根据传热学基本原理可知,机组的制冷量 ϕ_0 和冷凝负荷 ϕ_k 分别为:

$$\phi_0 = K_e F_e \Delta t_{m,e} \quad 和 \quad \phi_k = K_c F_c \Delta t_{m,c} \tag{7-3}$$

各种蒸汽压缩式制冷循环的性能比较 表 7-9

循环形式	单级压缩	单级压缩+过冷器	双级压缩+经济器	双级压缩+经济器+过冷器
COP*	7.30 (100%)	7.59 (104%)	7.89 (108%)	8.05 (110%)
系统形式				
制冷循环压焓图				

*:这里的 COP 是指蒸发温度为 4.2℃,冷凝温度为 37.7℃,过冷度为 4.0℃时的理论 COP,单级压缩时其理论 COP = 7.3,作为比较基准 100%。

式中，K 为传热系数，$W/(m^2 \cdot K)$；F 为传热面积，m^2；Δt_m 表示对数平均温差，℃；下标 e、c 分别表示蒸发器和冷凝器。

从式（7-3）可以看出，在给定制冷量 ϕ_0、冷凝负荷 ϕ_k 和冷却水进水、冷冻水出水温度条件下，必须想办法提高传热管（束）的传热系数 K、增大传热面积 F，以减小对数平均温差 Δt_m，从而达到提高蒸发温度和降低冷凝温度的目的。

- 提高传热系数 K

目前冷凝器中广泛使用的氟利昂—水低肋传热管的（以外表面积为基准的）传热系数 $K=700\sim900W/(m^2 \cdot K)$，高效传热管的传热系数 $K=1000\sim1500W/(m^2 \cdot K)$；而蒸发器中氟利昂—水传热管的传热系数一般为 $500\sim600W/(m^2 \cdot K)$。如果采用更为高效的传热管，将会有效地改善换热器的传热性能。

目前，采用壳管式蒸发器的冷水机组较多，如果采用满液式蒸发器，将有助于提高蒸发器的传热系数。在满液式蒸发器中，冷冻水管全部沉浸在低温液态制冷剂中，蒸发器内近似池沸腾，蒸发出的气态制冷剂充分搅拌制冷剂液体，可提高蒸发换热系数。

减少进入冷凝器与蒸发器中的冷冻油量，也是提高换热器传热系数 K 的重要措施。合理设计冷水机组的制冷系统，增设高效油分离器、采取回油措施，以减少传热管上的油膜厚度，降低传热热阻。

另外，适当地提高冷却水和冷冻水流速（流量），可以提高水侧换热系数，同时有利于降低对数平均温差。在一定的流速范围内，水侧换热系数与流速的 0.8 次方成正比，增大流速可提高传热系数 K；另一方面，流速增加使得进、出水温差减小，也有利于减小对数平均温差，以提高蒸发温度、降低冷凝温度。但是流速过大又将造成冷冻水和冷却水的泵耗增大，而且当管内流速增加至 2m/s 左右时，不宜继续提高流速，否则将使传热管内流速过高，引起水侧的冲刷腐蚀，影响机组的寿命，研究表明，传热管内水的最佳经济流速为 $1\sim1.5m/s$。

- 适当增大换热面积 F

增加冷凝器与蒸发器的传热面积，是降低冷凝温度、提高蒸发温度、减小对数平均温差的有效措施，但盲目地增大传热面积将导致冷水机组的成本上升，经济性下降。

- 减小对数平均温差 Δt_m

增加冷冻水与冷却水流量有利于减小对数平均温差，但又受到一定的限制，而采用非共沸制冷剂以减小对数平均温差。非共沸制冷剂的特点是随着沸腾和凝结过程的进行，其气液相的组分随之变化，使其沸腾与凝结过程的温度也发生变化，因此，如果换热器尽可能采用（制冷剂与外界传热介质为）逆流结构，就可有效缩小蒸发器和冷凝器中的对数平均温差。此外，采取优化管束排布、合理组织管束流程、改善分液措施来增加换热的均匀性，充分发挥局部换热管的效能，也可减小对数平均温差。

(3) 采用容量调节范围宽广的节流装置。机组设计时，应根据蒸发器和系统的特点，选用容量调节宽广的节流装置，如电子膨胀阀、浮球膨胀阀等，以充分发挥蒸发器的制冷能力，以提高机组部分负荷运行和偏离设计工况运行时的性能。

(4) 优化控制系统、减小损耗、提高机组的部分负荷性能。优化控制算法，提高电动机的驱动效率；合理控制油温、保证转动部位的润滑，以减小摩擦损失；根据冷水机组制冷系统的特点，根据系统的内部参数和外部参数优化控制策略，提高机组的部分负荷性能。

(5) 改善压缩机性能。容积效率和压缩效率（指示效率、摩擦效率、传动效率和电效率之积）是表征蒸汽压缩式制冷压缩机性能的重要参数，其大小直接影响着冷水机组的制冷量和 COP。然而采用针对常规冷水机组设计的压缩机制备高温冷水时，其性能系数 COP 往往难以达到预想效果。

那么，为何利用常规冷水机组的制冷压缩机难以开发出高性能的高温冷水机组呢？采取何种措施（特殊性措施）可以提高高温冷水机组的性能？欲回答这些问题，就必须明确各类压缩机的结构和工作原理。

7.4.2.4 容积式（压缩机）高温冷水机组

容积式制冷压缩机是靠改变工作腔的容积，周期性地吸入、压缩并排出定量气体。常用的容积式制冷压缩机有往复活塞式制冷压缩机和回转式制冷压缩机。

压缩机的容积效率 η_v 受到余隙容积、吸/排气阻力、吸气过热和泄漏四个因素的影响（彦启森等，2004）。

$$\eta_v = \lambda_v \cdot \lambda_p \cdot \lambda_t \cdot \lambda_l \tag{7-4}$$

公式右侧依次为容积系数、压力系数、温度系数和泄漏系数，它们除与压缩机的结构、加工质量等因素有关以外，还有一个共同规律，就是均随排气压力的增高和吸气压力的降低而减小。对于活塞式制冷压缩机而言，由于存在余隙容积和吸、排气阀片，其 λ_v 和 λ_p 普遍偏低，其容积效率 η_v 较回转式压缩机要小，空调用活塞式制冷压缩机的 η_v 可按以下经验公式计算，式中 m 为多变指数，对于 R22 而言，$m = 1.18$。

$$\eta_v = 0.94 - 0.085[(p_k/p_0)^{1/m} - 1] \tag{7-5}$$

然而，对于压缩过程单向进行的回转式压缩机（螺杆、涡旋等）而言，余隙容积为 0，所以 $\lambda_v = 1$；对于不设置吸、排气阀的压缩机而言，吸气和排气过程中的压力损失很小，在机组运行于不同工况时相差不大，对机组性能的影响很小，即 $\lambda_p \approx 1$；压缩机的泄漏是指在压缩过程中制冷剂由高压空间通过机械配合处向低压空间泄漏的过程。对于由多个工作腔连续变化的涡旋压缩机和螺杆压缩机而言，当外压缩比较小时，泄漏系数 λ_l 接近于 1，但在外压缩比很大的场合，则不能忽略其泄漏损失。

压缩机的吸气过热是指制冷剂进入压缩机后接受从压缩机壳体、润滑油、电机以及排气管道等的热量温度升高的过程。按照 Winandy 等（2004）实测的数据，在涡旋压缩机中，随着外压缩比的加大（由 1.5 变化到 6），压缩机的吸气过热从 10℃变化到 30℃。因此，吸气过热是影响压缩机容积效率的一个重要因素。

压缩机用于有效压缩的功率只占压缩机电力输入功率的一部分，其他部分则在能量传送过程中被损失。

图 7-24 给出了容积式压缩机的效率分布。由于往复活塞式压缩机属于一种"自适应"型压缩机，压缩机的吸、排气压力就分别等于制冷循环的蒸发压力和冷凝压力，没有"内压缩"过程。其压缩机的总效率 η_c 为：

$$\eta_c = \eta_i \cdot \eta_m \cdot \eta_d \cdot \eta_e \tag{7-6}$$

回转式压缩机均属于固定内容积比型压缩机，当外压缩比与内压缩比不相等时存在内压缩过程，导致压缩机总效率 η_c 中多了一项"内压缩效率 η_ε"，即：

$$\eta_c = \eta_i \cdot \eta_m \cdot \eta_d \cdot \eta_e \cdot \eta_\varepsilon \tag{7-7}$$

对于固定内容积比压缩机而言，其压缩终了时压缩腔的压力 p_{id} 只与吸气压力 p_0 和制冷剂性质有关：

$$\varepsilon_i = \frac{p_{id}}{p_0} = \left(\frac{V_0}{V_{id}}\right)^n = V_i^n \tag{7-8}$$

式中，p_0，p_{id} 为吸气终了和压缩终了时压缩腔的压力；n 为压缩过程的多变指数，与制冷剂性质有关；V_i 为内容积比，是压缩机的设计指标；ε_i 为内压缩比。如果制冷循环的冷凝压力为 p_0，则压缩机的外压缩比 ε_e 为：

$$\varepsilon_e = \frac{p_k}{p_0} \tag{7-9}$$

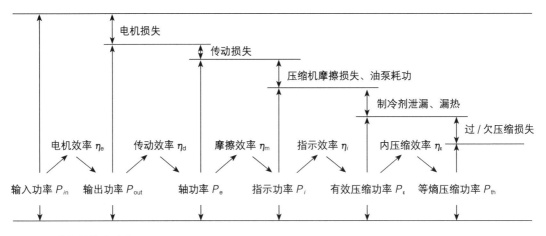

图 7-24 压缩机的效率分布

当压缩腔终了压力 p_{id} 与系统排气压力 p_k 相等时,内压缩效率 $\eta_\varepsilon = 1$,此时压缩机的效率最高,如图 7-25 (a) 所示。

当压缩腔终了压力 p_{id} 小于系统排气压力 p_k 时,压缩机处于欠压缩状态,在排气口打开瞬间,排气管道内压力为 p_k 的气体冲入压缩腔中,使腔内压力迅速上升到系统的冷凝压力 p_k,这一过程将造成额外功耗,见图 7-25 (b)。

当压缩腔终了压力 p_{id} 大于系统排气压力 p_k 时,压缩机处于过压缩状态,压缩腔内压力为 p_{id} 的制冷剂在排气口打开瞬间冲出压缩腔,等容膨胀到系统排气压力 p_k,这一过程同样会造成额外功耗,见图 7-25 (c)。

将压缩过程中的总功耗(黑框内的总面积)减去额外功耗(标出的三角面积)后求取与总功耗的比值,就是内压缩效率 η_ε。可以看出,系统的排气压力偏离压缩终了压力越远,则压缩机的内压缩效率越低。图 7-26 给出了 $n = 1.15$ 时内压缩效率随系统外压缩比的变化情况(缪道平等,2001)。从图中可以看出,曲线极大值左侧部分表示过压缩,随着外压缩比的减小,压缩机的压缩效率 η_ε 衰减非常迅速。

在目前所生产的空调冷水机组用回转式压缩机的内容积比 V_i 一般为 3~5,最小的 V_i 也只有 2.2。对于表 7-8 所示的高温冷水机组压缩比而言,都有所偏大,故压缩机的内压缩效率降低,决定了采用常规空调用压缩机制造

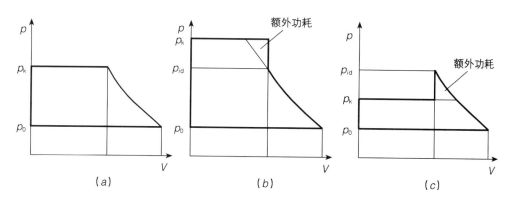

图 7-25 压缩过程的欠压缩与过压缩
(a) 正常压缩;(b) 欠压缩;(c) 过压缩

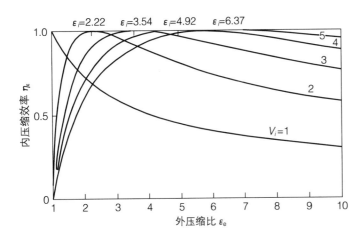

图 7-26 内压缩效率随系统外压缩比的变化情况

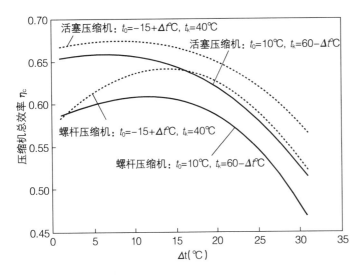

图 7-27 蒸发温度、冷凝温度对压缩机效率的影响

高温冷水机组,其 COP 将受到限制,与理论 COP 仍存在较大的差距。

例如,当蒸发温度为 12.5℃,冷凝温度为 40℃,过冷度 3℃,过热度 5℃时,采用单级螺杆式压缩机制造高温冷水机组,其 COP=5.1,而理论 COP=8.1。

图 7-27 是根据压缩机样本资料(BITZER 公司,2003)的数据,绘制成的压缩机总效率 η_c 随蒸发温度 t_0 与冷凝温度 t_k 变化曲线。

从图中可以看出,在一定容量范围内活塞式压缩机的效率较螺杆式压缩机更优;随着蒸发温度的上升和冷凝温度的下降,活塞式压缩机的效率下降,而螺杆压缩机则呈现先有所升高再迅速下降的趋势。由于系统偏离设计工况,导致压缩机的机械效率、指示效率以及电机效率均下降;在螺杆式压缩机中,由于内压缩效率在偏离设计工况时降低迅速,使其出现了效率的极值点。

综上所述,欲制造高效率的高温冷水机组,①需尽可能选取内容积比 V_i 较小的回转式压缩机;如果可能,最好针对高温冷水工况重新开发更小内容积比的压缩机;②可以采用具有自适应特性的活塞式压缩机,但由于活塞式压缩机的容积效率普遍偏低,也难以获得满意的效果。

7.4.2.5 离心式（压缩机）高温冷水机组

离心式制冷压缩机是速度型压缩机，是靠离心力的作用连续地将所吸入的气体压缩。由于其结构紧凑、质量轻，没有磨损部件，工作可靠，运行平稳、振动小、噪声较低，因而在空调领域广泛得到应用。但是，离心式制冷压缩机的转数很高，对于材料强度、加工精度和制造质量均要求严格，故难以实现其小型化，从国内的情况看，目前的离心式冷水机组其制冷量均在 420kW 以上。

由于制冷循环的冷凝压力 p_k 与蒸发压力 p_0 之差越大，气态制冷剂被压缩时所需要的能量头（相当于容积式压缩机的单位质量压缩功）也越大，故离心式制冷压缩机与容积式制冷压缩机一样，都是随着冷凝温度的升高和蒸发温度的降低，实际排气量就要减少，从而减少压缩机的制冷量，COP 降低。因此，其性能改善途径仍然遵循上述普遍性措施。但是，这两种制冷压缩机在冷凝温度 t_k 和蒸发温度 t_0 变化时对制冷量的影响程度却有所区别（彦启森等，2004）。

（1）蒸发温度的影响：当压缩机的转数和冷凝温度一定时，压缩机制冷量随蒸发温度变化的百分比示于图 7-28。从图中可以看出，离心式制冷压缩机制冷量受蒸发温度变化的影响比活塞式制冷压缩机大，蒸发温度越高，制冷量上升得越剧烈，因此，对于高温冷水机组而言，这是一种非常好的特性。

（2）冷凝温度的影响：当压缩机的转数和蒸发温度一定时，冷凝温度对压缩机制冷量的影响，见图 7-29。从图中可以看出，冷凝温度低于设计值时，冷凝温度对离心式制冷压缩机制冷量的影响不大；但是，当冷凝温度高于设计值时，随冷凝温度的升高，离心式制冷压缩机制冷量将急剧下降，这点，必须给予足够重视。

（3）转数的影响：对于活塞式制冷压缩机来说，当蒸发温度和冷凝温度一定时，压缩机的制冷量与转数成正比。但是，离心式制冷压缩机则不然，由于离心式制冷压缩机产生的能量头与叶轮外缘圆周速度（也可以说与

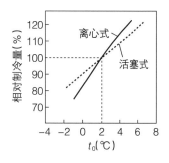

图 7-28 蒸发温度变化的影响

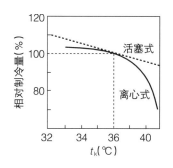

图 7-29 冷凝温度变化的影响

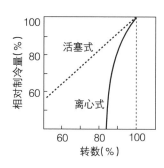

图 7-30 转数变化的影响

压缩机转数)的平方成正比,所以,随着转数的降低,离心式制冷压缩机产生的能量头急剧下降,故制冷量也必将急剧降低,如图 7-30。因此,在离心式冷水机组中,当采用变频器进行容量调节时,为实现制冷量的精确控制,往往需要与进口导叶进行联合调节。

图 7-31 示出了当蒸发压力 p_0(蒸发温度 t_0)一定时,离心式冷水机组的性能曲线(彦启森等,2004)。图中示出不同转数下的关系曲线和等效率线,左侧点划线为喘振边界线。从图中可以看出,在某转数下离心式制冷压缩机的效率最高,该转数的特性曲线则是设计转数特性曲线。

与容积式压缩机非常不同的是,当冷凝温度过高或蒸发温度过低时,离心式压缩机容易出现喘振。引起冷凝压力过高的原因很多,如冷却水温度过高、冷却水流量过小、冷凝器水管堵塞、水管中存在不凝性气体等。吸气压力过低,往往是蒸发压力过低,以及导叶开度过小(压缩机制冷量调节得过小)所致。因此,在制定机组控制策略时,必须注意这一现象,并采取合理的防治措施,否则将出现机组的损坏。

由于离心式压缩机具有上述特点,故在离心式冷水机组的开发过程中,必须采取合理的控制策略,以实现机组的节能控制与可靠性控制(主要是防喘振控制)。

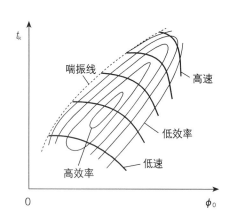

图 7-31 离心式冷水机组的特性曲线

防止喘振的控制(反喘振调节)方法主要是旁通调节

法，即开启冷凝器与蒸发器之间的电动旁通阀，使一部分从压缩机排出的高压蒸汽直接旁通至压缩机的吸气口，以提高压缩机的吸气压力并减小排气压力；此外，还可以根据压缩机性能曲线，调节压缩机频率，使冷凝压力躲开喘振区。

从冷水机组的容量控制方面看，目前主要采用以下三种方法（叶振邦等，1981）：

(1) 压缩机转速控制：从图7-30可以看出，以变频等方式降低压缩机转速时，制冷量急速衰减，当转速降低20%时，可使制冷量下降60%。压缩机转速降低，使制冷系统的冷凝温度下降，蒸发温度上升，所需能量头减小，COP升高。改变压缩机转速的调节特别适宜于因季节变化而使冷却水温度改变时的运转。此时，如果制冷量和蒸发温度不变，降低转速，使冷凝温度降低，能量头减小，改善了机组的经济性。

(2) 吸气节流：在压缩机的进气口安装节流阀，通过改变节流阀开度来调节进气比容，当阀门开度减小时，吸气压力降低，其经济性较差，且调节范围也较窄（40%~100%）。

(3) 进口导叶开度控制：用吸气节流来改变制冷剂流量时，节流阀对气流有阻力，而用进口导叶调节时只是在叶片转动角度接近完全关闭（约10%）位置才出现节流外，其他则是改变气流方向，从而改变叶轮产生的能量头以调节制冷量，故其调节的经济性比进口节流好。采用调节导叶角度的方式调节时，当制冷量为额定值的60%时，耗功量为额定耗功量的60%，而采用吸气节流时的耗功量为额定值的74%。采用导叶开度调节时，可使压缩机的喘振点在很小制冷量处才发生，甚至要比改变转速调节时还要小。导叶开度在70%以上时，制冷量减小程度平缓，此后降低迅速。也就是说，导叶开度在70%以下时，调节性能良好，而在70%以上时可以认为调节失灵，为改善机组的控制特性，可以和压缩机转速控制联合进行控制。

从上述分析可以看出，离心式压缩机与活塞式压缩机一样，不存在内压缩问题，也是一种"自适应"型的压缩机，而且制冷量随蒸发温度的升高呈现出比活塞式压缩机制冷量上升更快的显著特点，故离心式压缩机作为高温冷水机组的动力源非常适合，有望开发出高性能的高温冷水机组。

7.4.3 高温冷水机组的开发案例

前面几节已经探讨了提高各种系统形式的高温冷水机组性能的技术途径，本节将以图 7-32（a）所示的三菱重工（MHI）微型离心式高温冷水机组为例，介绍如何综合利用上述技术措施开发出性能优越的高温冷水机组。

7.4.3.1 制冷循环形式

MHI 微型离心式高温冷水机组采用"双级压缩+经济器"的蒸汽压缩式制冷循环。从表 7-9 中可知，采用制冷剂 R134a 时该循环形式的常规冷水机组的理论 COP 比单级压缩循环提高 8%。

如图 7-32（b）所示，来自冷凝器的高压液态制冷剂先经过膨胀阀①，节流降压进入经济器（闪发蒸汽分离器），在经济器中只要蒸汽上升速度小于 0.5m/s，就可使因节流闪发的气态制冷剂从液态制冷剂中充分分离出来；饱和液体再经膨胀阀②二次节流后进入蒸发器，蒸发吸热，制取高温冷冻水；来自蒸发器的低压饱和蒸汽，经一级压缩成中压状态后，与来自经济

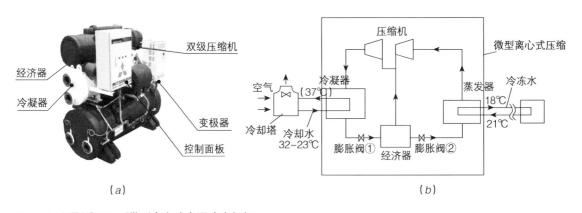

图 7-32　MTWC175 型微型离心式高温冷水机组

(a) 外观图；(b) 制冷循环原理图

器的饱和蒸汽混合，再经二级压缩成高压蒸汽后进入冷凝器被冷却冷凝。经济器的应用，既减少了一级压缩的制冷剂流量，又降低了二级压缩机进口的蒸汽温度和比容，从而达到节约压缩机功耗之目的。

7.4.3.2 离心式压缩机

离心式制冷压缩机是一种速度型压缩机，由于离心式制冷压缩机的转数很高和对加工精度的要求严格，故难以实现离心式压缩机的小型化，现有压缩机的叶轮直径几乎均不小于 200~250mm。因此，离心式冷水机组的小型化最大的课题是需要克服制造工艺上的困难。

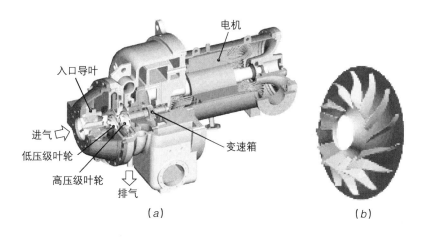

图 7-33　微型离心式压缩机的内部结构图
(a) 微型离心式压缩机；(b) 压缩机叶轮

图 7-33 示出了 MHI 微型离心式压缩机的内部结构，通过对叶轮和轴承等进行优化设计，并克服了加工中的困难，使之成为微型离心式冷水机组的核心技术。其主要特点在于：①叶轮采用高效流型动态设计，考虑到叶轮表面粗糙度的影响，在设计中通过调整叶片数来减小能量损失；考虑到实际可加工的叶片厚度和理论值间的差异，通过延长叶轮边界来预留喷口面积；②保证结构制造上的高度精确性；③利用 CFD 技术优化回转叶片形状和流型，最大限度地减小高压级叶轮进气处的气流紊动，以获得最佳中

间吸气状态；④具有宽广的运行范围，叶轮在设计工况点之外很大范围内仍能高效运行，以提高部分负荷运行性能，降低全年运行能耗；⑤采用径向止推滚珠轴承并经过耐久性测试，保证了压缩机的低机械损失和更长的使用寿命。

7.4.3.3 高效的蒸发器和冷凝器

采用满液式蒸发器，在大量试验数据基础上精选出具有微孔结构的高效传热管（图 7-34），使蒸发温度 t_0 大幅度提高（仅比冷冻水出水温度低 1℃）；为保证制冷剂的分液均匀，经过仿真模拟，确定管束布置方式，并在制冷剂入口设置分液器，以保证各局部区域的蒸发均匀。在管束上方的蒸发器内部，安装有一个气液分离装置以防止制冷剂液滴进入压缩机。此外，为防止冷冻油降低蒸发器的传热性能，以冷凝器内高压气态制冷剂为驱动力，由引射器直接从蒸发器中抽吸含油量较高的液态制冷剂，一方面实现了蒸发器的顺利返油，另一方面对油箱内的冷冻油进行冷却，保证压缩机和变速箱的有效润滑。

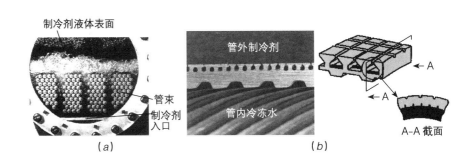

图 7-34 高效蒸发器的内部结构
(a) 蒸发器的内部结构；(b) 蒸发传热管的微观结构

冷水机组采用壳管式冷凝器，为强化凝结换热，采用了具有针状肋片的传热管（图 7-35），有效地降低了冷凝温度 t_k，冷凝温度仅比冷却水出水温度高出 1~3℃；通过仿真分析，确立管束排布方式，充分发挥冷凝器的换热性能，改善了机组的 COP。

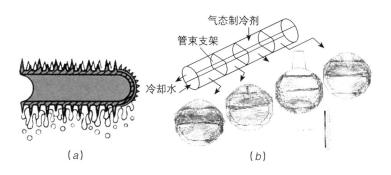

图 7-35　冷凝器传热管与冷凝器内部温度场

(a) 冷凝器的传热管结构；(b) 冷凝器内部的温度场模拟结果

7.4.3.4　能量调节

优化的控制策略是实现冷水机组安全可靠与高效节能的重要保证。MT-WC175 型微型离心式高温冷水机组的高、低压级节流装置都采用电子膨胀阀，准确地控制制冷剂流量，以保证蒸发器和经济器的精确液位。在能量控制方面，通过检测冷冻水进、出口温度和流量，以及冷却水温度和系统内部参数信息，联合调节电机的运行频率、进气导叶角度和热气旁通阀开度，实现冷水机组在 20%～100% 负荷范围内连续调节制冷量，同时利用冷凝器与蒸发器之间的电动旁通阀实现反喘振控制，在保证压缩机具有最大的部分负荷效率的同时，实现机组的安全、稳定运行。

7.4.3.5　高温冷水机组的性能

采用"双级压缩 + 经济器"的制冷循环形式和传热性能优异的高效传热管，优化设计离心式压缩机叶轮和轴承，并进行优化控制，不仅突破了离心式冷水机组难以小型化的误区，而且还具有非常高的性能系数 COP。例如，MTWC175 型微型离心式冷水机组在制备 7℃ 的常规冷水时，其额定 COP 达到 5.4（冷却水温度 $t_w = 32℃$），当冷却水温度 $t_w = 13℃$ 时，部分负荷时的最大 COP 达到 14.1，如图 7-36 所示。

图 7-37 示出了利用 MTWC175 型微型离心式冷水机组制备高温冷水时的性能计算值。从图中可以看出：当冷冻水进/出水温度为 21/18℃、冷却

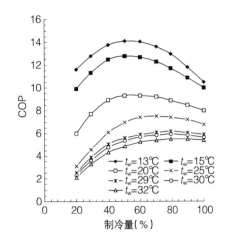

图 7-36 7℃常规冷水机组的性能曲线

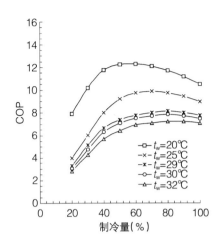

图 7-37 18℃高温冷水机组的性能曲线

水进/出水温度为 37/32℃时，其 COP=7.1，在部分负荷条件下或冷却水温度降低时，其性能则更为优越。

7.4.4 全年运行的冷热水机组

上面探讨了如何高效率制备高温冷水的问题，这主要是针对温湿度独立控制空调系统夏季降温除湿运行工况而进行的。在不需要冬季供热或冬季采用集中供热的建筑，上述制备高温冷水的方法已能满足温湿度独立控制空调系统的要求。但是，对于无集中供热的建筑，利用夏季地下水供冷、土壤源换热器取冷的设施以及人工冷源（冷水机组）设备、辅助热泵技术是否仍然可以实现高性能供热？如果夏（冬）季采用风冷式冷水（热泵）机组，是否能满足冬季供热需求？如果不能满足，是否有改善措施？本节就此问题进行简要探讨。

在温湿度独立控制空调系统中，利用制冷用室内末端进行供热时热水温度为 35℃（相对供水温度为 45℃的常规热泵机组而言，可称之为低温热水）即可。利用地下水和土壤作为热源的水源热泵和土源热泵制备低温热水比常规热泵机组具有更好的性能。值得一提的是，水源与土壤源热泵机组普遍采用蒸汽压缩式制冷循环，其系统形式与性能改善的通用措施与 7.4.2.3 完全相同。

7.4.4.1 水源与土壤源热泵机组

土壤源热泵和水源热泵机组的工作原理分别见图 7-1 和图 7-11，其运行工况范围：冷凝温度 t_k 为 37~40℃，由于地下水源和土壤源温度稳定性很好，蒸发温度 t_0 为 8~10℃，其对应压缩比：R22 为 2.0~2.3；R134a 为 2.24~2.75。采用往复活塞式、离心式以及适宜内容积比的螺杆式、涡旋式压缩机制造热泵机组时，其 COP 的大致范围为 4.5~5.5。

7.4.4.2 空气源热泵冷热水机组

对于采用空气作为夏季运行冷却介质和冬季运行热源的空气源热泵冷热水机组而言，由于其容量通常较小，主要采用往复活塞式、涡旋式、螺杆式等容积式压缩机。

在温湿度独立控制空调系统中，夏季制冷运行时，仍需制备 18℃ 的高温冷水，此时机组的蒸发温度与水冷式冷水机组的相当，设蒸发温度 $t_0 = 14~16℃$；但由于冷凝器为风冷换热器，设计工况为干球温度/湿球温度 = 35/24℃，即使采用高效传热管的风冷式冷凝器，其冷凝温度 t_k 也将高于水冷式（壳管式）冷凝器，一般取 $t_k = 45~50℃$。此时冷水机组的压缩比略高于水冷式机组（表 7-8），R22 的压缩比范围为 2.1~2.6，R134a 为 2.3~2.8，但比常规冷水机组（7℃）的压缩比（R22:2.8~3.5，R134a:3.5~3.9）要低。

在冬季制热运行时，由于所需要的热水温度较低为 35℃，故冷凝温度约 38~40℃；室外设计工况为干球温度/湿球温度为 7/6℃，蒸发温度一般为 2~4℃；此时 R22 的压缩比约为 2.5~2.9，R134a 为 2.8~3.2，略高于制冷工况。所以针对夏季运行工况选型，回转式压缩机所开发的热泵系统，在冬季额定运行工况下，仍可获得较高的能效比。

但对于室外温度达到 -15℃ 时，热泵系统的蒸发温度将达到 -18~-20℃，此时 R22 的压缩比为 5.5~6.3，R134a 为 6.6~7.7。如果采用双级压缩，并取高、低压级压力比相等，则中间压力为 $p_m = \sqrt{p_k \cdot p_0}$，此时

R22 的压缩比为 2.3~2.5，R134a 为 2.5~2.8。采用双级压缩热泵系统能满足冬季供暖负荷要求、可获得较高的 COP，同时能稳定、可靠运行。

表 7-10 示出了以 R22 为制冷剂、采用内容积比为 2.2 的螺杆式压缩机的空气源热泵冷热水机组，在夏季制备 18℃高温冷水和冬季制备 35℃低温热水时的外压缩比和性能参数相对值的计算结果。可以看出，夏季相对制冷量 ϕ'_0 为 1.0 的机组（$t_0 = 16℃$、$t_k = 45℃$、过冷度 $SL = 3℃$、过热度 $SH = 5℃$），在冬季额定制热工况下，其相对制热量 ϕ'_k 达到 0.8~0.85，能够满足供热负荷要求。但当室外温度下降到 -15℃时，仍采用单级压缩进行制热，其相对制热量 ϕ'_k 仅为 0.42~0.45，已不能满足供热负荷需求，且 COP 也显著降低。

当室外温度为 -15℃时，将表 7-11 所示的压缩机作为低压级（即 $V'_{h,L} = 1$），

单级压缩空气源热泵冷热水机组的运行工况与性能（制冷剂为 R22） 表 7-10

运行模式	制冷运行			制热运行					
系统形式	单级压缩			单级压缩					
外温条件	外温 = 35℃			外温 = 7℃			外温 = -15℃		
性能参数	p_k/p_0	COP	ϕ'_0	p_k/p_0	COP	ϕ'_k	p_k/p_0	COP	ϕ'_k
	2.1~2.6	4.20~5.45	0.9~1.0	2.5~2.9	4.67~5.24	0.80~0.85	5.5~6.3	2.86~3.08	0.42~0.45
压缩机配置	相对工作容积 $V'_h = 1$			相对工作容积 $V'_h = 1$					
备注	制备 18℃高温冷水；$SL = 3℃$、$SH = 5℃$			制备 35℃低温热水；$SL = 3℃$、$SH = 5℃$					

双级压缩空气源热泵冷热水机组的运行工况与性能（制冷剂为 R22） 表 7-11

运行模式	制热运行								
系统形式	双级压缩						双级耦合热泵		
外温条件	外温 = -15℃								
性能参数	$p_k/p_m = p_m/p_0$	COP	ϕ'_k	$p_k/p_m = p_m/p_0$	COP	ϕ'_k	$p_k/p_m = p_m/p_0$	COP	ϕ'_k
	2.3~2.5	3.22~3.47	0.57~0.61	2.3~2.5	3.22~3.47	0.35~0.37	2.5~2.7	3.33~3.58	0.30~0.32
压缩机配置	相对工作容积 $V'_{h,L} = 1$						相对工作容积 $V'_{h,L} + V'_{h,H} = 1$		
备注	制备 35℃低温热水；冷凝器 $SL = 3℃$、蒸发器 $SH = 5℃$								

再选配容量合适的压缩机作为高压级构成双级压缩热泵系统,此时,相对制热量 ϕ'_k 达到 0.57~0.61,仍能满足寒冷气候对制热量的需求,且 COP 也有所提高。

但是,如果选用多台压缩机构成热泵,使其理论排气量总和与制冷运行时相等,则在寒冷的冬季通过一定的接管方式将常规并联运行的单级热泵系统(当外界温度较高,且 $V'_h=1$ 时)转换成双级压缩系统($V'_{h,L}+V'_{h,H}=1$),虽然 COP 得到改善,但其相对制热量 ϕ'_k 仅为 0.35~0.37,不能满足供暖需求。

与双级压缩类似,当将两台常规并联运行的单级空气源热泵系统转换为如图 7-38 所示的双级耦合热泵运行时,所消耗的总输入功率为 P_1+P_2,此时的 COP = $\phi_k/(P_1+P_2)$ = 3.33~3.58,其相对制热量为 ϕ'_k 为 0.3~0.32;但如果采用辅助高温机组,其制热量则与带辅助高压级的双级压缩空气源热泵相当。

根据上述分析可以看出,在温湿度独立控制空调系统中,由于制冷时使用高温冷水(18℃),制热时使用低温热水(35℃),故在额定设计工况下,热泵空调机组在夏季与冬季运行时的外压缩比基本一致,选用合理内压缩比的回转式压缩机设计热泵型冷热水机组,冬夏均能高效率运行。但对于寒冷地区而言,可以设置辅助压缩机,在外温极低时,将辅助压缩机作为高压级使用,构建双级热泵系统或采用双级耦合热泵系统,可以良好地解决冬季供热问题,同时还能获得较高的 COP。

此外,在冬季环境温度不太低的温暖地区,可以采用(热泵)冷水机组,实现全年的供冷供热,图 7-39 给出了采用双级压缩的离心式热泵冷水机组冬季运行的原理图。夏季通过冷却塔制取冷却水,作为冷水

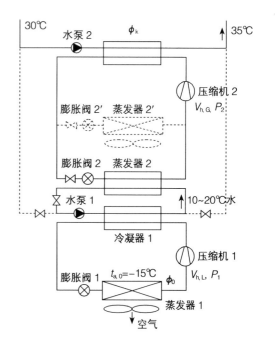

图 7-38 双级耦合热泵原理图

机组的热汇（放热源），利用制冷系统制备高温冷水，向房间供冷；而在冬季，将冷却塔的冷却介质更换为不易结冰的载冷剂（如乙二醇溶液），载冷剂在蒸发器和冷却塔中循环，在冷却塔中吸收空气的热量，作为热泵机组的热源，通过热泵系统，在冷凝器中制备向建筑供热的热水，这种机组已在部分工程中得到应用。

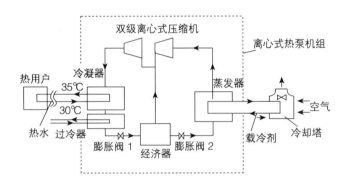

图 7-39　水冷式双级离心式热泵机组冬季运行的工作原理

第8章 温湿度独立控制系统工程案例分析

本章作为温湿度独立控制空调系统的实践应用，列举了五个不同的示范工程的空调系统设计方法与性能分析。第一节介绍的示范工程位于北京市，采用溶液除湿空调系统与电动制冷机相结合的温湿度独立控制空调系统，城市热网作为溶液除湿空调系统的再生热源。溶液除湿空调系统处理新风承担建筑的潜热负荷，电动制冷机制备出18℃的冷水用于承担建筑的显热负荷。第二节介绍的示范工程位于上海市，同样为溶液除湿空调系统与电动制冷机相结合的温湿度独立控制系统形式，但制冷机蒸发器侧的冷冻水供回水温度为18~21℃、冷凝器侧的热水供回水温度为70~65℃，冷凝器的排热量直接用于溶液除湿空调的再生。第三节介绍的示范工程位于北京市，采用楼宇热电联产系统驱动的溶液除湿系统与制冷机相结合的温湿度独立控制系统。热电联产系统发电量直接用于建筑供电，排热量用于除湿溶液的浓缩再生与驱动吸收式制冷机，并辅以电动制冷机承担尖峰空调负荷。此节详细介绍了示范建筑电、热、冷负荷的匹配情况与蓄能装置发挥的作用。第四节介绍的示范工程位于南京市，采用溶液热回收型新风机与土壤源换热器相结合的空调系统。溶液热回收型新风机为新型溶液全热回收装置与小容量热泵相结合的独立机组，无需外界提供溶液浓缩再生装置。此节重点介绍了土壤源换热器系统的冬夏运行模式，并详细分析夏季与冬季使用的全年能量平衡问题。最后一节介绍的示范工程位于新疆石河子，与上述几个示范工程不同的是，新疆地区普遍气候干燥，无需对新风进行除湿处理，空调系统的主要任务是降温。结合新疆地区的气候特点，利用室外干燥的空气进行间接蒸发冷却制冷，制备出18℃的冷水满足建筑的供冷需求。

8.1 城市热网驱动的温湿度独立控制空调系统

本工程的应用背景是北京冬夏电负荷差异大，夏季电负荷峰值比冬季高出25%左右。造成夏季电负荷大的主要原因是空调用电量巨大，并且空调用电时间也比较集中，导致电负荷峰谷差大，这样使得夏季城市电力输送设备容量严重不足。随着北京市电制冷空调装机容量逐年递增，这一问题将日趋尖锐。

解决上述问题的途径之一就是削减夏季空调用电负荷，采用电制冷以外的手段来满足空调的需要。热电联产电厂发电的同时产生大量低品位热能，如能在夏季利用这一低品位热能驱动空调系统就能解决上述问题。北京市拥有能够输送1亿 m^2 供暖面积的热力管网，可以在夏季利用该热网输送热水到末端驱动空调系统。并且，还可以使目前夏季停机的热电联产发电机组夏季继续高效运行，一方面发电，弥补电力供应不足，另一方面可以提供空调所需的热量。这一方案降低了夏季空调电负荷，可避免为满足空调需要的电力输配系统设施增容投资。因此，实现以热水来驱动的空调方式，是解决北京市能源系统热电平衡的有效途径。

8.1.1 示范建筑与系统设计

本节介绍的采用溶液式空调系统去除潜热负荷的温湿度独立控制空调系统安装在北京热力集团双榆树供热厂办公楼，如图8-1、图8-2所示。该工程2003年3月开始施工，至10月工程竣工。建筑面积约2000m^2，共5层，建筑高度18.6m。一层主要为门厅、接待室、会议室，二至五层主要是办公室及会议室,每层设一个空调机房,机房位置见图8-3。根据使用单位的要求,采用集中空调系统,冬季供暖、夏季供冷。

图 8-1 建筑实景
(a) 建筑立体图;(b) 冷水机组与新风机

图 8-2 位于楼顶的系统设备
(a) 溶液除湿新风机;(b) 再生器

8.1.1.1 空调设计参数

北京室外夏季空调设计计算干球温度为33.2℃、湿球温度26.4℃,冬季空调设计计算温度-12℃。室内夏季空调设计参数为26℃、相对湿度60%,冬季空调设计温度为20℃,人均新风量为50m³/h,人员密度为0.1人/m²。

8.1.1.2 空调系统形式

该办公楼主要以办公、会议为主,隔断较多,各房间相对独立,因此空调采用风机盘管加新风系统形式。新风采用以溶液为工质、低温热水驱动的新风机组处理,和现有新风处理方式相比,新风可处理到低于室内空气含湿量而保持较高的温度(送风状态点:25℃,50%),新风机组承担新风负荷和室内潜热负荷,而室内的风机盘管只需要承担围护结构、灯光、设备、日照和人体显热负荷等。

8.1.1.3 负荷计算

负荷计算结果,见表8-1。按楼层把空调面积划分为5个分区,每层一台新风机组,提供本层所需的新风,新风机组共承担90.7kW的新风负荷及室内潜热负荷;室内显热负荷共92kW,由一台风冷冷水机组承担。

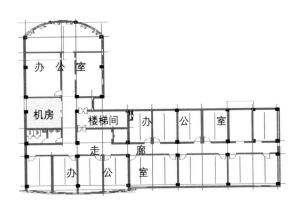

图8-3 平面示意图

负荷计算结果 表8-1

楼层	空调面积 (m²)	新风量 (m³/h)	新风负荷 (kW)	室内潜热负荷 (kW)	室内显热负荷 (kW)
一层	400	2000	16	2.9	18
二层	400	2000	16	2.9	18
三层	400	2000	16	2.9	18
四层	400	2000	16	2.9	18
五层	320	1600	12.8	2.3	20
总计	1920	9600	76.8	13.9	92
			90.7		

8.1.1.4 新风送风状态确定

新风承担室内湿负荷，而由其他设备排除其余显热，因此对新风的送风温度要求并不严格，只须按式（8-1）确定送风含湿量：

$$d_r = d_n - \frac{L}{\rho G} = 12.6 - \frac{109}{1.2 \times 50} = 10.8 \text{g/kg} \qquad (8-1)$$

式中，ρ 为空气密度，kg/m^3；G 为人均新风量，$m^3/(h·人)$；d_n 为室内设计含湿量，g/kg；d_r 为新风送风含湿量，g/kg；L 为湿负荷，$g/(h·人)$。

8.1.1.5 冷、热源设计

由负荷计算的结果，该办公楼所需空调设备包括：5 台 2000m³/h 风量的新风机组全年运行提供新风；1 台 120kW 的风冷制冷机，供回水温度为 18/21℃；新风机组承担 90.7kW 的除湿冷量，这部分冷量由再生器提供的浓溶液承担，考虑 80% 的再生效率，因而需要的热源功率约为 113kW。热源形式是城市热网的热水，设计供回水温度为 75/60℃，计算得到热水流量为 6.5t/h。冬季供暖通过换热器与城市热网换热得到温热水，设计进出口水温度为 60／50℃。

8.1.1.6 风系统设计

该办公楼建筑布局整齐，风系统设计相对简单。图 8-4 是一个典型的办公室风口布置平面图，通常在一个 3.6m×5.4m 的办公室内包括一个风机盘管风口、一个新风口和一个回风口，采用方形散流器下送风的方式。每个新风口装有调节阀，平衡各个房间的新风量，风机盘管的风口没有调节阀，通过风机调速调节风量。由于要对回风进行热回收，和一般的风机盘管加新风系统相比，增加了回风系统，但没有专门的回风管路。每个房间吊顶上有一个回风口，通过进入房间的新风管路周围的空间进入走廊的吊顶，新风机组的回风机在和机房相接的走廊的吊顶里抽取回风。

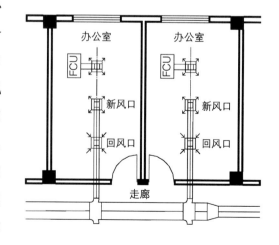

图 8-4 典型房间风口布置平面图

8.1.1.7 水系统设计

和常规冷冻水系统相比，由于无需除湿，冷冻水的温度可提高10℃左右，该系统设计供回水温度为18/21℃，相应的风机盘管送回风温度为22/26℃。由于风机盘管风侧负荷减小，如采用常规水路并联式的盘管将会导致水侧温差很小，因此该系统中使用了水路串联式的盘管以加大水侧温差。水路并联改串联后会增大水侧的压降损失，但同整个系统相比这部分压降的比例并不大。另外，冷冻水供水温度高于室内设计露点温度，不会产生凝结水，取消了现有风机盘管系统中的凝结水管。在相同风量下，风机盘管在干工况下运行，风侧压降可减小30%左右。由于不存在结露的危险，供回水管的保温也可取消，使其同时起一些吸收显热的作用。需要注意的是由于风机盘管在干工况下运行（不是现有的湿工况），并且供回水温度均和常规系统不同，风机盘管实际供冷量与常规设备样本中的数据又存在很大差别，需要根据实际情况仔细校合计算，尤其不能按照常规设备样本提供的供冷量数据进行选型。本系统中使用两种型号的风机盘管，其干工况性能参数与样本额定值见第3章表3-5。由计算结果可以看出，在给定供回水温度的情况下，同一盘管干工况的供冷量约为湿工况的40%，但由于不需要除湿，盘管所需承担的负荷减小，实际增加的盘管面积需根据工况仔细计算。

8.1.1.8 溶液系统设计

新风采用具有吸湿性能的溶液进行处理，这是与常规空调系统的最大区别，以下将详细介绍新风机组的不同运行模式。

夏季新风机组运行在除湿冷却模式下，以溶液为工质，吸收空气中的水蒸气，需不断向新风机组提供浓溶液以满足工作需求，溶液循环系统的工作原理参见图8-5。浓溶液泵从位于一层机房的浓溶液罐中抽取浓溶液输送到各层机房的新风机组，溶液和空气直接接触进行热质交换，吸收空气中的水蒸气后，溶液变稀，通过溢流的方式流回稀溶液罐。由于一层的新风机组和储液罐没有高差，无法形成溢流，采用控制液位的方式，用泵把

第8章 温湿度独立控制系统工程案例分析

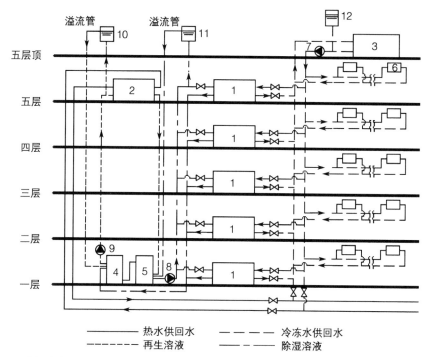

1—新风机组；2—再生器；3—风冷冷水机组；4—稀溶液罐；5—浓溶液罐；6—风机盘管；7—冷冻水泵；8—浓溶液泵；9—稀溶液泵；10—稀溶液溢液箱；11—浓溶液溢液箱；12—膨胀水箱

图 8-5 溶液系统和水系统原理图

稀溶液抽回储液罐。溶液采取集中再生方式，从稀溶液罐中抽取溶液送入位于五层机房的再生器，浓缩后的浓溶液也通过溢流的方式回到浓溶液罐。热网中的热水提供再生所需的能量，设计供回水温度为 75/60℃。进出再生器的溶液管之间有一个回热器，回收一部分再生后溶液的热量，提高系统效率。为了使系统运行稳定，利用供水管网定压的原理，在除湿溶液管路和再生溶液管路中各增加一个储液箱，每个储液箱上设有一根溢流管，多余的溶液通过溢流管回流到溶液罐。新风机组与再生器的工作原理参见第 6 章 6.3 节，此处不再赘述。系统中设计储液量为 3m³（约 4.5t 溶液），可蓄能 1070MJ，根据负荷计算结果，空调潜热负荷约为 90kW，在不开启再生器的情况下，系统可连续工作 3.3 个小时。实际上，系统很少运行在设计负荷下，一般情况下蓄满浓溶液可满足一天的除湿要求。图 8-5 右半边是水系统原理图，由电动制冷机产生的 18℃冷水输送到新风机组和室内盘管。

冬季运行时，关闭图左边的溶液循环系统，新风机组通过内部溶液循环，实现对室内排风的全热回收，从而有效的降低了新风处理能耗。此时关闭制冷机，热网的热水进入风机盘管向室内供热。

由于 LiBr 溶液的物性与水相比有较大的差异，在进行溶液系统设计计算时必须考虑溶液物性的影响，溶液的相关物性参数详见附录 B。当溶液泵向具有开式液面的溢液箱提供溶液时，泵的扬程主要由两部分组成：上下自由液面的高差（储液罐到溢液箱）和管路系统的阻力损失，如（8-2）式所示。

$$H = Z + h_f + h_m \tag{8-2}$$

式中，Z 为上下自由液面的高差（折合成水柱），m；系统管路的阻力损失包括沿程阻力损失 h_f 和局部阻力损失 h_m，m。根据负荷计算结果，浓溶液承担的冷量约为 90.7kW，单位体积的溶液蓄能能力约为 350MJ/m³，因此所需溶液流量为 0.26 L/s（930L/h），考虑到溢流量和一定的余量，溶液实际流量为 0.4L/s（1440L/h）。假定溶液流速为 1m/s，则计算得到应选取溶液管路的直径为 0.02m，校核后流速为 1.27m/s。

由于溶液对镀锌管或普通不锈钢管有腐蚀性，管路系统采用 CPVC 材质，管道的当量糙粒高度 $K = 0.006$mm。

$$\mathrm{Re} = \frac{ud}{v} = \frac{1.27 \times 0.02}{2 \times 10^{-6}} = 12700 \tag{8-3}$$

根据雷诺数判断，管内溶液流动状态处于紊流过渡区。根据适用于紊流三个区的阿里特苏里公式，得到沿程阻力损失系数为：

$$\lambda = 0.11 \left(\frac{K}{d} + \frac{68}{\mathrm{Re}} \right)^{0.25} = 0.0302 \tag{8-4}$$

取管道长度为 $l = 20$m，则沿程阻力损失为：

$$h_f = \lambda \times \frac{l}{d} \times \frac{v^2}{2g} = 2.5 \text{m} \tag{8-5}$$

局部阻力损失的计算公式为，取 $\zeta = 5$，得到：

$$h_m = \zeta \times \frac{v^2}{2g} = 0.4 \text{m} \tag{8-6}$$

上下自由液面的实际高差为12m，由于溶液的密度是水密度的1.5倍，对泵产生的静压比相同高度的水柱大50%，因此溶液泵的所需扬程为：

$$H = 12 \times 1.5 + 2.5 + 0.4 = 20.9 \text{m} \tag{8-7}$$

考虑到一定的设计余量，泵的扬程设计为25m。泵的选择除了要满足扬程和流量外，还要考虑泵体本身材料的耐腐蚀性，以及泵体结构的密封性等。一般离心泵采用动密封，这样做很难保证无泄漏。磁力驱动泵靠外磁钢带动内磁钢，内磁钢来带动叶轮旋转的办法驱动，由静密封取代了动密封，一般密封性能更加可靠。因此，溶液系统中选用磁力驱动泵。

8.1.2 系统运行调节

8.1.2.1 送风湿度控制

一般建筑物室内湿源主要是人员产湿，新风量根据人数控制，因此送风含湿量相对稳定。当室外新风含湿量变化时，如何调节使得送风含湿量达到设定值是关键问题。通过测试发现：送风的温度、相对湿度和与之对应的溶液槽中的溶液温度、密度存在很好的线性关系，如图8-6、图8-7所示。那么一种很自然的控制逻辑就是通过控制溶液的温度和密度，从而控制送风的温度和相对湿度，进而控制所需的送风含湿量。实际过程中，槽中溶液的密度可通过补充的浓溶液密度和流量调节，而溶液温度受回风参数及除湿量等诸多变量的影响，不易控制。如前所述，送风的温度可不作限制，因此可通过测量送风温度，结合要求的送风含湿量算出要求的送风相对湿度，通过线性关系算出所需的溶液浓度，最后通过调节补充浓溶液的密度或流量得到。

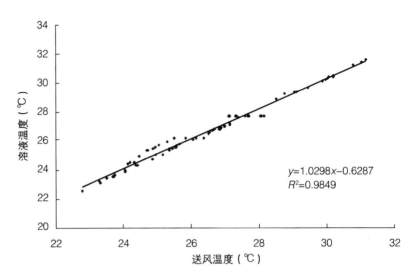

图 8-6　送风温度和溶液温度的线性关系

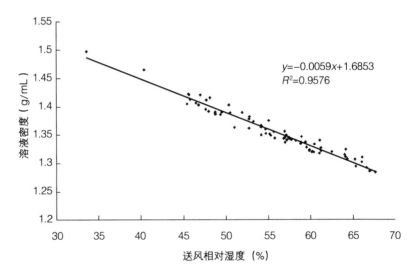

图 8-7　送风相对湿度和溶液密度的线性关系

(测试范围是新风温度变化从 24.8~33.9℃，相对湿度变化从 40.1%~80%)

8.1.2.2　再生器的控制

溶液系统中，需要供给新风机浓溶液，吸湿后的稀溶液进入再生器浓缩再生，完成溶液循环，如图 8-8 所示。新风机一般按照最大负荷选型，需随时提供充足的新风。如果再生器也按照最大负载选型的话,当新风机在部分负荷下运行时,而且大多数情况下也是如此,再生器将处于频繁的间歇运行状态,热源供应随负荷变化也存在峰谷差,而利用城市热网供热则希望有稳定的热负荷。由于溶液具有很好的蓄能能力,带来的好处是再生器可按平均负载选型,用蓄存的浓溶液满足平均负载能力和最大负荷的差别。这个平均的概念可以是负荷最大日平均,或若干天的平均,平均负载与最大负荷的差别决定了蓄能的规模。由于溶液本身价格昂贵,蓄能规模应适度。

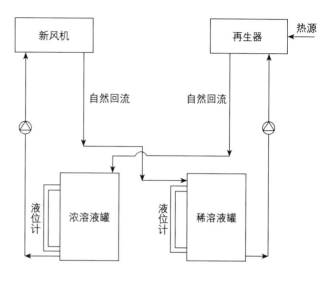

图 8-8 系统运行示意图

为保证有充足的浓溶液满足新风机除湿要求,可根据浓溶液罐液位高度控制再生器的启停。当除湿负荷大于再生器的再生能力时,即再生器提供的浓溶液量小于新风机所要求的供给浓溶液量,此时浓溶液的液位将持续下降,直至除湿负荷减小或关闭新风机组,但再生器继续工作,稀溶液被浓缩储存在浓溶液罐中,液位不断上升。当浓溶液罐液位达到一定高度后,系统中所有的稀溶液都被浓缩为浓溶液,此时再生器关闭。

城市热网供热希望系统能有稳定的热负荷,蓄能的使用可在最大程度上满足这一要求,有利于管网调节及降低设备容量。而且溶液蓄能增加了系统抵抗热源风险的能力,当热源由于某些原因停止供应时,依靠蓄存的浓溶液系统仍可维持一段时间。

8.1.2.3 防止结露

采用干式末端供冷,室内露点温度应低于冷水供水温度。冷水温度一般为 18~20℃,即室内露点温度应不高于 18℃,对应含湿量约为 13g/kg。新风承担室内湿负荷,送风含湿量约为 9~11g/kg,风量约为 0.5~1 换气次数。在室外比较潮湿的情况下，新风含湿量达到20g/kg，如果通过门窗渗透进来的新风量是送风量的55%［送风含湿量设为9g/kg，(13－9)/(20－13)＝0.55］，约为0.25～0.5换气次数，忽略室内产湿及水蒸气分布不均匀性，此时室内达到结露临界值。可见，渗透进来很少的新风量都会产生结露的危险。因此采用干式末端供冷，必须保证门窗的气密性，尤其在潮湿季节，应严格关闭门窗，防止结露。为增加安全性，可在房间安装湿度传感器，当室内露点温度高于供水温度时，自动切断本房间水路电磁阀并报警提示。

8.1.2.4 其他需注意的问题

1. 溶液的腐蚀性

本系统中由于采用溴化锂溶液具有较强的腐蚀性，对于设备以及管路的耐腐蚀性要求较高，故所有采用的管道、阀门、水泵、储液罐等，均有严格的防腐蚀要求。常见的工程材料有 ABS（丙烯腈-丁二烯-苯乙烯）、PVC（聚氯乙烯）、UPVC（硬聚氯乙烯）、CPVC（氯化聚氯乙烯）、PVDF（氟化氟亚乙烯）、RPP（三型聚丙烯）等等。其中，CPVC 良好的耐温和耐化学侵蚀性，使得它能够承受强酸、强碱及盐水的腐蚀，而且有较高的使用温度，对 LiBr 和 LiCl 的耐受温度达到80℃。本系统中的溶液管路部分全部采用 CPVC 工业管路。由于溶液的腐蚀性较强，在施工中应防止管路泄漏。

2. 开式系统

该系统为开式系统，新风机和再生器的溶液槽内的溶液表面为自由液面，溶液罐内溶液表面也是自由液面，溶液泵的扬程包括管路流动阻力和立管溶液柱所产生的压强。溶液的粘滞系数大，管路阻力大，对泵的选型也有影响。本系统溶液泵采用氟塑料离心泵，具有良好的耐蚀性。由于溶液密度较大（1400～1600kg/m³），需选配较大的电机，以满足流量、扬程的要求。另外，溶液通过溢流的方式回到溶液槽，溢流管的坡度和管径需仔细设计校核。

8.1.3 系统的性能测试

本工程于2003年10月竣工，从11月开始进入供暖季节。为了解该示范工程的溶液除湿空调系统的运行情况,分别对夏季工况及冬季工况进行了测试。冬季测试从 2003 年 12 月至 2004 年 2 月,夏季测试从 2004 年 7 月至 8 月。

测试的内容包括:所有房间逐时的温、湿度,新风机组的工作性能,再生器的工作性能,系统的能耗情况等。测点包括空气的干球温度、相对湿度和流量,溶液的温度、密度和流量,冷机冷水的温度和流量,再生器热水的温度和流量。所有的测量仪器均经过校准,最大误差不超过 3%,测试原理图见图 8-9。

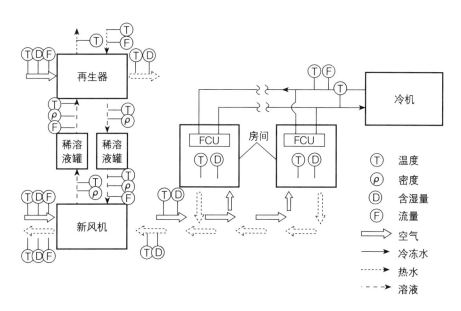

图 8-9 系统运行示意图

新风机和再生器中进行的热质交换过程应遵循能量平衡原则,因此可用能量平衡关系来检验所测数据的可靠性。新风机在夏季除湿冷却模式运行时,由于溶液进出口的焓差和新风与回风的焓差相比很小,可以忽略不计,因而能量守恒关系可以表示为:新风进出口的焓差应该等于回风进出口的焓差。图 8-10 显示了所测新风机 80 多组工况下的能量平衡情况,绝大部分误差小于 15%,由此证明了所测数据的可靠性。

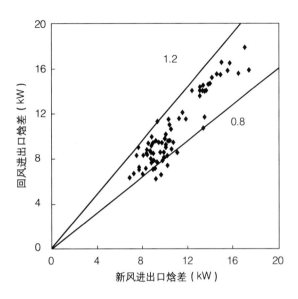

图 8-10 测试数据的能量平衡

8.1.3.1 空调房间温湿度

测量各个房间逐时温、湿度主要有两个目的：一是温、湿度是评价室内热舒适的重要指标，通过测量考察该温湿度独立控制空调系统能否提供一个舒适的室内环境；二是室内风机盘管在干工况下运行，没有设计凝水排放管路，因此室内露点温度必须控制在低于冷冻水供水温度，才能保证不会结露。

图 8-11 给出了从 7 月 1 日～31 日室外干球温度、露点温度和室内干球温度、露点温度的变化情况，可看出室内温度大致在 24～27℃ 之间，相对湿度为 40%～60%，室内维持一个较为舒

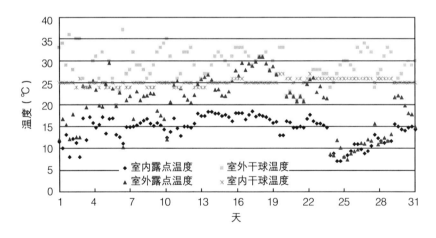

图 8-11 七月份各点温度变化图

适的环境。而室内露点温度始终低于冷冻水供回水 18/21℃，不会结露。

8.1.3.2 能耗分析

新风机性能测试的结果详见第 6 章 6.3 节。一般来说，空调系统的能耗包括两部分：输配系统能耗和冷（热）源能耗。以下分别从这两方面对溶

液式空调系统和常规空调系统进行比较。溶液除湿空调输配系统的电耗，见图 8-12。该空调系统包含 5 台新风机组和 1 台集中式溶液再生器，可提供 53.5kW 的冷量，输配系统总的电耗为 16.8kW。为了比较方便，构建一个可满足相同功能的传统空调系统，如图 8-12（b）所示，右半边和溶液除湿空调系统一样，左半边用冷机代替溶液系统除湿。

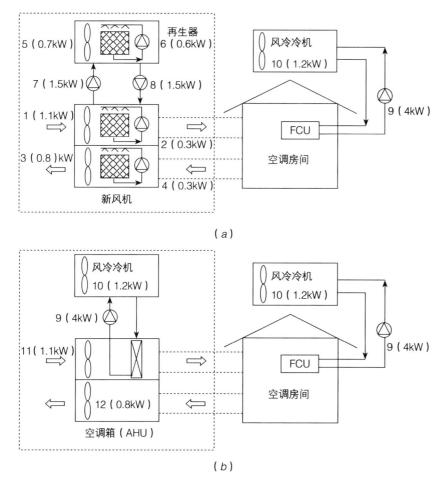

1—送风机；2—新风机内部溶液泵（上）；3—排风机；4—新风机内部溶液泵（下）；
5—再生器风机；6—再生器溶液泵；7—稀溶液泵；8—浓溶液泵；9—冷冻水循环泵；
10—冷凝器风机；11—空调箱送风机；12—空调箱排风机

图 8-12 溶液除湿空调系统和常规空调系统输配能耗比较
（a）基于溶液除湿的温湿度独立控制空调系统；（b）常规空调系统

该传统空调系统的输配能耗通过对比或经验估计得到。采用盘管冷凝除湿，代替了新风机里安装的填料（为增强溶液与空气的热质交换效果），由于空气通过盘管的压降和通过填料的压降差不多，所以风机的功率假定相同；而新风机内部的溶液循环泵需要消耗额外电量。冷冻水代替浓溶液进行除湿，由于冷冻水的储能密度比溶液小不止一个数量级，因此除湿量相同的情况下冷冻水的流量比溶液的流量大得多，溶液系统的沿程阻力可忽略。而由于溶液是开式系统，绝大部分泵功消耗在提升溶液的静压上。虚线框中的冷机和再生器类似，都是给除湿过程提供能量（冷冻水或浓溶液）。总的来说，溶液除湿空调系统的输配能耗和传统空调系统差不多。

冷（热）源能耗主要取决于空气处理过程。溶液除湿空调系统可实现独立除湿，冷源能耗的经济性主要体现在两个方面：一是处理显热负荷的制冷系统的 COP 提高，二是处理潜热负荷的新风机组采用低品位热源驱动，这部分能源有时是免费的，如采用太阳能或废热等，即使没有免费热源，一般价格也相对较低。以下从运行的经济性对湿度独立控制空调系统和传统电压缩制冷系统进行比较，得出湿度独立控制空调系统的适用情况。

比较分析遵循以下条件：湿度独立控制空调系统是溶液除湿加电压缩制冷提供 18℃ 冷水，传统空调形式是电压缩制冷提供 7℃ 冷水。两种空调形式运行时间相同，控制相同的室内状态。

湿度独立控制空调系统运行费 Z_1 为：

$$Z_1 = \frac{L \times x}{\eta} \times J_H + \frac{L \times (1-x)}{\varepsilon_{18}} \times J_E \tag{8-8}$$

传统空调系统运行费 Z_2 为：

$$Z_2 = \frac{L}{\varepsilon_7} \times J_E \tag{8-9}$$

溶液除湿空调运行费与常规电压缩制冷空调运行费之比可写成：

$$Y = \frac{Z_1}{Z_2} = x \times \frac{\varepsilon_7}{\eta \frac{J_E}{J_H}} + (1-x) \times \frac{\varepsilon_7}{\varepsilon_{18}} \tag{8-10}$$

式中，L 是建筑物的总负荷；x 代表总负荷中潜热负荷的比例；ε_7 和 ε_{18} 分别是冷机产生 7℃ 和 18℃ 冷水的 COP，其值由设备本身的工作性能决定；η 是溶液除湿系统的能效比，也由设备本身性能决定；J_E 和 J_H 分别是电价和热价，单位为元/GJ。

对不同的建筑来说，有两个因素决定 Y 的大小，一是潜热负荷比例 x，另一个就是电热价之比。由于溶液除湿系统采用热水驱动，引入电热价比的概念使得两种系统在经济上具有可比性。

对一般电压缩制冷系统来说，蒸发温度提高，制冷效率提高，即 $\varepsilon_{18} > \varepsilon_7$，通过对制冷系统的模拟计算，整个空调季节平均效率为 $\varepsilon_{18} = 7.34$ 和 $\varepsilon_7 = 4.42$。图 8-13 反映了运行费之比随潜热负荷比例及电热价比的变化情况。当 $Y < 1$ 时，表明湿度独立控制空调系统有更好的经济性。根据对实际系统的测试结果，潜热负荷比例约为 50% 左右，令 $Y = 1$，可得电热价比值为 2.1，也就是说当电热价比值大于 2.1 时，湿度独立控制空调系统运行费低。目前，如果电价是 0.5 元/(kW·h)，热价为 35 元/GJ，则电热价比为 4，这样该湿度独立控制的空调系统运行费仅为电压缩制冷系统的 60%~70%。

8.1.4 小结

溶液式空调系统能够以较低的能源消耗和较小的环境影响提供健康、舒适的室内环境，具有良好的发展前景。本节对溶液式空调系统进行应用研究，建立了一整套系统设计方法，提出系统全年运行调节方案，以此

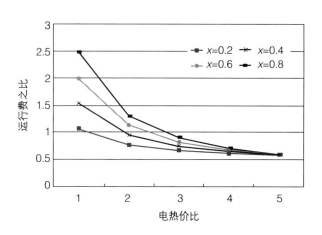

图 8-13 运行费之比随电热价比及湿负荷比例的关系
（x 代表湿负荷占总负荷的比例）

为基础建造了国内外首个以城市热网热水驱动的溶液式空调系统工程。一年的运行实践表明，该系统能够稳定地运行，能耗较低，提供了舒适的室内环境。

(1) 建立了一整套溶液式空调系统设计方法，包括特有的开式溶液循环系统设计，提出全年运行调节方案，为整个溶液式空调系统稳定运行提供基础；

(2) 建造了国内外首个以城市热网热水驱动的溶液式空调系统工程。该系统主要由溶液式新风机组、电压缩制冷机及城市热网组成。溶液处理新风承担新风负荷及建筑物潜热负荷，结合电压缩制冷机产生18℃冷水承担显热负荷，实现了温、湿度独立控制。通过该示范工程，为优化城市能源供应系统及大规模应用积累实践经验；

(3) 该系统已经实际运行一个空调季和两个供暖季。测试表明，该系统可提供健康、舒适的室内环境。空调季运行时，系统综合能效比达到1.5，再生效率达到0.85；供暖季运行时，新风机的全热回收效率约为50%。如果电价是0.5元/(kW·h)、热价为35元/GJ（电热价比为4），该系统运行费仅为电压缩制冷系统的60%~70%，具有很好的应用前景。

8.2 热泵驱动的温湿度独立控制空调系统

8.2.1 示范工程与系统设计介绍

8.2.1.1 建筑概况

上海市建筑科学研究院生态示范楼位于上海市莘庄工业区申富路，建筑面积约2000m²，共4层。该建筑一层主要为中庭、展示大厅和控制机房，二、三层主要为办公室、会议室，四层为设备层，主要空调设备均安装在该层。该建筑采用空气源热泵驱动的温湿度独立控制空调系统，建筑及空调设备照片，见图8-14。

(a) (b)

图 8-14 建筑及空调设备实景

(a) 建筑实景；(b) 空调设备

8.2.1.2 建筑负荷及空调设计参数

1. 室、内外空调设计参数

根据上海市空调设计参数及生态概念楼的有关特点，确定空调设计参数，如表 8-2 所示。

空调设计参数　　　　　　　　　　表 8-2

类型	温度（℃）	相对湿度（%）	含湿量（g/kg）	湿球温度（℃）
室外新风	34	63	21.2	27.2
送风	24	45	7.3	16.1
回风	26	55	11.6	19.4

2. 建筑的空调总负荷及新风负荷

生态楼建筑面积约 2000m^2，除去有特殊环境要求的实验室（其空调系统另配）外，约有空调面积 1200m^2。建筑内人员总数设计 80 人，新风量设计指标为每人每小时 50m^3，空调总新风量为 4000m^3/h。经计算，空调系统的夏季设计冷负荷为 110kW，其中新风负荷为 58kW，占总负荷的 50% 以上。因此，新风处理系统的节能对整个空调系统的节能尤为重要。

8.2.1.3 温湿度独立控制的空调系统

该建筑的空调系统采用具有温湿度独立控制的溶液除湿空调系统,包括一台溶液热回收型新风机组、一台溶液再生器、2个储液罐和一台空气源热泵。新风经过处理后直接送到各空调房间,满足房间的卫生需求,并且承担人员和景观植物的湿负荷。房间内使用干式风机盘管处理显热负荷,冷冻水温度为 18～21℃,所以不会产生冷凝水。

整个温湿度独立控制空调系统在夏季的工作原理图,如图 8-15 所示,其中热泵是整个空调系统的驱动源。热泵采用大温差高温热泵机组,热水的出水温度可以在 75～35℃ 之间变化,而冷水侧的出水温度也可以根据空调末端的需求在 14～20℃ 之间变化。在该系统夏季运行时,热泵产生的冷冻水大部分(约70%)供给室内末端的干式风机盘管,用于去除室内的显热负荷,小部分(30%)的冷冻水则进入带溶液热回收的除湿新风机,带走除湿过程中产生的热量。热泵产生的热水则送入再生器,对因为除湿而稀释的溶液进行浓缩再生。再生后的浓溶液进入浓溶液罐储存起来供新风机使用,如果储液罐中的浓溶液量已经达到该日的除湿需求,则关闭再生

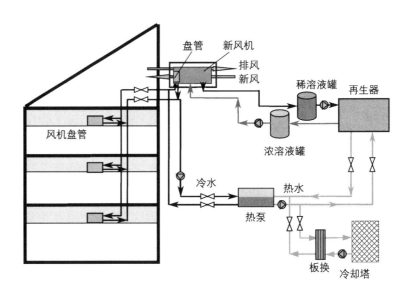

图 8-15 溶液空调系统夏季运行原理图

器，同时打开冷却塔，热泵产生的热水通过一个中间热水板换把热量送到冷却塔散掉，以保证热泵的正常运行。由于此时热水温度可以降到40℃左右，因此热泵的COP会有大幅度的提高。新风机是该温湿度独立控制系统中的又一个重要设备，其主要作用是吸收水分，将新风的含湿量降到送风设定值。两个储液罐的作用是将再生得到的浓溶液蓄存起来，以适应系统的热湿负荷变化。两个储液罐最多可以蓄存2吨约50%浓度的溴化锂溶液，可满足整个大楼约5个小时的除湿需求。由于浓溶液蓄能是蓄存化学能，因此储液罐不需要任何保温措施，结构简单、制造方便，仅在使用时注意顶盖的密封即可。

温湿度独立控制空调系统在冬季的运行原理如图8-16所示。热水由一台燃气锅炉提供，通过热水板换，将锅炉出口的高温热水换热为60℃左右的空调热水送到末端的风机盘管与新风机。此时新风机通过稀溶液对室外新风进行加湿，同时用热水加热新风，使得送到各空调房间的新风温度比较舒适。两个储液罐在冬季均放置稀溶液，由于新风机对空气进行加湿的

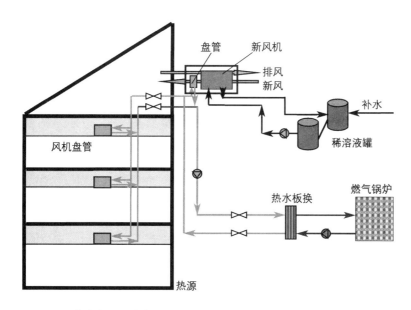

图8-16 溶液空调系统冬季运行原理图

过程中溶液会被浓缩，因此使用自动补水装置对溶液进行稀释，满足加湿需求。在冬夏两季共用一套冷热水管路，中间通过阀门切换达到上述运行效果。

8.2.2 新风处理装置和室内送风末端装置

该系统中新风处理装置为一台带全热回收的溶液新风机，新风机的工作原理参见第6章6.4节。新风机由三级全热回收装置和单元喷淋模块组成，新风经过三级全热回收后，再进入单元喷淋模块进一步处理，从而达到送风参数的要求。

夏季，自新风机流出的稀溶液需要浓缩再生才能重新使用，再生器由两级再生装置组成，详见第6章6.4节。采用空气源热泵的冷凝器产生的热水作为溶液浓缩再生的能量来源。

一层门厅和会议室以及二层的大办公室新风均通过风机盘管送出，其他房间新风通过室内的圆形风口送风，这些风口都设置有风量调节阀，可以根据室内人员的数量调节送风量。

8.2.3 热泵和余热去除末端装置

该示范建筑中，去除显热的冷源为一台大温差高温热泵，不同于一般热泵之处在于可以产生满足再生要求的热水（75~70℃）。其主要作用包括：一方面，产生18~21℃的高温冷水为风机盘管提供冷源，处理空调的显热负荷；另一方面，系统在进行溶液再生时，热泵产生的冷却水不是常规的35~45℃的热水，而是能够出70~65℃的热水，以驱动再生器进行溶液的浓缩再生。这样，通过同时利用热泵的制冷和排热，以及对空调室内排风进行全热回收，提高了整个空调系统的能效比。当然，在系统不进行溶液再生时，热泵的冷凝水温度可以运行在35~45℃左右，通过冷却塔散热，以提高热泵运行效率。该热泵有关参数，如表8-3所示。

热泵机组性能参数表　　　　　　　　　　表 8-3

供热水		冷冻水进水、出水温度										
出水温度（℃）	进水温度（℃）	冷冻水进水温度18℃ 冷冻水出水温度16℃				冷冻水进水温度19℃ 冷冻水出水温度17℃				冷冻水进水温度20℃ 冷冻水出水温度18℃		
		制热量（kW）	制冷量（kW）	输入功率（kW）	制冷COP	制热量（kW）	制冷量（kW）	输入功率（kW）	制冷COP	制热量（kW）	制冷量（kW）	输入功率（kW）	制冷COP
60	55	74.92	59.10	19.57	3.02	77.57	61.55	19.99	3.08	80.22	64.06	20.40	3.14
65	60	70.87	54.50	20.20	2.70	73.52	56.90	20.62	2.76	76.17	59.30	21.03	2.82
70	65	66.82	49.97	20.80	2.41	69.47	52.40	21.22	2.47	72.12	54.72	21.63	2.53
75	70	62.75	45.51	21.30	2.14	65.40	47.77	21.72	2.20	67.05	50.01	22.13	2.26

同时，由于采用了温湿度独立处理和控制的新的空调方式，用于处理显热负荷的冷水温度在18℃以上，高于室内空气的露点温度，因此可以采用干工况（无凝水盘和凝水管）的风机盘管，作为房间的空调末端设备，处理房间的显热负荷。

根据前文所述的空调设计参数可以分析一下室内是否能够保证风机盘管运行于干工况，也就是目前的新风量能否满足房间内的排湿需求：室内干球温度26℃，相对湿度55%，含湿量为11.6g/kg，新风送风的绝对湿度最低可以处理到7~8g/kg，取新风送风绝对湿度为8g/kg，则每处理1g湿量，需要的新风送风量为0.231m³，即0.231m³/g。人体产湿按照150g/(人·h)计算，去除一个人的产湿量，需要新风量为：150×0.231＝35m³/h。而目前新风量设计标准50m³/(人·h)，于是可以得出，在设计的新风量下，新风能够将房间人员的产湿量全部带走，不存在房间内空气结露的危险。房间内工作的风机盘管，能够在干工况状态下运行。

这样，该空调系统使用新风除湿机处理空调的湿负荷（即潜热负荷）；使用干式风机盘管处理空调的显热负荷；同时利用热泵提供的高温冷水给风机盘管供冷，利用热泵的排热驱动再生器对溶液进行浓缩。利用风系统控制室内湿负荷，利用水系统控制室内显热负荷，以实现温湿度独立控制的新型空调系统。

8.2.4 系统运行分析

8.2.4.1 夏季溶液除湿系统运行策略

由于热泵本身的特点决定了其冷量和热量的出力之间存在确定的关系，即：冷量＋压缩机耗电量＝热量。因此，在使用热泵驱动的溶液除湿空调系统中，如果采用常规的新风机与再生器同时开启运行的方式，则热泵产生的热量可能会大于再生器所需要的热量。图 8-17 显示了该系统所采用的热泵在不同再生温度下所能提供的热量与再生器需要的热量之间的关系。从图中可以明显看出，这两个热量之间是很不平衡的，多余部分的热量不能被使用而需要通过冷却塔散掉，导致系统的能源利用效率降低。

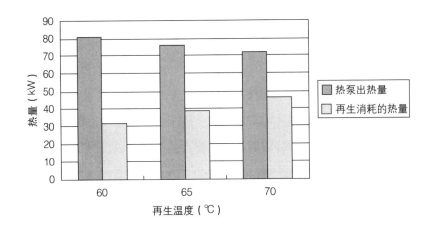

图 8-17 不同再生温度下热泵出热量与再生耗热量的比较

解决这一矛盾的有效方法是采用一种所谓"分时运行"的策略，采用双工况切换运行，使系统的效率和能源利用率达到最优。具体来说，这种分时运行的策略采用以下方式来实现。

1. 溶液浓度与储液罐液位高度的关系

系统中的溶液罐可以蓄存 2t 浓度为 50% 的溴化锂溶液，储液罐中的溶液浓度与液位高度之间存在一定的关系，计算结果显示二者之间存在线性关系，如图 8-18 所示。

2. 分时运行的方法

根据溶液浓度与储液罐中液位高度之间的关系，在储液罐中设置高液位和低液位传感器，每天系统初始运行时新风机、再生器和热泵全开，热泵制备出 70℃ 高温热水用于溶液的浓缩再生，且热水全部输入再生器。随着再生过程的进行，储液罐中的液位高度不断下降，液位下降至下液位时（约 3~4 小时），表明目前的溶液浓度已经足以满足除湿的需求，此时关闭再生器，并开启冷却塔，热泵切换到出 37℃ 左右低温热水的工况，此时热泵的制冷量和 COP 都有明显提高，而储液罐中蓄存的溶液基本可以满足当天剩余 5 个小时的除湿需求。随着除湿过程的进行，储液罐中的溶液浓度逐渐变小，液位也开始上升，待液位上升至上液位时，开启再生器并关闭冷却塔，热泵运行高温工况满足再生需求。在分时运行策略下，两个储液罐的运行原理，如图 8-19 所示。

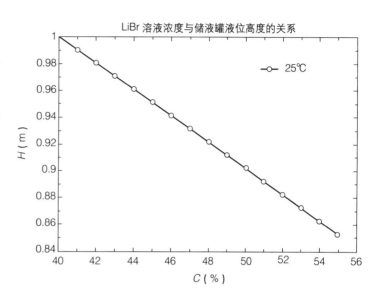

图 8-18 溴化锂溶液浓度与液位高度的关系（25℃）

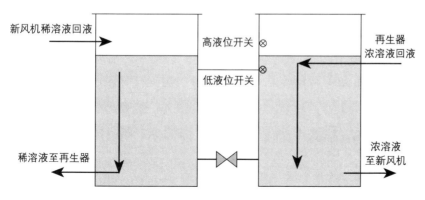

图 8-19 分时运行策略下储液罐运行原理图

8.2.4.2 夏季典型日运行结果分析

根据夏季典型低温高湿日和高温高湿日两个典型天气,分析温湿度独立控制的溶液除湿系统运行情况。

1. 典型低温高湿日

上海的低温高湿日即梅雨季节,在此期间,气温一般在 26~32℃左右,空气相对湿度在 60%~90% 左右,因此给人体的感觉是空气非常闷、舒适度很差。由于此时空气温度并不是很高,建筑的显热负荷并不是很大,因此运行再生工况时热泵出 70℃ 热水,可以在室外空气含湿量比较高的时候保证比较高的再生效率。再生器运行约 3 个小时后,溶液即可达到比较高的浓度(49%左右),储液罐液位也相应到达低液位高度,此时关闭再生器,热泵切换到低温热水(37℃左右)工况。如果当日气温低于 26℃,可以关闭热泵,系统仅开新风机除湿,即可满足空调房间的舒适性要求。图 8-20 (a) 和图 8-20 (b) 显示了在这一运行策略下,新风机的送风、回风、排风和室外新风的温度和含湿量的变化。从图中可以看到,室外空气的温度在 26~30℃ 之间变化,送风的温度在上午的再生阶段为 24~26℃ 之间,到下午运行除湿工况时稳定在 24℃ 左右。室外新风的含湿量变化不大,基本稳定在 16g/kg 左右,送风含湿量基本在 7.5~9.5g/kg 之间变化,因而能够完全保证室内空气的舒适性。图 8-20 (c) 显示了系统综合能效比随时间的变化。该温湿度独立控制溶液除湿系统的综合能效比定义为:

$$COP_z = \frac{热泵供给室内冷量 + 新风机提供冷量}{热泵耗电量} \tag{8-11}$$

从图中的结果可以看到,由于采用了分时运行的策略,当运行再生工况时,由于热泵冷凝温度比较高,因此系统综合能效比在 2.8 左右;当关闭再生器仅运行除湿工况时,由于热泵此时运行在低温热水工况下,系统综合能效比达到 6 左右。全天综合来看,系统综合能效比约为 4.7,高于常规电动压缩式冷水机组的能效比。图 8-20 (d) 是再生器效率随时间的变化曲线,再生器运行时投入的是热量,而得到的是浓缩后的溶液,因此再生器的效率定义为：

$$\eta_r = \frac{溶液浓缩的潜热}{再生加热量} \quad (8-12)$$

从图中可以看到再生器的效率在 0.7~0.8 之间变化，随着再生温度和入口溶液浓度的变化而有一定的变化，整个再生过程的平均效率为 0.75。

由于采用了分时运行的策略，储液罐中的溶液浓度会随着时间而变化。从上午开机到中午关闭再生器期间，储液罐中溶液浓度一直都在增大，而到了下午随着除湿过程的进行，储液罐中溶液浓度又开始降低，待系统关闭时基本降到了开机时的浓度，如图 8-20（e）所示。

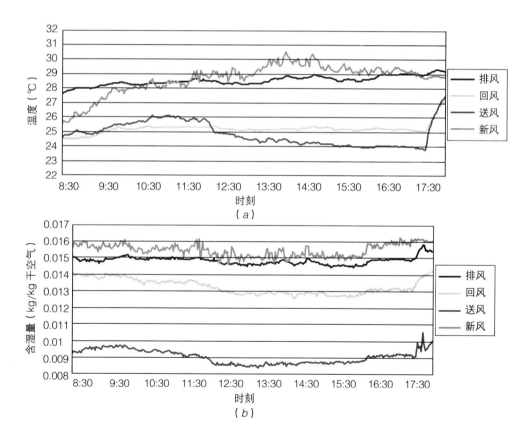

图 8-20　系统运行情况

（a）新风机风系统温度随时间的变化；（b）新风机风系统含湿量随时间的变化

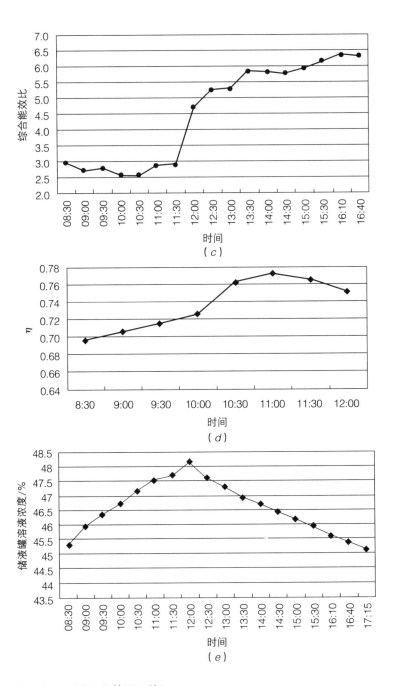

图 8-20 系统运行情况（续）

(c) 系统综合能效比随时间的变化；(d) 再生器效率随时间的变化；
(e) 储液罐中溶液浓度随时间的变化

2. 典型高温高湿日

在夏季更为常见的是高温高湿的天气，由于在上午的时候气温已经比较高了，建筑显热负荷比较大，此时热泵出65℃热水驱动再生器再生，这样既能保证除湿效率，也能兼顾热泵的冷量以满足室内风机盘管消除显热的需求。再生器运行约4个小时左右，溶液即可达到所需的浓度，此时关闭再生器并切换热泵到低温热水的工况。图8-21（a）与图8-21（b）分别显示了在这种运行方式下新风机风系统的温度和含湿量随时间的变化。从图中可以看出，此时室外新风的温度在30~34℃之间变化，含湿量则在

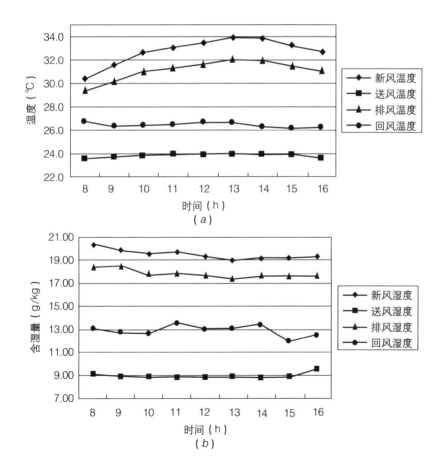

图8-21 新风机送排风参数

(a) 新风机风系统温度随时间的变化；(b) 新风机风系统含湿量随时间的变化

19~21g/kg 之间变化。而送风的温度和含湿量都比较稳定,温度在 24℃ 左右,含湿量基本控制在 9g/kg 左右,此时室内可以保证温度 26℃、相对湿度 55%~60% 的空气状态,完全满足舒适性要求。

3. 冬季运行分析

冬季系统运行模式,如图 8-16 所示,通过热水板换将燃气锅炉的热水换成 40~35℃ 的热水,然后送到室内风机盘管满足室内热负荷。新风机三级全热回收模块对回风进行全热回收,最后一级对热回收后的空气进行进一步加热加湿,以达到送风要求。热水有一小部分送到新风机最后一级的板换,通过加热溶液增强其加湿和加热空气的能力。显然,从新风机流回储液罐的溶液由于对空气加湿而被浓缩,浓度变大,因此需要给储液罐中补水以稀释溶液,保证溶液的加湿能力。补水通过放置在储液罐中的自动补水装置完成,即随着储液罐中溶液变浓,液位下降到一定高度后,自动开启补水电磁阀,待液位上升到正常值时,补水电磁阀自动关闭。图 8-22(a)显示了新风机在冬季某典型日运行的时候,全天消耗的热量随时间的变化,由于早晨的室外空气温度比较低,因此新风机需要消耗的热量比较大。随后,由于室外空气温度的升高,新风机需要处理的负荷变小,因此耗热量也变小。图 8-22(b)显示了新风机的补水量随时间变化的曲线,由于早晨和下午的室外空气含湿量比较大,中午反而比较小,所以中午需要的补水量比较大,全天需要补水量总和为 60kg。

图 8-22(c)和 8-22(d)分别显示了在这种工作模式下该典型日室内外空气的状态,从结果可以看出,室外空气的温度在 -1~5℃ 之间变化,含湿量在 2g/kg 左右变化,应用上述运行策略后,室内空气温度可以控制在 18~20℃ 之间,而含湿量也可以控制在 6g/kg,达到了设计要求,同时也满足舒适性的需求。

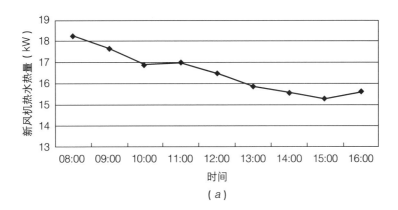

(a)

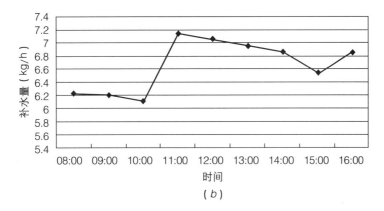

(b)

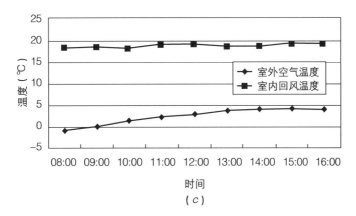

(c)

图 8-22　冬季典型日运行状况

(a) 新风机消耗热水量；(b) 系统补水量随时间的变化；(c) 室内外空气温度随时间的变化

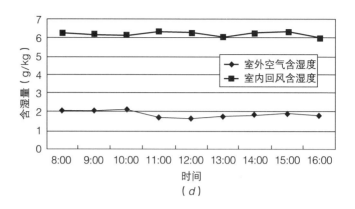

图 8-22 冬季典型日运行状况（续）
(d) 室内外空气含湿量随时间的变化

8.3 楼宇热电联产系统驱动的温湿度独立控制空调系统

楼宇式热电冷联供 BCHP（Building Cooling Heating & Power）系统由于在能量利用上的显著优势，越来越受到人们的关注。BCHP 的发电量可用于满足建筑的供电需求，排热量在冬季可以直接用于建筑供暖，而在夏季如何有效的使用该部分热量满足建筑的供冷需求就成为注目的焦点。当使用内燃机或者带热回收的微燃机时，发电机组的排热量中存在品位不高的热量，例如所能提供热水的温度在 90℃ 左右，如果利用该部分热量驱动热水吸收机制冷，则吸收机的性能系数仅为 0.7 左右。由于溶液除湿系统对再生热源温度要求不高，所以可以直接利用该温度的热源实现溶液的浓缩再生。

在清华大学超低能耗示范建筑中采用的是 BCHP 和溶液除湿系统相结合的能源系统形式。作为技术展示，示范楼内放置了一台 125kW 卡特比勒内燃机和一台 25kW 的斯特林发动机，今后还将安装一台微燃机和一台 10kW 的固体氧化物燃料电池。能源系统的配置重点考虑能量的梯级利用，BCHP 系统发电后的废热在冬季可直接用于供热或用于驱动吸收式热泵，此外烟气冷凝余热充分回收，热电联产系统的总用能效率可达到 95%。夏季系统运行策略与冬季不同，溶液除湿系统提供承担室内潜热负荷的干燥新风，而承担显热负荷的干式风机盘管和冷辐射吊顶所需的 18~21℃ 的冷冻水则可以通过三种方式（微离心式电制冷机、利用内燃机废热的吸收式热泵、直接利用溴化锂浓溶液产生冷冻水的制冷机）产生。由于溶液除湿系统的再生器利用低品位废热的效率就已经很高，因此热电联产的低品位废热全部用于再生溶液，高品位的主要全热用于驱动吸收式热泵制冷，这样制冷机利用高温排烟热量，可达到较高的 COP。溶液系统采用第 6 章 6.4 节介绍的系统形式。新风机由三级溶液式全热回收装置和可调温的单元喷淋模块组成。新风首先经过溶液全热回收装置，回收室内排风能量后，再经过单元喷淋模块进一步处理后，送入室内。该过程热回收效率高，使得新风处理能耗大大降低，可采用 BCHP 缸套水排热等低品位热能作为驱动能源。夏季，回收室内回风的能量，利用溶液循环实现新风的除湿效果，将干燥、低温的新风送入室内。冬季，新风回收排风的能量后，再在单元喷淋模块中进一步加热加湿，达到送风参数的要求。该能源系统形式在《建筑节能技术与实践丛书——超低能耗建筑技术及应用》一书中有详细介绍，此处不再赘述。

本节以北京市的某 2 万 m^2 的示范建筑为例，分析 BCHP 和溶液除湿系统相结合的复合系统的工作原理和全年运行调节策略，并与常规空调方案进行比较。

8.3.1 示范建筑的热电冷负荷分析

该示范建筑属于办公建筑，位于北京市，建筑的外观图，见图 8-23。建筑面积 2 万 m^2，其中地上 1.7 万 m^2，地下 0.3 万 m^2，空调面积 1.4 万 m^2。

空调系统的设计参数为：①夏季空调房间的室内设计参数为 24~26℃、相对湿度在 40%~60%，冬季的设计参数为 20~22℃、相对湿度为 40%~60%；②夏季空调系统的预冷时间为 1 小时，冬季空调系统的预热时间为 2 小时；③人员的新风量需求为 $30m^3/(h·人)$，人员密度为 $8m^2/人$。采用

图 8-23 示范建筑外观图

DeST 软件对建筑物的逐时热电冷负荷进行模拟计算，计算结果见图 8-24 和图 8-25。建筑的最大热负荷为 845kW，最大冷负荷为 1190kW，最大电负荷（不包括冷源耗电）为 469kW。

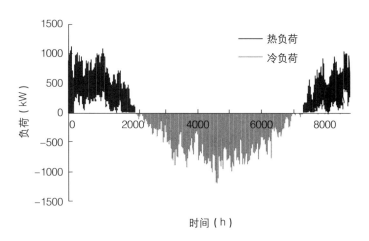

图 8-24 示范建筑逐时热冷负荷

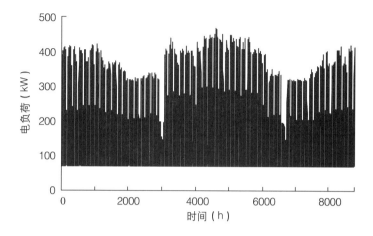

图 8-25 示范建筑逐时电负荷

8.3.2 复合系统的构成

由于内燃机驱动的 BCHP 系统具有较高的发电效率,所以示范建筑选用该形式的发电机组。由于发电机的初投资很大,所以其容量的选择至关重要,示范建筑中发电机容量的选择遵循以下两个原则:① 内燃机所有的排热量应该得到充分的利用;② 发电机采用并网不上网的运行策略,因此发电机的发电量必须用于示范建筑的供电需求,而不能输出到电网上;但建筑的不足电量,可以从电网购买。

图 8-26 是示范建筑所采用的 BCHP 系统的工作原理,内燃机的排热由两部分组成:一是高温烟气,温度在 400~500℃;二是低温钢套水,温度在 80~99℃ 范围内;这两部分热能可以依据品位的不同分别加以利用。高温烟气直接进入吸收机的高压发生器或者通入烟气换热器加热热水,之后通过烟囱排出。钢套水和来自烟气换热器的热水流入再生器或者吸收机的低压发生器。吸收机制备的冷冻水和再生器制备的浓溶液直接供给建筑使用,或者分别蓄存在蓄能罐(热水罐)和储液罐中。该建筑最终选择两台 143kW 的内燃机,发电效率为 35.8%,总效率为 83.7%。内燃机的发电量直接用于满足建筑的供电需求,不足电量由电网补充。内燃机的排热,冬

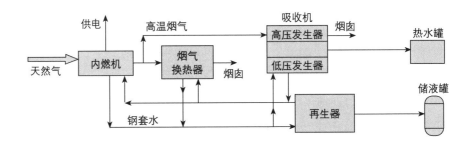

图 8-26　BCHP 系统的工作原理

季用于建筑供热,夏季用于驱动吸收机和溶液除湿系统。

溶液系统采用第 6 章 6.3 节介绍的系统形式。新风机将溶液多级除湿模块与排风热回收模块相结合。夏季,充分利用排风喷水冷却过程释放的冷量,新风首先经过由排风冷却后的溶液喷淋模块,再进入最后一级由 18℃ 冷冻水冷却的喷淋模块,从而达到送风参数的要求。冬季,通过管路切换,溶液在新风和排风之间循环,从而实现排风的全热回收。该新风机组,夏季利用排风蒸发冷却的能量,冬季直接对排风进行全热回收,从而使得新风处理能耗大大降低。示范建筑中,溶液系统由新风机(夏季除湿、冬季加湿)、再生器、储液罐这几个主要部件构成。溶液系统采用分级除湿、集中再生的模式,见图 8-27。

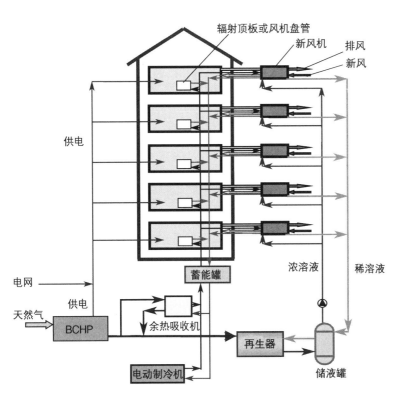

图 8-27　复合系统夏季运行原理图

8.3.3 复合系统的运行模式
8.3.3.1 冬、夏季运行模式

复合系统在夏季的工作原理，见图 8-27，内燃机的排热首先用于满足溶液再生的热量需求，在热量有富裕的情况下，用来驱动双效吸收机制冷，不足冷量由电动制冷机补充；发电量用于建筑供电需求，不足电量由电网承担。在系统中设置溶液蓄存装置和水蓄热蓄冷装置，用于解决热电冷负荷之间的耦合关系，提高发电机的运行小时数。在溶液系统中，由于能量是以化学能的形式，而不是热能的形式存储，所以溶液系统的蓄能能力很大。由于溶液除湿系统承担建筑的潜热负荷，所以可以采用温度较高的冷源（18℃）去除显热负荷。建筑的显热负荷一部分由余热吸收机承担，不足部分由电动制冷机承担。由于冷冻水不必承担除湿的任务，所以制冷机的蒸发温度和COP都明显高于常规制冷机。室内空调形式是：新风系统加辐射顶板（或风机盘管）。新风机承担全部的潜热负荷和部分显热负荷，辐射顶板（或风机盘管）承担剩余的显热负荷。进入辐射顶板（或风机盘管）的冷水温度较高（约为18℃），因此末端设备工作在干工况下，无凝水产生，从而消除了这一室内污染源。

图 8-28 是复合系统冬季运行的工作原理，BCHP 的排热量用于满足建筑的供暖需求，尖峰负荷由燃气锅炉提供；发电量用于满足建筑电力负荷要求，不足部分由电网承担。溶液系统起到全热回收器的作用，充分回收室内排风的能量。室

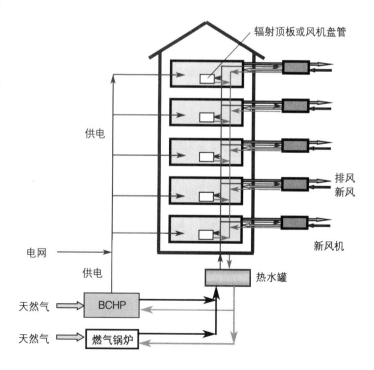

图 8-28 空调系统冬季运行原理图

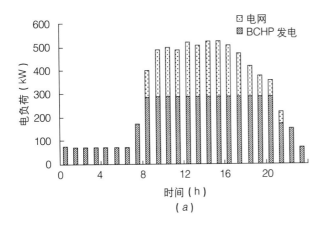

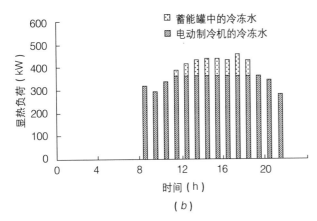

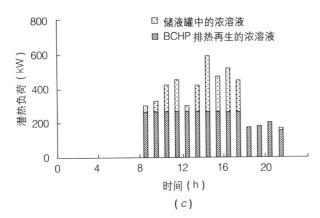

图 8-29 典型高温、高湿日分析

(a) 电负荷；(b) 显热负荷；(c) 潜热负荷

内的空调形式是新风系统加辐射顶板（或风机盘管），新风系统承担湿负荷和部分热负荷，辐射顶板（或风机盘管）承担剩余的热负荷。系统中设有水蓄能装置，冬季用于蓄存热水，夏季用于蓄存冷水。热电联产系统冬季以满足每天的热负荷为原则，初末寒期采取以热定电的运行模式，严寒期采用以电定热的运行模式，当白天发电量不能满足建筑电负荷的需求时，不足电量可通过电网补充；晚上多余的热量可以通过蓄热装置蓄存起来，在白天使用，不足热量通过尖峰锅炉解决。通过蓄能装置可以充分利用热电联产系统的废热，把晚上多余的废热蓄存起来，同时还可以减小尖峰锅炉的装机容量，该建筑中由于蓄能装置的采用，使尖峰锅炉容量由 570kW 下降到 100kW。

8.3.3.2 冬、夏季典型日分析

以夏季典型高温高湿日与高温低湿日、冬季典型低温日这三个典型日为例，分析 BCHP 与溶液除湿空调系统相结合的复合系统的运行模式。

1. 典型高温高湿日

在此高温高湿日，热电联产系统的所有排热均用于再生浓缩溶液、不再有热量驱动吸收机，因此建筑的所有显热负荷和潜热负荷分别由电动制冷机和溶液除湿系统承担，见图 8-29（b）和图 8-29（c）。

图 8-29（a）给出了该日的逐时电负荷变化情况，热电联产系统提供 67% 的电能需求，剩余部分由电网提供。尽管晚上既无显热负荷、也无潜热负荷，电动制冷机和溶液再生装置依旧在晚上运行，制备出来的冷冻水和浓溶液分别存储在蓄能罐（冬季为热水罐）和储液罐中以供白天使用，蓄能装置的运行模式见图 8-29（d）和图 8-29（e）。

2. 典型高温、低湿日

该日逐时的电负荷变化见图 8-30（a），最大电负荷为 460kW，热电联产系统提供 78% 的电能，电网提供剩余 22% 的电能。由于潜热负荷并不像前面的高温高湿日那样大，因而热电联产系统的排热可同时用于再生溶液和驱动吸收式制冷机。与前面相同，热电联产系统同样也在晚上运行，但是产生的废热同时用于溶液的浓缩再生和驱动制冷机，制备出来的浓溶液和冷冻水分别存储在蓄热罐和储液罐中以备白天使用，见图 8-30（d）和图 8-30（e）。大部分显热负荷由吸收机提供，剩余的尖峰负荷由电动制冷机提供，见图 8-30（b）。所有的潜热负荷均由溶液系统承担，见图 8-30（c）。

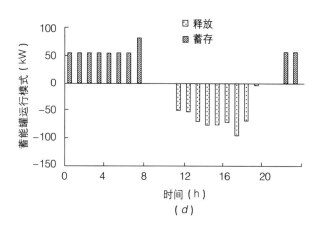

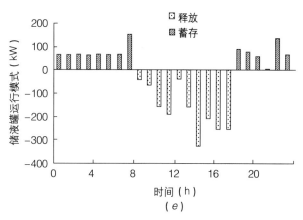

图 8-29 典型高温、高湿日分析（续）
(d) 蓄能罐；(e) 储液罐

3. 典型供暖日

在冬季室外温度非常低的情况下，热电联产系统的排热并不能够满足建筑的全部供暖需求，天然气锅炉用于承担尖峰供暖负荷。热电联产系统提供大部分的建筑用电需求，剩余部分由电网提供。在供暖季，蓄热罐仍然运行，而储液罐停止使用。该典型日的逐时电负荷、热负荷和蓄热罐的

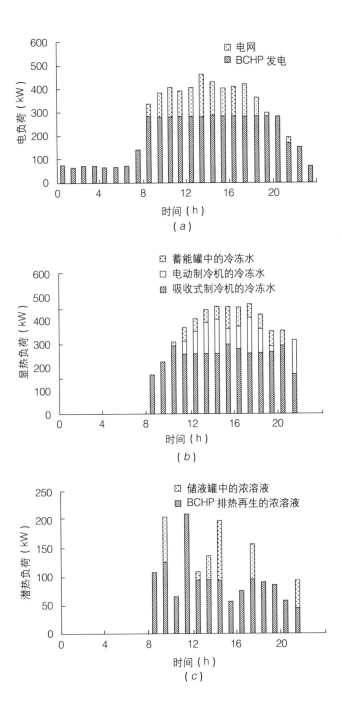

图 8-30 典型高温、低湿日分析

(a) 电负荷；(b) 显热负荷；(c) 潜热负荷

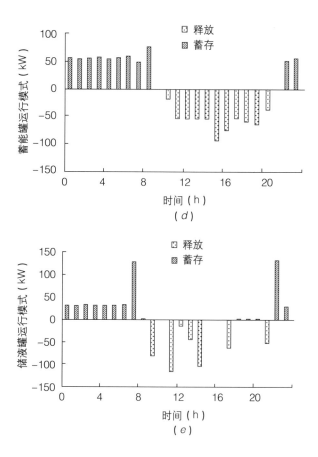

图 8-30 典型高温、低湿日分析（续）

(d) 蓄能罐；(e) 储液罐

运行模式，见图 8-31。与上述夏季的典型日相同，虽然晚上无热负荷需求，热电联产系统依然在夜间运行，排热量蓄存在蓄热罐中以备白天使用。

8.3.3.3 全年性能分析

1. 电负荷

该示范建筑的日耗电量延时曲线，见图 8-32，有 52% 的用电量由热电联产系统提供，剩余 48% 的用电量由电网提供。在使用空调期间（包括供冷季和供暖季），建筑大部分用电量由热电联产系统承担，剩余的尖峰用电

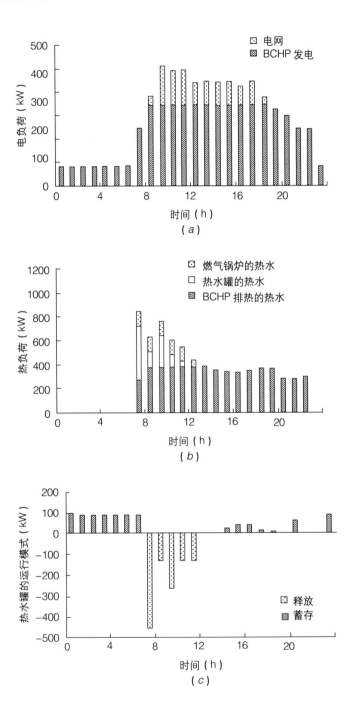

图 8-31 典型供热日分析

(a) 电负荷；(b) 热负荷；(c) 热水罐的运行策略

需求由电网承担。在过渡季,由于建筑无冷、热负荷,因而热电联产系统并不运行,在此期间的建筑用电需求均由电网满足。

2. 热负荷

图 8-33 给出了该示范建筑冬季热负荷的延时曲线,98% 的热负荷由热电联产系统的排热提供,剩余的尖峰负荷由燃气锅炉提供。由于采用了蓄热装置,通过能量的蓄存与释放,调节建筑电负荷和热负荷的不匹配情况,从而明显增长了热电联产系统的运行时间,同时降低了尖峰燃气锅炉的容量。采用蓄热装置后,热电联产系统的年运行时间从 964 小时增加到 1118 小时,尖峰燃气锅炉的容量从 570kW 降至 100kW。

3. 冷负荷

冷负荷包括显热负荷和潜热负荷两部分,显热负荷由吸收式制冷机和电动制冷机共同承担(图 8-34),潜热负荷均由溶液系统承担。蓄热罐和储液罐的采用,改善了建筑显热负荷、潜热负荷与电负荷在时间上的不匹配,减小了电动制冷机和溶液除湿系统的容量,电动制冷机的容量从 820kW 减至 360kW,溶液除湿系统的容量从 600kW 减至 280kW。

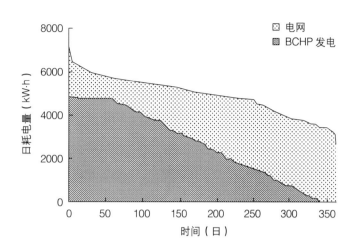

图 8-32 逐日耗电量分析

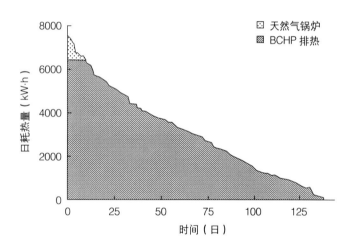

图 8-33 逐日耗热分析

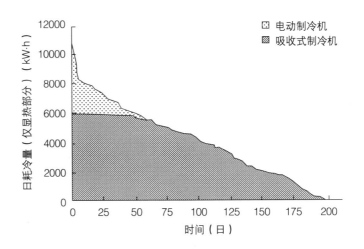

图 8-34 逐日显热负荷耗冷量分析

8.3.4 经济性分析

该示范建筑的主要设备装机容量和初投资情况,见表 8-4,总投资为 317 万元。根据全年逐时模拟分析的结果,得到复合系统全年总的能源消耗状况如表 8-5 所示,在满足建筑热电冷负荷的前提下,每年消耗天然气 29.15 万 m^3,从电网买电 79 万 kW·h,热电联产系统年运行小时数为 3516 小时,这主要是因为过渡季节和晚上热冷负荷很小,热电冷联产系统在很低的负荷下运行,致使年运行小时数偏小。

系统装机容量和初投资　　　　　　表 8-4

项目	内燃机	燃气锅炉	电动制冷机	吸收机	溶液除湿系统	水蓄能罐
容量	286kW	100kW	520kW	360kW	280kW	100m^3
投资(万元)	129	4	78	54	42	10

总能源平衡表　　　　　　表 8-5

燃气消耗(万 m^3)	联产电量(万 kW·h)	买电量(万 kW·h)	BCHP 年运行小时(h)	BCHP 发电效率(%)	BCHP 供热效率(%)	BCHP 总效率(%)
29.15	101	79	3561	35.4	46.0	81.4

复合系统和常规空调系统相比具有节约能源和节省系统运行费用的作

用,在表8-6的方案对比分析中,常规空调方案指的是:夏季采用电动制冷机制出7/12℃冷水承担该示范建筑全部的显热和潜热负荷,冬季使用燃气锅炉供暖。此时电动制冷机装机容量为1200kW,燃气锅炉的容量为850kW,常规系统的总投资为216万元。常规方案中,年耗天然气量为4.93万 m^3,买电量为204.1万 kW·h。在满足示范建筑热电冷负荷的情况下,复合系统相对于常规方案多投资101万元,每年多消耗24.22万 m^3 的天然气,少从电网买电125.1万 kW·h,就相当于125.1万 kW·h的电是由24.22万 m^3 的天然气发出的,因此等效的发电效率为52.8%。相对于常规空调方案而言,复合系统年运行费用节省34万元,多余投资3年收回(天然气价格按1.8元/m^3,电价按0.624元/(kW·h)计算)。

复合系统与常规空调系统的对比分析 表8-6

	初投资 (万元)	年天然气耗量 (万 m^3)	年买电量 (万 kW·h)	年运行费用 (万元)
复合系统	317	29.15	79.0	102
常规方案	216	4.93	204.1	136
二者之差	101	24.22	125.1	34

8.3.5 小结

通过在某示范建筑中,溶液除湿与BCHP相结合的复合系统的应用分析,可以看出该复合系统相对于常规的能源系统而言,有以下优势:

(1)复合系统的能源利用效率较高,BCHP的发电量和排热量均得到了有效的利用,能源利用效率约为80%。

(2)溶液系统夏季利用BCHP的排热实现溶液的浓缩再生,通过室内排风的蒸发冷却作用对除湿过程进行冷却,从而增强了溶液除湿的效果,溶液系统的性能系数明显高于热水驱动吸收机的性能系数。冬季,溶液系统可以作为全热回收器使用,实现新风与室内排风的全热回收,降低新风处理能耗。溶液具有杀菌、除尘的作用,可以起到提高室内空气品质的作用。

（3）"温湿度分开处理"的策略，使得制冷系统仅承担建筑的显热负荷，因此要求供应冷水的温度提高，为地下水等天然冷源的使用提供了条件。当没有天然冷源可供使用时，可采用制冷机作为建筑的冷源，制冷机产生 15~18℃ 范围内的冷冻水，因此复合系统中制冷机的蒸发温度和 COP 均明显高于常规制冷机。

（4）经济性的分析结果表明：复合系统相对于常规空调系统而言，初投资增加 101 万元，年节省运行费用 34 万元，多余投资 3 年收回。

8.4 土壤源换热器与溶液除湿系统结合的温湿度独立控制系统

8.4.1 建筑概况及空调设计方案

南京某住宅建筑，坐北朝南，建筑高度为 17.7m，如图 8-35 所示。总建筑面积为 3500m²，其中空调面积 3300m²。地上五层（含跃层），地下一层，一层~四层层高 3m，五层层高 5.7m，地下室层高 3.6m。一层~四层，每层四户，每户的面积约为 200m²，如图 8-36 所示。空调均为 PB 管加新风系统，采用土壤源热泵作为冷源。新风机为溶液除湿机，除承担新风的负荷外，还承担室内的湿负荷。辐射板仅承担室内的显热负荷。

该系统形式中，夏季尽量不开启热泵，直接从地下取冷水供入室内，

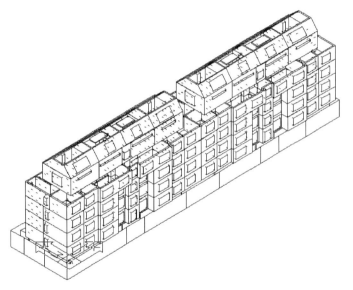

图 8-35 南京某住宅建筑外形图

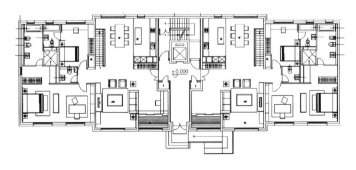

图 8-36 户型结构

实现夏季空调的低能耗（即后文所说的直供形式）。夏季从地下取冷，冬季则灌入地下冷量。生活热水热泵产生的冷量直接供入室内，或者灌入地下。空调系统的工作原理，如图 8-37 所示。

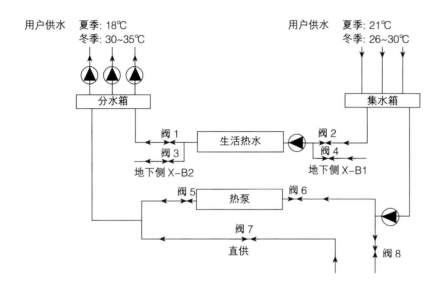

图 8-37　南京某住宅温湿度独立控制空调系统原理图

系统形式如图 8-37：共有四种运行工况：

工况一：（夏季制冷）生活热水热泵开启，释放出的冷量直接供冷。阀门 1、2 开启，其他阀门关闭。板换回水（水温为 21℃），直接进入生活热水热泵，作为热泵的蒸发侧，取冷后，水温为 18℃，送入各楼分水器。

工况二：（夏季制冷）生活热水热泵开启，同时从地下取冷量实现直供。阀门 1、2、7、8 开启，其他阀门关闭。板换回水（水温为 21℃），一部分进入生活热水热泵，作为蒸发侧取冷后，水温为 18℃，送入各楼分水器；一部分进入土壤换热器集水器灌回地下，土壤换热器分水器的水温为 18℃，直接送入各楼分水器供冷。

工况三：（夏季制冷）生活热水热泵开启，同时土壤源热泵开启制冷。阀门 1、2、5、6 开启，其他阀门关闭。板换回水（水温为 21℃），一部分进入生活热水热泵，作为蒸发侧取冷后，水温为18°C，送入各楼分水器；一部分进入土壤源热泵作为蒸发侧取冷后，水温为18°C，送入各楼分水器；土壤换热器分水器的水送入土壤源热泵，作为冷凝侧取热后，送入土壤换热器集水器灌回地下。

工况四：（冬季制热）生活热水热泵开启，同时土壤源热泵开启制热。阀门3、4、5、6开启，其他阀门关闭。生活热水泵的蒸发侧直接从地下换热器取水，获取冷量后直接灌回地下。板换回水（水温为30°C），直接进入土壤源热泵作为冷凝侧，吸收热量后，水温变为35°C，送入各楼分水器。土壤换热器分水器水进入土壤源热泵作为蒸发侧，取冷后，送入土壤换热器集水器。

对于温湿度独立控制的空调系统，需要分别计算房间显热负荷、湿负荷、新风显热负荷，便于确定从地下的取冷和取热量、新风机组和土壤源热泵各自承担的负荷。每户约为5人，新风量为80m^3/(h·人)；室内舒适温度为20~25°C，湿度为30%~50%。采用DeST软件模拟全年的负荷，计算结果如表8-7和图8-38所示。

负荷指标　　　　　　　　　　　　　　　　　　　表8-7

	瞬时最大值（W/m^2）		
	夏季		冬季
	有遮阳	无遮阳	
室内显热（W/m^2）	14.7	22.7	6.9
新风负荷（W/m^2）	27.7		20
生活热水（W/m^2）	1.6		
无遮阳累积值			
夏季累积负荷（GJ）	290.3	冬季累积负荷（GJ）	44.9
夏季累积负荷（MJ/m^2）	84.0	冬季累积负荷（GJ/m^2）	13.0
有遮阳累积值			
夏季累积负荷（GJ）	202.9	冬季累积负荷（GJ）	44.8
夏季累积负荷（MJ/m^2）	58.7	冬季累积负荷（GJ/m^2）	13.0

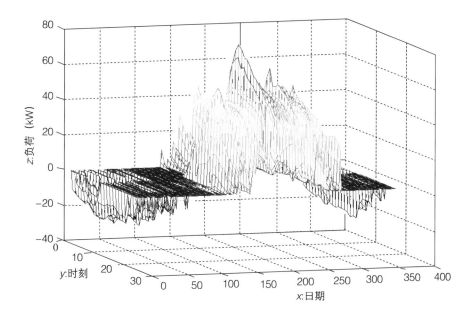

图 8-38 全年逐时显热负荷三维视图

8.4.2 地下热平衡校核

在南京地区,夏季供冷往地下灌入热量大于冬季供热往地下灌入冷量。为了达到夏季直供,必须要满足去年灌入地下的冷量大于灌入地下的热量,实现地下热平衡。因此首先采取蓄冷手段:生活热水热泵,产生的冷量直接供冷,过渡季与冬季则灌入地下;冬季的新风负荷也靠土壤源热泵来承担。在该建筑中,窗墙比很大,所以围护结构优化,如外遮阳等,可以大大降低夏季的冷负荷。下面比较有无外遮阳对地下热平衡的影响。

8.4.2.1 无外遮阳

1. 室内冷热负荷

在该方案中,全年累计冷负荷为 290.27GJ;全年累计热负荷为 44.85GJ;热泵的 COP 取 3。全年从地下累计取冷量为 290.27GJ,全年从地下累计取热量为 $44.85 \times 2/3 = 29.9$ GJ。

从地下取的冷量大于取热量,需要再往地下蓄冷才可以实现夏季直供。因此,生活热水热泵从地下取热,冬天新风的负荷也由土壤源热泵承担,从地下取冷。

2. 生活热水

夏季生活热水热泵全天运行，制取的冷量直接供给用户辐射板使用，热泵的COP取为3，则供冷量为3.46kW。那么需要从地下取冷的负荷曲线为图8-39，若冷负荷为负值，说明此时的生活热水制取的冷量大于楼内的显热负荷，多出的冷量将灌入地下，如果冷负荷为正值，说明生活热水的冷量小于楼内的显热负荷，需要从地下抽取冷量。因此，空调季灌入地下的冷量将低为244.58GJ。在过渡季和冬季，生活热水产生的冷量直接灌入地下，灌入地下的累积冷量为63.89GJ。由于生活热水热泵24小时运行，每天产生的热水量为2.67m³，因此热水箱的推荐容积为3m³。

3. 新风冬季负荷

若冬季新风的显热负荷也由土壤源热泵承担，即从地下取热，累积计为343.16GJ，如果新风机变频，按照冬天为50%，那么累积值为171.58GJ，热泵的COP按照3计算，灌入地下的冷量为：$171.58 \times 2/3 = 111.39$GJ。

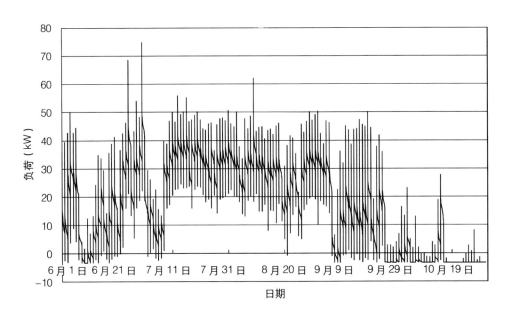

图8-39 无外遮阳除去生活热水制取冷量后从地下取冷量

4. 热平衡总量较核

全年的取冷量和取热量,见表8-8,全年取冷量大于取热量,地下越来越热,不能实现直供。

无外遮阳热平衡较核(GJ) 表8-8

空调季取冷量	244.58	生活热水供暖季和过渡季取热	63.89
		供暖季热负荷	22.9
		新风取热	111.39
取冷量合计	244.58	取热量合计	198.18

8.4.2.2 有外遮阳

在本方案中,全年累计冷负荷为202.94GJ;全年累计热负荷为44.85GJ;夏季生活热水热泵全天运行,制取的冷量直接供给用户辐射板使用,那么需要从地下取冷的负荷曲线为图8-40。空调季从地下取冷量为157.24GJ。

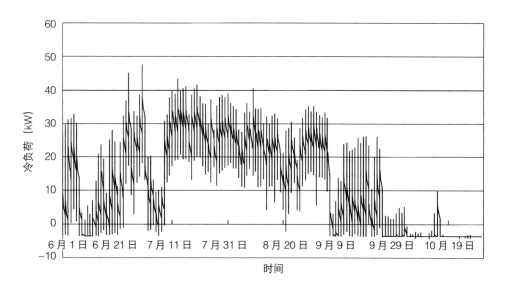

图8-40 无外遮阳除去生活热水制取冷量后从地下取冷量

其他数值不变，全年的取冷量和取热量，见表 8-9，取冷量小于取热量，从而可以实现夏季直供。

外遮阳热平衡较核（GJ） 表 8-9

空调季取冷量	157.24	生活热水供暖季和过渡季取热	63.89
		供暖季负热荷	22.9
		新风取热	111.39
取冷量合计	157.24	取热量合计	198.18

8.4.3 新风系统与末端装置

新风采用溶液除湿系统，新风机的工作原理参见第 6 章 6.2 节。建筑每单元设置一台新风机组，负责 8 户。机组设计风量 4000m³/h，相当于每户 500m³/h。按照 5 口人计算，每人新风量 80m³/h，远高于国家相关标准，室内空气品质很好。新风机组出口设置静压箱，分配到每户，每户设置末端可调速风机，可保证房间内同时有 30 个人活动，不产生结露现象。当人少的时候，根据房间内 CO_2 的浓度调节小风机转速。

该建筑使用 PB 管辐射末端装置，如图 8-41 所示，其主要优势为热效率高、调节速度快、占用空间小、可灵活配合各种装修方式，制冷量为 30W/m²

图 8-41 PB 管安装图

左右，更适于冷负荷较大、调节要求高的场所。

房间及末端的调节按照如下原则：

（1）各户可根据自身喜好，设定温度，实现自动调节，这种个性化的满足要优于北京锋尚项目。但为了控制调节简单，同时不过多增加成本，仅在起居室设置一个温控器，户内各房间不单独调节。

（2）设计选型阶段即按照户内各房间的全年逐时负荷计算结果，匹配PB管，同时在各房间分支上设置手动调节阀，使得各房间温度均匀，避免温差产生。

（3）在起居室设置CO_2传感器，控制户内新风量，一方面能节省新风能耗，更重要的是将成为国内首个保证室内空气品质的住宅项目。

（4）在起居室（或其他存在开窗结露危险的房间）设置湿度传感器，防止结露，当房间湿度超过设定值后，停止用户定流量循环泵，确保系统安全。

8.4.4 小结

南京位于夏热冬冷地区，上述空调方案用于高级住宅建筑，降低住宅夏季能耗。采用温湿度独立空调系统，冷热源选用土壤源热泵。室内显热负荷由土壤源热泵从地下盘管取热或冷来承担，夏季从地下取冷，冬季从地下取热，新风的负荷和室内的潜热负荷由溶液除湿机组承担。

夏季不开冷机，直接从地下取冷消除室内的显热负荷，即所谓的直供形式。这种情况下，夏季只有循环泵的电耗。若采用太阳能光电板或其他生态技术，补偿夏季循环泵的电耗，则可以实现夏季零能耗（仅指显热部分）。

为了实现夏季空调零能耗，需要全年从地下的取冷量小于等于取热量，即每年都往地下存储冷量。由于南京夏季高温高湿，全年冷负荷大于热负荷，所以就需要其他辅助手段进行蓄冷，才能实现地下的热平衡。

8.5 间接蒸发冷却制冷的温湿度独立控制系统

新疆地区空调多用蒸发冷却技术，利用室外空气的干燥特性实现节能。常见的有直接蒸发冷却器，通过水和新风直接接触实现新风的降温加湿；当室外空气不足够干燥时，应用间接蒸发冷却，换热器一侧为直接蒸发冷却，另一侧为空气，利用直接蒸发的冷量对另一侧空气进行降温处理。间接蒸发和直接蒸发模块可组合成二级、三级的蒸发冷却新风机组或组合空调箱，实现先对空气等湿降温然后等焓加湿的处理过程。

但是目前新疆地区空调系统设计，对于风机盘管加新风系统：新风机组为单级或多级的蒸发冷却机组，对新风进行降温同时加湿；风机盘管运行在湿工况下，承担湿负荷。这样在新风等焓加湿段，干燥的室外新风又被加湿，而风机盘管却要花费代价来除湿，造成了能量的浪费。如果让干燥的室外新风承担室内湿负荷，风机盘管运行在"干工况"承担建筑的显热负荷，既免去了冷凝除湿所花代价，给高温冷源的利用创造了空间，又消除了室内潮湿表面，提高了室内空气品质。而且可以根据人的多少调节新风量，同时适应湿负荷的变化。

由此提出在新疆设计温湿度独立控制的空调系统：新风承担湿负荷，风机盘管运行在"干工况"以带走显热负荷。和夏季高温高湿地区的温湿度独立控制系统相比，新疆地区干空气的获得变得非常容易，对室外新风降温处理即可。而获得风机盘管所需高温冷水成为系统设计的关键。在本书第 7 章 7.3 节中，介绍了间接蒸发冷水机可以利用室外干燥的新风产生冷水，冷水温度理论上可无限接近新风露点温度，并且在新疆能合理的应用。因此选择间接蒸发冷水机作为高温冷源。下面以新疆石河子某大厦为例，介绍间接蒸发冷却制冷的温湿度独立控制系统的具体设计方法。

8.5.1 建筑概况及空调设计方案

石河子某大厦为餐饮类建筑,空调使用面积为 870m²,共两层,一层为宴会厅,二层为 17 个小包厢。两层的空调均为风机盘管加新风系统,空调系统原理图如图 8-42 所示,采用间接蒸发冷水机组作为冷源。新风机组选用绿色使者公司的多级蒸发冷却机组,新风依次经过预冷段、间接蒸发冷却段后,送风能达到 21.4℃,因此新风除承担室内湿负荷外,还承担了一部分显热负荷。风机盘管运行在干工况承担剩余的房间显热负荷。

8.5.2 负荷计算方法

对于温湿度独立控制的空调系统,需要分别计算房间显热负荷、湿负荷、新风显热负荷,便于确定冷水机组出力、新风机组和风机盘管各自承担的负荷。

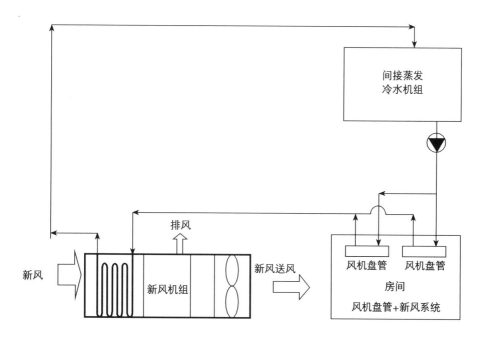

图 8-42 新疆石河子工程温湿度独立控制空调系统原理图

8.5.2.1 新风量的确定

新风需要满足人的卫生要求，同时需要带走湿负荷，分别计算满足两种要求的新风量，取二者之中较大值，如表 8-10 所示。

新风量的确定 表 8-10

层数	面积（m^2）	房间湿负荷（g/h）	满足卫生要求新风量（m^3/h）	室外新风含湿量（g/kg）	室内设计含湿量（g/kg）	带走室内湿负荷所需新风量（m^3/h）	选取新风量（m^3/h）
一层	470	22553	12600	11.66	13.4	10801	12600
二层	399	20256	10680	11.66	13.4	9701	10680

需要注意的是，由于空调设计参数一般不是最湿的工况，选择新风机组时，需要考虑最湿工况下，带走室内湿负荷需要的新风量大小，选择新风机组时，其最大新风量应该满足最湿工况下带走室内湿负荷的要求。8.5.5 节将给出新疆一些城市最湿工况以及带走湿负荷所需新风量。

8.5.2.2 负荷计算结果

室内的设计参数为：26℃、60% 相对湿度，负荷计算的结果，见表 8-11。房间总显热负荷为 64.8kW，单位面积显热负荷为 74.6W/m^2。总新风量为 23280m^3/h，处理新风的显热负荷为 53.0kW。

负荷计算结果 表 8-11

层数	显热负荷（kW）	湿负荷（g/h）	新风量（m^3/h）	处理新风的显热负荷（kW）
一层	32.95	22553	12600	28.7
二层	31.86	20256	10680	24.3

8.5.2.3 负荷承担情况

由上述负荷计算结果，根据温湿度独立控制策略，新风承担湿负荷，由新风量的选择可以看出，满足卫生要求的新风量足够带走室内湿负荷，并且室内会比设定状况干。由于新风机组（图 8-43）有直冷段，这种情况可以适当开启直冷段，调节室内湿度。新风经过间冷段后，送风温度能到21.4℃，所以新风机组除承担新风显热负荷外，还承担一部分室内显热负荷。房间负荷承担情况，见表8-12。

负荷承担情况　　　　　　　　表8-12

	房间总负荷	新风机组承担	风机盘管承担
显热负荷（kW）	64.8	35.9	28.9
湿负荷（g/h）	42809	42809	0

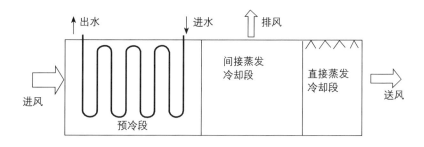

图 8-43　新风机组示意图

由表8-12可知，新风机组承担了较大份额的显热负荷，主要原因在于：①此建筑为餐饮类建筑，满足卫生要求的新风按60m³/（h·人）来设计，使得新风量相对较大，通过间冷段冷却后可以带走较多的房间显热负荷。②间冷段的效率较高，73%左右，使得间冷段的出风温度较低，为21.4℃，使得新风承担室内负荷的能力较强。建筑类型不同，空调系统形式不同，负荷承担的比例也会不同，8.5.5节再做相关讨论。

8.5.3　冷源及冷水流程设计

冷源选择间接蒸发冷水机组，由第7章7.3节冷水机的原理可知，冷水回水温度越高，冷水机的匹配性能越好。因此，设计冷水机冷水流程如图8-42所示，冷水先经过风机盘管，风机盘管的回水进入新风机组预冷段预冷新风，然后回到冷水机组。这样，冷水机不仅承担了风机盘管的显热负荷，还承担了新风机组预冷段的负荷。冷水机的出力情况，如表8-13所示。其中预冷新风量为实际新风量的1.6倍，0.6份额的新风作为间冷段的二次空气量，最后排到室外。

间接蒸发冷水机组出力　　　　表8-13

房间风机盘管显热负荷（kW）	新风量（m³/h）	预冷新风量（m³/h）	预冷新风出风温度（℃）	预冷新风冷量（kW）	冷水机组出力（kW）
28.9	23280	37248	27	72.4	101.3

8.5.4 余热去除末端

本建筑采用干式风机盘管作为余热去除末端装置。由于末端风机盘管运行在干工况下，供水温度升高，需要对其干工况下冷量进行校核。另外，考虑同样流量的冷水先经过风机盘管，后经过新风机组，为使水和空气流量匹配，达到换热温差尽量均匀，风机盘管走在流量小、温差大的状态，为此风机盘管水和风换热流程需要设计成准逆流状态。表8-14以开利风机盘管为例，给出了风机盘管干工况冷量的校核结果。

开利风机盘管干工况冷量校核结果　　　　表8-14

风盘型号	风量（中风速）（m³/h）	湿工况冷量-全热（W）	湿工况冷量-显热（W）	干工况冷量（W）	干工况下出风温度（℃）
004	560	3553	2431	980	20.8
005	690	3944	2856	1052	21.5
006	830	5040	3441	1355	21.1
008	1100	6726	4763	1862	21.0
010	1390	8071	5800	2059	21.6
012	1670	9799	6822	2514	21.5
014	1950	11097	8135	2862	21.6

注：①湿工况参数：进水温度7℃，进风干球温度26℃，湿球温度19℃；
　　②干工况参数：进水温度18.5℃，出水温度22.5℃，进风温度26℃。

8.5.5 新疆其他地区、不同建筑温湿度独立控制系统设计

上述以石河子某大厦为例，介绍了新疆温湿度独立控制空调系统的设

计过程。本节讨论在不同城市的不同建筑设计温湿度独立控制系统时新风量的选择以及冷水机组的选型。

8.5.5.1 新疆不同地区温湿度独立控制系统新风量的确定

对于新疆温湿度独立控制系统，需要新风去除湿负荷，新风的干燥程度影响了其带走湿负荷的能力。系统所需最大新风量应该满足最湿工况下带走湿负荷的要求。对新疆一些城市（《中国建筑热环境分析专用气象数据集》的气象台站）7～9月逐时数据进行分析，定义含湿量不满足率为8%的工况为最湿工况，各城市的最湿工况含湿量如图8-44所示。

图8-44　新疆一些城市最湿工况含湿量（g/kg）

室内设计温度为 26℃，相对湿度为 60%。人员产湿量为 109g/(h·人)。由表 8-15 可以看出，城市莎车在最湿工况下，室外含湿量比室内设计值要高，新风已经没有能力带走湿负荷，还有几个城市，比如吐鲁番、焉耆、阿克苏、铁干里克、喀什等城市比较湿，带走室内湿负荷所需的新风量偏大。表 8-16 给出在这几个城市设计温湿度独立控制系统，以供给室内新风量为 70m³/(h·人) 试算，根据湿负荷求得所需新风送风的含湿量，根据几个较湿城市室外逐时含湿量，用高于送风含湿量的小时数除以供冷季总小时数，得到能用新风带走湿负荷的不满足率。

各城市最湿工况下所需新风量　　　　表 8-15

城市	大气压 (kPa)	室内设计含湿量 (g/kg)	最湿工况室外新风含湿量 (g/kg)	带走湿负荷所需新风量 [m³/(h·人)]
和布克赛尔	87.25	14.7	9.2	16.4
乌鲁木齐	91.83	14.0	10.2	24.0
富蕴	92.66	13.9	10.7	28.4
库车	89.38	14.4	11.5	32.0
克拉玛依	96.90	13.2	10.4	32.1
民丰	85.83	15.0	12.2	32.1
和田	86.23	14.9	12.4	36.2
阿勒泰	93.43	13.7	11.4	39.0
乌苏	96.45	13.3	11.0	39.7
巴楚	88.93	14.4	12.5	47.3
哈密	93.10	13.8	11.9	48.3
塔城	95.66	13.4	11.7	53.1
若羌	91.42	14.0	12.6	63.3
伊宁	94.17	13.6	12.3	68.8
精河	98.34	13.0	11.8	73.8
焉耆	89.65	14.3	13.5	113.5
吐鲁番	101.30	12.6	12.0	141.9
喀什	87.20	14.7	14.1	141.9
阿克苏	89.13	14.4	14.0	211.2
铁干里克	91.92	14.0	13.7	313.2
莎车	87.74	14.6	14.7	——

较湿城市新风带走湿负荷的不满足率 表8-16

较湿的城市	室内设计含湿量(g/kg)	新风量[m³/(h·人)]	产湿量[g/(h·人)]	所需送风含湿量(g/kg)	室外新风不满足率(%)
精河	13.0	70	109	11.2	14.2
吐鲁番	12.6	70	109	10.8	15.3
焉耆	14.3	70	109	12.5	16.0
铁干里克	14.0	70	109	12.1	15.9
喀什	14.7	70	109	12.9	14.8
莎车	14.6	70	109	12.8	21.8

注：此不满足率包括了最湿工况以上的8%。

8.5.5.2 建筑负荷变化时冷水机组的性能

该建筑空调系统的特点为全部采用风机盘管加新风系统，并且新风量相对较大，而实际建筑空调系统形式多样，显热负荷和湿负荷比例也各不相同。由冷水机冷水流程所决定，同样的风机盘管水量，当新风量变化时，冷水机的出力会变化，同时冷水机回水温度变化，也会导致出水温度一定的变化。图8-45和图8-46给出乌鲁木齐等几个城市的室外设计参数下，当新风量和风机盘管水量比变化时，冷水机出水温度的变化和冷水机出力的变化。

对于上述结果，为使风机盘管

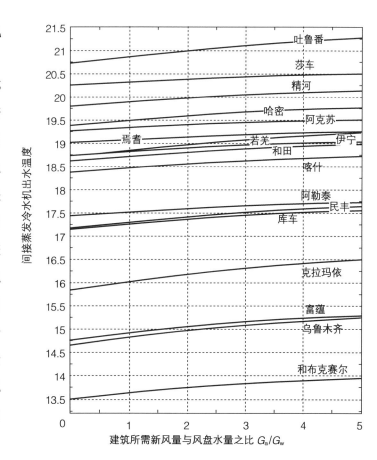

图8-45 间接蒸发冷水机出水温度随风水比的变化

出风、水流量在合理的风机盘管面积下尽量匹配，风机盘管出水侧温差设计为4℃。对建筑进行负荷计算后，求得设计工况下所需新风量，通过风机盘管负荷求得风机盘管水量，得到新风量与风机盘管水量之比，利用上述曲线可以得到冷水机的出水温度和冷机出力。

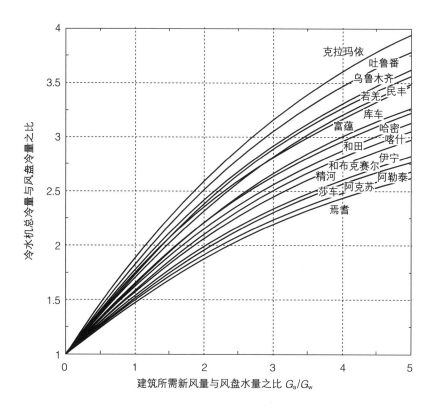

图 8-46　间接蒸发冷水机冷量随风水比变化

附录 A 角系数的求解

A.1 室内设备、人员等热源与围护结构之间的角系数求解

A.1.1 已有求解方法概述

目前，求解室内热源与围护结构内表面之间角系数的方法主要有实验测量和数值计算两大类。由于室内长波辐射换热对人体热舒适有重要影响，因此对于站姿和坐姿人体与围护结构表面之间的角系数研究最为丰富。Fanger（1982）根据 Nusselt 提出的单位球法原理，利用光学投影照相的实验方法，测定了各种情况下站姿和坐姿人体与围护结构表面之间的角系数，其主要结果至今被广泛引用。后续的研究者利用相似的光学投影照相方法开展实验研究，Horikoshi 等（1990）对人体靠近围护结构表面情况下的角系数进行了测定；Jones 等（1998）测定了人体各部分的有效辐射面积和投影面积的数据。在实验研究成果的基础上，Kalisperis 等（1991）对人体与倾斜的围护结构表面之间的角系数进行了研究，得到了可以在更大范围内应用的计算图表；而 Rizzo 等（1991）、Cannistraro 等（1992）对上述实验结果进行数据分析，拟合出经验公式，以便于使用计算机进行热舒适分析评价。实验研究过程复杂，投资和耗时较大，通过实验测定包括设备、灯具在内的各种热源与围护结构表面之间的角系数，非常困难。

另一方面，随着计算机技术的高速发展，数值计算在求解热源与围护结构表面的角系数方面应用越来越多。一类数值计算方法基于 Fanger 的实验

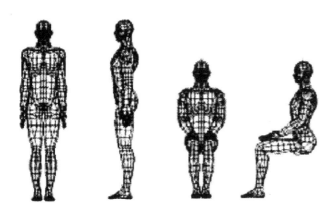

图 A-1 包括 4396 个小四边形的详细人体模型示意图

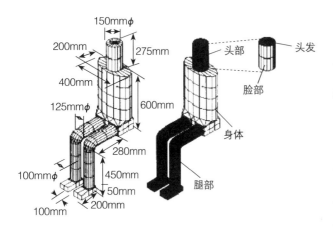

图 A-2 包括 617 个微小面的"简化"人体模型示意图

过程,利用数值方法进行模拟,即求解人体模型的有些辐射面积和投影面积,进而计算人体模型和围护结构表面之间的角系数。Ozeki 等(2000)发展了详细的人体模型,用 4396 个小四边形描述人体形状,如图 A-1 中所示。借助此模型,Ozeki 等人利用数值积分求解人体模型的有效辐射面积和投影面积,并将计算结果与 Fanger 的实验数据进行对比。

Miyanaga 等(1999)提出了一个简单的人体模型计算与围护结构的角系数,但也使用了 617 个微面,如图 A-2 所示。这类数值方法的计算过程复杂,耗时长。

另一类数值方法则基于随机过程分析的蒙特卡洛法(Monte Carlo Method,简记 MC 方法)。在建筑物室内环境模拟分析领域,特别是应用计算流体力学 CFD 技术求解空气流动与辐射换热耦合的问题时,MC 方法得到一定的应用。例如 Omori 等(1998)利用 MC 方法追踪能量射线在室内的轨迹,直接求解所谓吸收因子(即离开一个表面的能量中通过所有其他表面反射又回到该表面上、且被该表面吸收的能力份额),他将人体表面划分为 4104 个小三角形,如图 A-3a 所示;Murakami 等(2000)在此基础上采用 Gebhart(1959)所提出的表面之间长波辐射换热计算方法,实现了与对流换热的联立求解,其采用的人体模型如图 A-3b 所示。用 MC 方法结合 Gebhart 的方法可直接数值求解热源和环境之间的辐射换热,也可用其结果计算出热源的角系数。一般的,在 MC 方法中,随机发射的光子束数目足够多，总可得到具有一定精度的热源表面与围护结构之间的角系数。但数值方法占用存储空间、消耗时间都极大。已有的求解热源和围护结构之间角系数的方法都过于复杂。对于求解各种热源之间的角系数研究，不论实验方法还是数值方法研究，都未见报道。

A.1.2 角系数的半解析方法—原理

A.1.2.1 任意方向微元面与有限面积表面之间角系数

由角系数的定义式知，当参与辐射换热的表面中有一个或者两个是有限面积时，角系数都是由面积分表示的。利用斯托克斯定理可用环路积分代替面积分，得到角系数

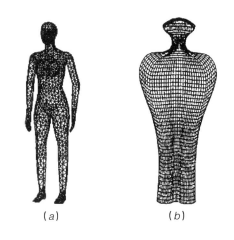

图 A-3 人体模型示意图

(a) Omori 人体模型；(b) Murakami 人体模型

的另一种表达式。例如，应用斯托克斯定理改写微元面对有限面积表面的角系数定义式，得到

$$F_{dA_i - A_j} = l_i \int_{C_j} \frac{(z_j - z_i) dy_j - (y_j - y_i) dz_j}{2\pi r^2} + m_i \int_{C_j} \frac{(x_j - x_i) dz_j - (z_j - z_i) dx_j}{2\pi r^2}$$
$$+ n_i \int_{C_j} \frac{(y_j - y_i) dx_j - (x_j - x_i) dy_j}{2\pi r^2} \tag{A-1}$$

式（A-1）是位于空间 (x_i, y_i, z_i) 点处、具有任意方向余弦 (l_i, m_i, n_i) 的微元面 dA_i 对有限面积表面 A_j 之间角系数的环路积分表达式。进一步研究发现，式（A-1）分为三个相互独立的环路积分，每一个环路积分本身也表示一个角系数。具体而言，第一个环路积分的绝对值等于位于空间 (x_i, y_i, z_i) 点处、具有方向余弦 $(\pm 1, 0, 0)$ 的微元面对表面 A_j 的角系数，取正号还是负号取决于这个微元面在"观看"表面 A_j 时，其法线方向与 x 轴正方向一致，还是与 x 轴负方向一致。某些场合下方向余弦为 $(+1, 0, 0)$ 的微元面只能看到表面 A_j 的一部分，而方向余弦为 $(-1, 0, 0)$ 的微元面则只能看到表面的另一部分 A_j，因此，式（A-1）中第一个环路积分代表上述两种微元面对表面 A_j 的角系数之和。可定义

$$\left| \int_{C_j} \frac{(z_j - z_i) \mathrm{d}y_j - (y_j - y_i) \mathrm{d}z_j}{2\pi r^2} \right| = F_{\mathrm{d}A_i - A_j}(\pm 1, 0, 0) \tag{A-2}$$

按照上述方法，式（A-1）式可写做

$$F_{\mathrm{d}A_i - A_j} = |l_i| F_{\mathrm{d}A_i - A_j}(\pm 1, 0, 0) + |m_i| F_{\mathrm{d}A_i - A_j}(0, \pm 1, 0)$$
$$+ |n_i| F_{\mathrm{d}A_i - A_j}(0, 0, \pm 1) \tag{A-3}$$

上式表示一个叠加原理，即具有任意方向余弦（l_i，m_i，n_i）的微元面 $\mathrm{d}A_i$ 对表面 A_j 的角系数，可以表示为三个"基本方向"微元面——方向余弦分别为（±1，0，0），（0，±1，0）和（0，0，±1）——角系数的线性叠加，加权因子是该微元面的方向余弦。

A.1.2.2 "基本方向"微元面的角系数解析表达式

三个"基本方向"微元面对表面 A_j 的角系数可由解析方法求得。当微元面 $\mathrm{d}A_i$ 与矩形表面 A_j 平行或垂直时，如图 A-4 所示。这两种情况下，微元面角系数的解析表达式为：

$$F_{\mathrm{d}A_i - A_j} = \frac{1}{2\pi} \left(\frac{x}{\sqrt{1+x^2}} \tan^{-1} \frac{y}{\sqrt{1+x^2}} + \frac{y}{\sqrt{1+y^2}} \tan^{-1} \frac{x}{\sqrt{1+y^2}} \right) \tag{A-4}$$

$$F_{\mathrm{d}A_i - A_j} = \frac{1}{2\pi} \left(\tan^{-1} \frac{1}{y} - \frac{y}{\sqrt{x^2+y^2}} \tan^{-1} \frac{1}{\sqrt{x^2+y^2}} \right) \tag{A-5}$$

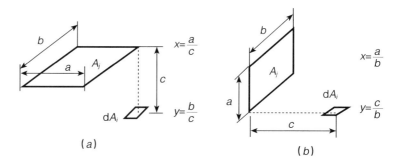

图 A-4 "基本方向"微元面的角系数

(a) 微元面 $\mathrm{d}A_i$ 平行于表面 A_j；(b) 微元面 $\mathrm{d}A_i$ 垂直于表面 A_j

A.1.3 角系数的半解析方法——有限面积表面之间角系数

A.1.3.1 原理

应用斯托克斯定理,将两个有限面积表面之间的角系数定义式改写为环路积分的形式,得到

$$F_{A_i - A_j} = \frac{1}{2\pi A_i} \iint_{C_i C_j} (\ln r \mathrm{d}x_i \mathrm{d}x_j + \ln r \mathrm{d}y_i \mathrm{d}y_j + \ln r \mathrm{d}z_i \mathrm{d}z_j) \qquad (A\text{-}6)$$

式(A-6)为两有限表面之间角系数的环路积分表达式。与一般的角系数表达式出现四重积分不同,这个表达式仅有二重积分。

然而,对于一般的情况,式(A-6)仍然太复杂。辐射换热计算中,一般假设参与辐射换热的各个表面上的有效辐射是均匀分布的。此时,求得的角系数仅与参与表面的几何形状和空间相对位置有关,得到

$$A_i F_{A_i - A_j} = \int_{A_i} F_{\mathrm{d}A_i - A_j} \mathrm{d}A_i, \quad \text{或} \quad F_{A_i - A_j} = \frac{\int_{A_i} F_{\mathrm{d}A_i - A_j} \mathrm{d}A_i}{\int_{A_i} \mathrm{d}A_i} \qquad (A\text{-}7)$$

上式表明,有限表面 A_i 对有限表面 A_j 的角系数,等于其上微元面 $\mathrm{d}A_i$ 对有限表面 A_j 角系数 $F_{\mathrm{d}A_i - A_j}$ 的算术平均值。其中,面积与角系数的乘积 $A_i F_{A_i - A_j}$ 常被称为直接交换面积,其倒数则相当于辐射换热的电网络法中两个换热表面之间的空间辐射热阻。

实际情况中,各种室内热源如灯具、人员、计算机和其他设备,种类繁多、形状各异;从辐射换热的角度,可将各类热源的形状进行简化。一般的,可简化为矩形平面、正方体表面、长方体表面、圆柱体表面和半球表面等基本形状。例如,对于安装于屋顶的灯具可简化为向下的矩形平面;对于人员可简化为圆柱面或长方体表面,并根据姿态不同给出定型尺寸;对于一般直立摆放的仪器设备,可类似地简化为圆柱面或长方体表面,也可简化为半球面,并分别给出定型尺寸。

A.1.3.2 应用积分中值定理进行简化

在实际情况中,应用式(A-7)计算有限表面之间的角系数仍有困难,微元面 $\mathrm{d}A_i$ 对有限表面 A_j 的角系数在有限表面 A_i 上处处不同。应用积分中

值定理，得到

$$A_i F_{A_i-A_j} = \int_{A_i} F_{\mathrm{d}A_i-A_j}(P) \mathrm{d}A_i = \int_{A_i} F_{\mathrm{d}A_i-A_j}(P_0) \mathrm{d}A_i = A_i F_{\mathrm{d}A_i-A_j}(P_0) \quad P_0 \in A_i \tag{A-8}$$

一般的，以 A_i 的形心作为 P_0 是一个合理的选择。数值计算的理论表明，用0阶近似代入积分计算时的精度，与1阶近似的精度在相同数量级上。

A.1.3.3 简化形状表面对有限表面角系数的半解析表达式

针对简化形状表面推导其与有限表面之间的角系数表达式，并仍以计算其与水平屋顶的角系数为例。为简化表达，定义：

$$F_{\mathrm{d}A_i-A_j}(P_0)(+1,0,0) = F_{+x}(P_0)$$

$$\frac{F_{\mathrm{d}A_i-A_j}(P_0)(+1,0,0) + F_{\mathrm{d}A_i-A_j}(P_0)(-1,0,0)}{2} = \overline{F}_{\pm x}(P_0)$$

$$\overline{F}_{\pm x,\pm y}(P_0) = \frac{\overline{F}_{\pm x}(P_0) + \overline{F}_{\pm y}(P_0)}{2}$$

图 A-5 ~ 图 A-8 分别给出计算水平矩形表面、立方体或长方体表面、圆柱面和半球面对水平屋顶的角系数应如何选取计算参考位置；式（A-9）~ 式（A-12）给出了直接交换面积（表面积和角系数乘积）的半解析表达式。

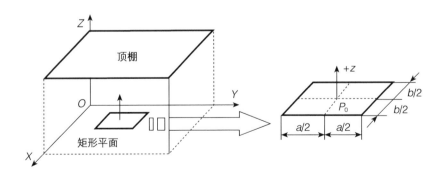

图 A-5　水平放置矩形平面与水平顶棚之间的角系数计算示意图

$$A_S F_{S-C} = ab F_{+z}(P_0) \tag{A-9}$$

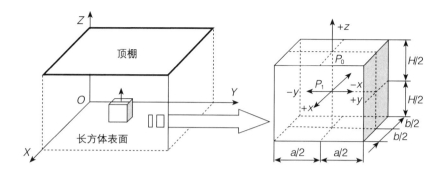

图 A-6 长方体表面与水平顶棚之间的角系数计算示意图

$$A_S F_{S-C} = ab F_{+z}(P_0) + 2H \left[a \overline{F}_{\pm x}(P_1) + b \overline{F}_{\pm y}(P_1) \right] \quad （A-10）$$

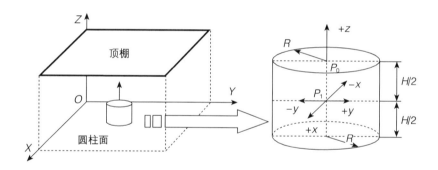

图 A-7 水平放置圆柱面与水平顶棚之间的角系数计算示意图

$$A_S F_{S-C} = \pi R^2 F_{+z}(P_0) + 8RH \overline{F}_{\pm x, \pm y}(P_1) \quad （A-11）$$

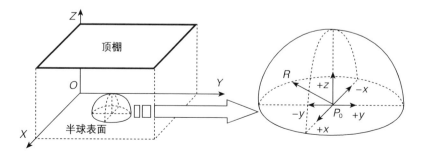

图 A-8 水平放置半球面与水平顶棚之间的角系数计算示意图

$$A_S F_{S-C} = \pi R^2 F_{+z}(P_0) + \frac{4R^2}{\pi} \bar{F}_{\pm x, \pm y}(P_0) \quad\quad (A\text{-}12)$$

A.1.4 半解析方法的应用实例

A.1.4.1 实例——计算机显示器对水平顶棚的角系数

与前文所设定房间结构相同，尺寸 $4.5\text{m} \times 6.0\text{m} \times 3.0\text{m}$；热源为一台 17 英寸计算机显示器，简化为正方体：$a = 0.40\text{m}$，$H = 0.40\text{m}$。将该热源摆放在室内各个位置时，应用式（A-10）计算的角系数，结果如图 A-9 所示。

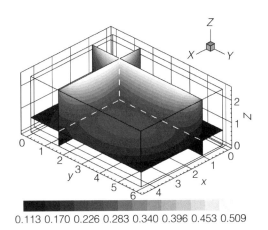

图 A-9 当显示器摆放在室内不同位置时其与水平顶棚之间的角系数

从图中可以看出，当热源摆放位置偏离房间中心时，角系数会有一定程度的降低；当热源靠近水平屋顶时，角系数会有明显的增加。图 A-10 表示显示器在整个室内空间摆放时对水平顶棚角系数的分布；图 A-11 表示显示器摆放在工作区内（即离开四周垂直墙壁 0.1m 以上，地板以上 0~1.5m 的空间）对水平屋顶角系数的分布。一般情况下，该热源对水平顶棚的角系数小于 0.3；可以预见，采用辐射顶板供冷系统时，该热源通过辐射传热直接被冷辐射表面带走的热量不大。

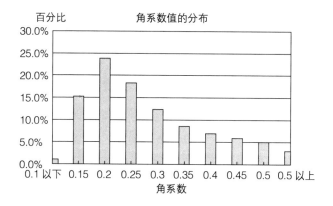

图 A-10 在室内空间各处摆放显示器时其对水平顶棚角系数值的分布

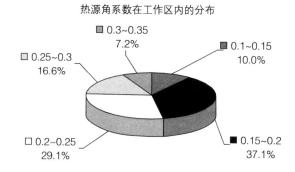

图 A-11 显示器摆放在工作区内不同位置时对水平顶棚角系数值的分布

A.1.4.2 实例——与数值方法的比较

仍以上述标准房间为例；分别采用 MC 方法和半解析方法对相同的工况计算热源对围护结构的直接交换面积和角系数。将热源简化为正方体，定型尺寸：$a=0.40\text{m}$，$H=0.40\text{m}$；计算当热源位于空间 $9\times9\times9=729$ 个不同位置处的直接交换面积；计算结果对比和误差分别在图 A-12 中表示。MC 方法计算耗时 12 小时；用同样的计算机，半解析方法耗时小于 1 秒，计算结果令人满意。

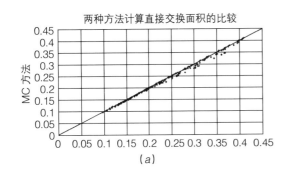 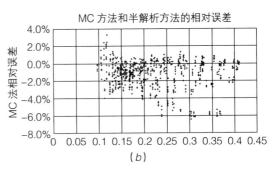

图 A-12　MC 方法和半解析方法结果（正方体热源空间内任意摆放）
(a) 对比；(b) 相对误差

A.1.4.3　实例——求解人与围护结构内表面之间的角系数

将人体简化为长方体，利用上述半解析方法求解其位于不同位置时，对水平或垂直矩形围护结构表面之间的角系数，并与 Fanger 的实验数据进行对比。

1. 坐姿人体与水平顶棚或地板之间的角系数

坐姿人体尺寸：0.35m×0.3m×1.2m；Fanger 实验数据从图 A-13（a）中获取角系数计算结果。对比和误差分析如图 A-13（b）和图 A-13（c）表示。从图中可以看出，半解析方法计算结果与实验数据基本吻合；注意到当角系数小于 0.04 时，半解析方法的相对误差较大，但此时计算结果的绝对误差一般小于 0.005，而且查图过程也存在一定误差；当角系数大于 0.04 时，计算结果相对误差一般在 10% 以下。因此，采用半解析方法计算坐姿人体与水平顶棚或地面之间角系数的结果是可以接受的。

2. 站姿人体与水平顶棚或地板之间的角系数

站姿人体尺寸：0.35m×0.3m×1.75m；Fanger 实验数据从图 A-14（a）中获取；角系数计算结果对比和误差分析在图 A-14（b）和图 A-14（c）中表示。从图中可以看出，半解析方法计算结果与实验数据吻合的非常好；注意到当角系数小于 0.02 时，半解析方法的相对误差超过 10%；当角系数

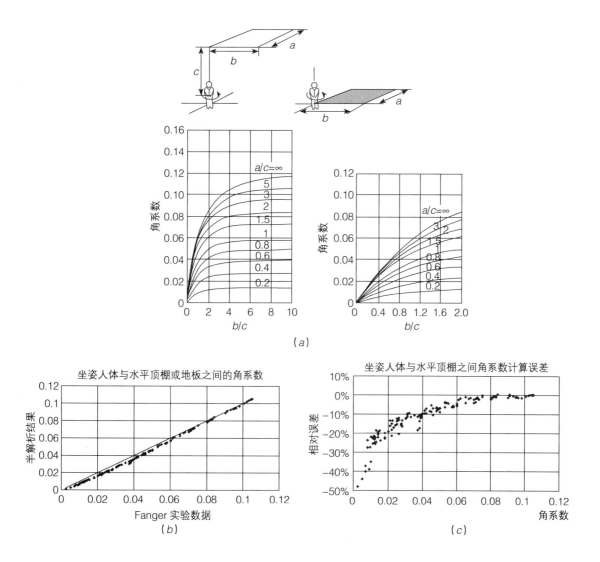

图 A-13 坐姿人体与水平顶棚或地板之间角系数计算结果

(a) 坐姿人体与水平顶棚或地板之间角系数示意图和计算图表 (Fanger, 1982); (b) 对比; (c) 误差

大于 0.03 时,计算结果误差一般在 5% 以下。因此,采用半解析方法计算站姿人体与水平顶棚或地面之间角系数的结果令人满意。

3. 坐姿人体与垂直平面之间的角系数

坐姿人体尺寸同前文;Fanger 实验数据从图 A-15 (a) 中获取;角系数

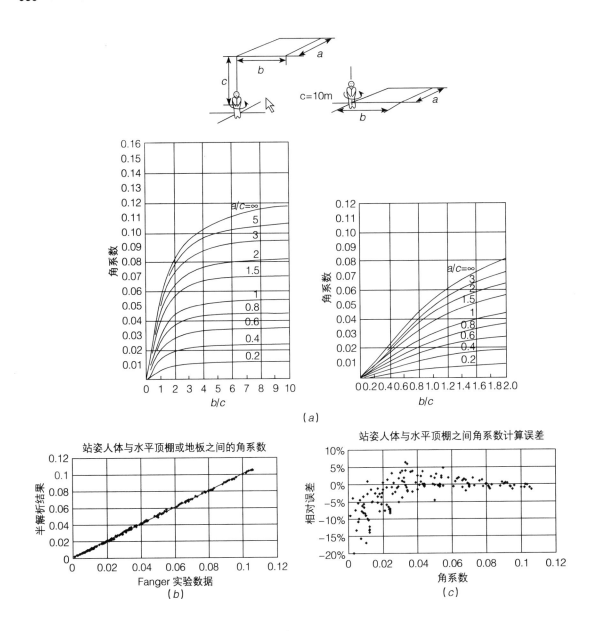

图 A-14 站姿人体与水平顶棚或地板之间角系数计算结果

(a) 站姿人体与水平顶棚或地板之间角系数示意图和计算图表 (Fanger, 1982); (b) 对比; (c) 误差

计算结果对比和误差分析在图 A-15 (b) 和 A-15 (c) 中表示。从图中可以看出,半解析方法计算结果与实验数据比较吻合;注意到当角系数小于

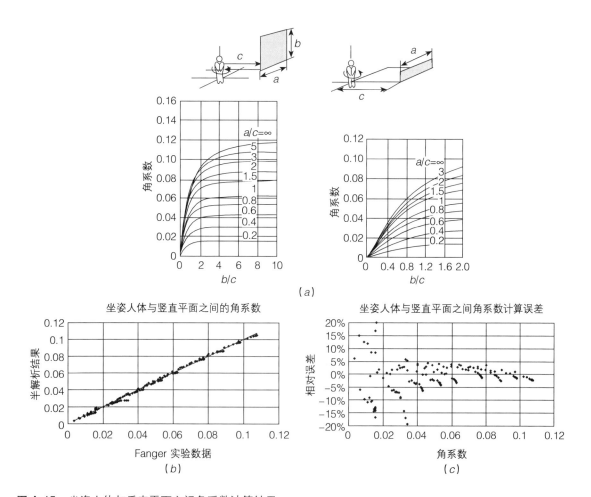

图 A-15 坐姿人体与垂直平面之间角系数计算结果

(a) 坐姿人体与垂直平面之间角系数示意图和计算图表 (Fanger, 1982); (b) 对比; (c) 误差

0.04 时,半解析方法的相对误差超过 10%,但在 20% 以内;当角系数大于 0.04 时,计算结果误差一般在 5% 以下。因此,采用半解析方法计算坐姿人体与垂直之间角系数的结果基本满意。

4. 站姿人体与垂直平面之间的角系数

站姿人体尺寸同前文;Fanger 实验数据从图 A-16 (a) 中获取;角系数计算结果对比和误差分析在图 A-16 (b) 和图 A-16 (c) 中表示。从图中可以看出,半解析方法计算结果与实验数据基本吻合;注意到当角系数小于

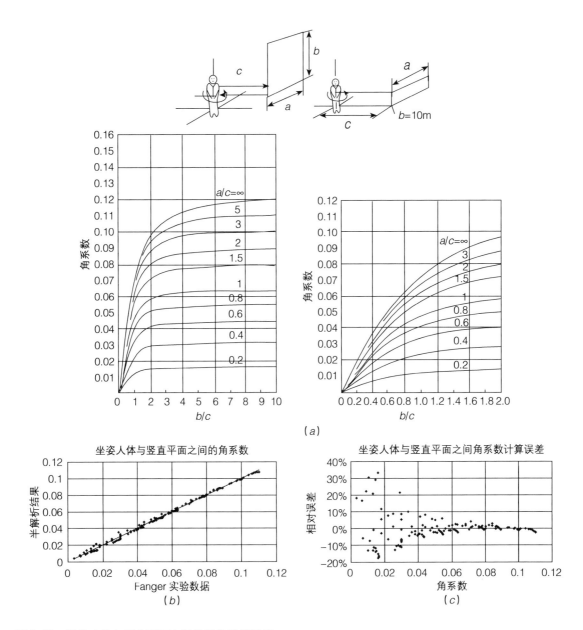

图 A-16 站姿人体与垂直平面之间角系数计算结果

(a) 站姿人体与垂直平面之间角系数示意图和计算图表 (Fanger, 1982); (b) 对比; (c) 误差

0.04 时,半解析方法的相对误差超过 10%,个别点超过 20%;但此时计算结果的绝对误差一般小于 0.003,而且查图过程也存在一定误差;当角系数

大于 0.04 时，计算结果误差一般在 5% 以下。因此，采用半解析方法计算站姿人体与垂直之间角系数的结果是可以接受的。

综上所述，在四种人体姿态和围护结构相对位置组合情况下，半解析方法的计算结果与 Fanger 的实验结果基本吻合，计算结果令人满意。

A.2 室内设备、人员等热源之间的角系数求解

前文详细描述了一种能够快速准确地确定各种室内热源表面与围护结构表面之间角系数的半解析方法。而各种室内热源表面之间的角系数，对于分析辐射冷却空调系统作用下的建筑物热环境也有一定影响。特别是在分析辐射冷却空调系统作用下人体与环境之间能量平衡，以及进行热舒适分析评价时，各种热源——如计算机设备、其他人员等——与人体表面辐射换热的影响，比常规空调系统时敏感的多，因此准确地确定各种热源表面之间长波辐射换热角系数，具有特别的意义。

将人体简化为半径为 R、高为 H 的圆柱体是一种合理的假设，而根据姿态、性别、人种等不同，高度 H 或半径 R 有所不同。对于有限高度的两平行圆柱表面之间的角系数没有解析解，但是对于两无限长平行圆柱，其角系数存在形式简单的解析解。特别的，由 Hottel（1954）基于封闭空间热平衡提出的所谓"张弦法"（Hottel's String Method），为求解这类表面具有沿某一坐标轴方向无限延伸特点的所谓"二维系统"角系数问题，提供了简单快捷的方法。笔者从求解"二维系统"角系数的"张弦法"出发，将两个有限高度平行圆柱表面之间的三维角系数问题，转化为两个所谓的"二维系统"问题；在简便地得到"二维系统"角系数的解析表达式的基础上，将两个"二维系统"角系数的乘积作为真实三维系统的角系数，从而得到所谓"二维叠加法"的一类求解三维系统角系数问题的新的半解析方法；通过与蒙特卡洛数值方法的结果进行对比，对这一简化的半解析方法进行验证；研究了两个正对、平行、相同的矩形平面之

间，如何应用"双重二维法"求解角系数，并与解析解进行对比；进一步针对两个正对、平行、等宽的圆柱面和矩形平面之间，应用"双重二维法"求解角系数，并与蒙特卡洛数值方法得到的结果进行对比；应用上述半解析方法，对不同姿态人体之间、以及计算机设备与人体之间的角系数，进行分析计算。

A.2.1　方法的提出——两等半径、平行、有限高的圆柱表面

A.2.1.1　基本原理

考察如图 A-17 中所示两个半径为 R 的平行、正对长圆柱面，其轴心相距 D，沿纸面垂直方向无限延伸，这构成了一类典型的"二维系统"。

有一种特别简单的求解这种"二维系统"角系数的方法，就是 Hottel (1954) 提出的"张弦法"。想象在 A_1 和 A_2 的端点之间绷上绳子，将相互交叉的两段绳子的长度相加，再减去两段不交叉的绳子长度的和，然后除以 A_1 长度的两倍，其结果就是角系数 $F_{A_1-A_2}$。具体图 A-17 中的情况，得到：

$$A_1 F_{A_1-A_2} = \frac{2L_{\text{abcde}} - 2l_{\text{ef}}}{2} \tag{A-13}$$

利用的三角关系，令 $X = D/2R$，$A_1 = \pi R$，则得到

$$F_{A_1-A_2} = \frac{2}{\pi}\left[(X^2-1)^{1/2} + \sin^{-1}\frac{1}{X} - X\right] \tag{A-14}$$

上式为两平行正对无限长圆柱面之间角系数的解析表达式。当热源形状简化为半径为 R、高为 H 的有限长圆柱面时，其表面之间的角系数就成为一个三维系统问题，因此不能直接应用上式的结果。为此，试将其转化为两个"二维系统"：截面方向如图 A-17，由在纸面垂直方向上无限延伸的两个圆柱面构成一个"二维系统"；而沿高度方向则如图 A-18 所示，由在纸面垂直方向上无限延伸的两个平面构成另外一个"二维系统"。

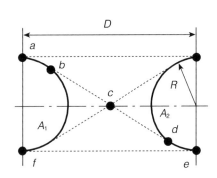

图 A-17　"张弦法"原理示意图——两平行正对无限长圆柱面

对图 A-18 所表示的"二维系统",仍利用"张弦法",得到:

$$A_1 F_{A_1-A_2} = \frac{(L_{ad} + L_{bc}) - (L_{ac} + L_{bd})}{2} \quad (A-15)$$

令 $W_1 = H_1/L$,$W_2 = H_2/L$,由上式得到:

$$F_{A_1-A_2} = \frac{\sqrt{W_1^2 + 1} + \sqrt{W_2^2 + 1} - \left(\sqrt{(W_1 - W_2)^2 + 1} + 1\right)}{2W_1}$$

$$(A-16)$$

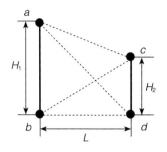

图 A-18 高度方向上"二维系统"示意图——两平行、正对、无限长平面

上式为两无限长平行平面之间角系数的解析表达式。想象由两有限高度圆柱构成的真实三维系统,由图 A-17 和图 A-18 表示的两个无限长"二维系统"在空间叠加而成;而真实的三维系统的角系数则由两个"二维系统"角系数相乘得到,这就是所谓"二维系统叠加求解三维系统角系数"的半解析方法,简称"二维叠加法"。对于半径为 R、高度分别为 H_1 和 H_2 的有限高度圆柱面,角系数可写作式(A-14)和式(A-16)的乘积。

$$F_{A_1-A_2} = \frac{1}{\pi W_1} \cdot \left[(X^2 - 1)^{1/2} + \sin^{-1}\frac{1}{X} - X\right] \cdot$$

$$\left[\sqrt{W_1^2 + 1} + \sqrt{W_2^2 + 1} - \left(\sqrt{(W_1 - W_2)^2 + 1} + 1\right)\right]$$

$$(A-17)$$

其中,将两个有限长圆柱面简化为图 A-18 中两个无限长平行平面时,两平面之间的距离 L 定义为以 $\pi/4$ 修正的两圆柱面之间平均距离,即:

$$L = \frac{\pi}{4} \cdot \bar{L} = \frac{\pi}{4} \cdot \frac{2R \cdot D - \pi R^2}{2R} = \frac{\pi}{4} \cdot \left(D - \frac{\pi R}{2}\right) \quad (A-18)$$

A.2.1.2 实例验证

变化 R、D、H_1 和 H_2,形成 26 种不同的两平行正对不等高圆柱面组合,如表 A-1 所示;利用式(A-17)进行计算,并与 MC 方法的计算结果进行对比;在 MC 法中以 24 边正棱柱面近似圆柱面。计算结果和误差分析如图 A-19(a)和图 A-19(b)所示。从图中可以看出,"二维叠加法"

和 MC 法的计算结果误差在 5% 以内，计算精度非常高，且计算极其简便。

两平行正对不等高圆柱面各种组合的几何参数　　表 A-1

序号	1	2	3	4	5	6	7	8	9	10	11	12	13
R	0.1	0.2	0.3	0.4	0.2	0.2	0.2	0.3	0.4	0.5	0.6	0.5	0.5
D	1	1	1	1	1	1	1.5	1.5	1.5	1.5	1.5	2	2.5
H_1	1	1	1	1	0.5	2	1	1	1	1	1	1	1
H_2	1	1	1	1	0.5	2	1	1	1	1	1	1	1
序号	14	15	16	17	18	19	20	21	22	23	24	25	26
R	0.5	0.5	0.5	0.5	0.5	0.5	0.5	0.5	0.5	0.2	0.2	0.2	0.3
D	3	2	2.5	3	2.5	3	2	2	2	2	2	1	1.5
H_1	1	2	2	2	3	3	100	50	20	10	50	100	1.2
H_2	1	2	2	2	3	3	100	50	20	10	50	100	1.8

上述求解两平行正对有限高度圆柱面之间角系数的半解析方法，将复杂的三维系统角系数的问题，转化为两个简单"二维系统"的叠加，三维系统的角系数等于两个"二维系统"角系数的乘积。这一方法仅对上述特例有效，还是具有一般适用性呢？笔者进行了深入的研究。

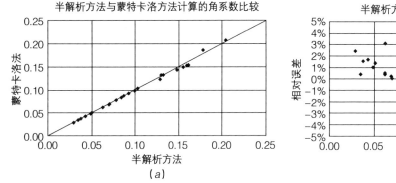
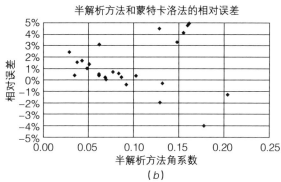

图 A-19　MC 法和解析法求解不同位置的两平行、正对、不等高圆柱面之间角系数
(a) 对比；(b) 误差

A.2.2 应用 I——两平行、正对的相同矩形表面

A.2.2.1 基本推导

如图 A-20 所示,两平行正对的、相同的矩形平面,其角系数有解析解(Siegel 等,2002),形式为:

$$F_{1-2} = \frac{2}{\pi XY}\left\{\ln\left(\frac{(1+X^2)\cdot(1+Y^2)}{1+X^2+Y^2}\right)^{\frac{1}{2}} + X\sqrt{1+Y^2}\tan^{-1}\frac{X}{\sqrt{1+Y^2}}\right.$$

$$\left. + Y\sqrt{1+X^2}\tan^{-1}\frac{Y}{\sqrt{1+X^2}} - X\tan^{-1}X - Y\tan^{-1}Y\right\} \quad (A-19)$$

用上述"二维叠加"法进行分析,将图 A-20 所示三维系统简化为如图 A-21 的两个"二维系统",其在纸面的垂直方向上无限延伸。

对于两平行、正对、等宽的无限长平面,设无量纲距离 H 为两平面间距离与平面宽度的比值,即 $H = \frac{h}{a}$ 或 $H = \frac{h}{b}$,则该"二维系统"的角系数为

$$F_{1-2} = \sqrt{1+H^2} - H \quad (A-20)$$

将 a、b、h 分别代入上式,求得到两个"二维系统"下的角系数。注意当 $a \leqslant b$ 时,计算由长边 b 构成的"二维系统"角系数时,两平行平面间距离 h' 以 $\pi/4$ 修正,即 $h' = h\pi/4$。依前述半解析方法原理,三维系统角系

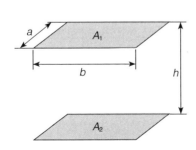

图 A-20 两平行正对的相同矩形平面示意图

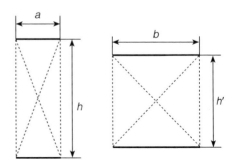

图 A-21 两平行正对的相同矩形平面简化为两个"二维系统"的示意图

数等于两个"二维系统"角系数的乘积,令 $X = \dfrac{a}{h}$,$Y = \dfrac{b}{h}$,得到:

$$F_{1-2} = \left(\sqrt{1 + \left(\dfrac{1}{X}\right)^2} - \dfrac{1}{X} \right) \cdot \left(\sqrt{1 + \left(\dfrac{4}{\pi Y}\right)^2} - \dfrac{4}{\pi Y} \right) \quad (\text{A-21})$$

整理得到:

$$F_{1-2} = \dfrac{1}{\pi XY} \left(\sqrt{1 + X^2} - 1 \right) \cdot \left(\sqrt{4^2 + (\pi Y)^2} - 4 \right) \quad (\text{A-22})$$

上式即为"二维叠加法"求出的两平行、正对相同矩形平面之间角系数的半解析表达式。

A.2.2.2 实例验证

利用式(A-22)的半解析方法和式(A-19)的解析方法,分别计算各种 a、b、h 组合的工况,共比较 $10 \times 10 \times 10 = 1000$ 种组合;角系数计算结果和误差分析如图 A-22(a)和图 A-22(b)所示。由图中可以看出,半解析方法得到的结果与解析方法相比误差非常小。

A.2.3 应用Ⅱ——两平行正对、等宽的有限高圆柱面和有限矩形平面

A.2.3.1 基本推导

如图 A-23 所示,两平行正对、等宽的有限高圆柱面和有限的矩形平

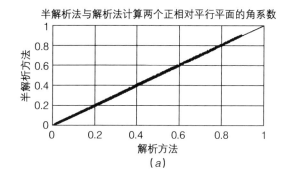
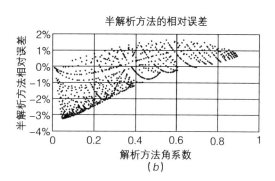

图 A-22 解析法和解析法求解不同位置的两平行、正对、相同矩形平面角系数
(a) 对比;(b) 误差

面。仍沿用前文的思路,将三维系统简化为两个"二维系统"。在截面方向上如图 A-23（b）所示,考察无限长圆柱与有限宽、无限长平面之间的角系数。对于该"二维系统",由"同心圆法"（Feingold 等,1970）得到:

$$F_{1-2} = \frac{1}{\pi}\tan^{-1}\frac{R}{D} \tag{A-23}$$

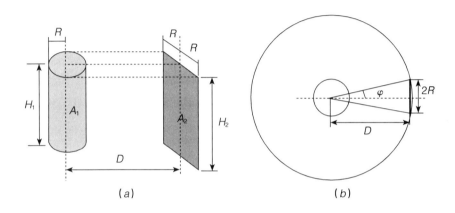

图 A-23 两平行正对、等宽的有限高圆柱面和有限的矩形平面示意图

（a）两平行正对的有限高圆柱面和等宽的矩形平面示意图;（b）截面方向上简化为无限长圆柱与有限宽、无限长平面的示意图

在高度方向,与求解两个平行正对有限高圆柱之间角系数时类似,简化为如图 A-24 所示的两平行无限长平面。

求解该"二维系统"的角系数时,仍对平均距离以 π/4 修正,即:

$$L = \frac{\pi}{4} \cdot \bar{L} = \frac{\pi}{4} \cdot \frac{2R \cdot D - \pi R^2/2}{2R} = \frac{\pi}{4} \cdot \left(D - \frac{\pi R}{4}\right) \tag{A-24}$$

仍令 $W_1 = H_1/L$, $W_2 = H_2/L$,将式（A-24）代入,得到:

$$F_{1-2} = \frac{\sqrt{W_1^2 + 1} + \sqrt{W_2^2 + 1} - \left(\sqrt{(W_1 - W_2)^2 + 1} + 1\right)}{2W_1} \tag{A-25}$$

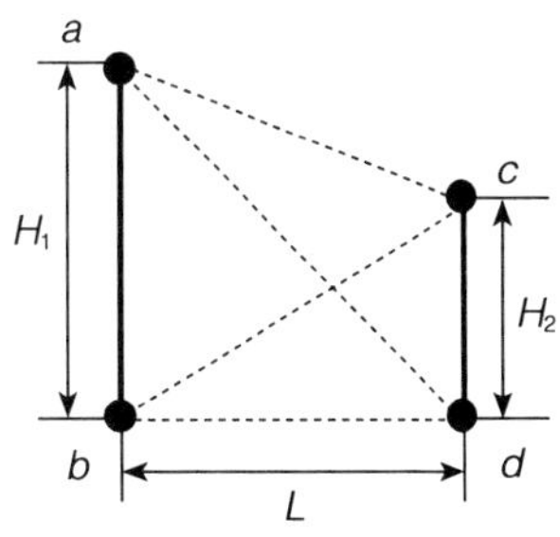

图 A-24 高度方向简化为两平行、正对、无限长平面的示意图

对于如图 A-23 所示的两平行正对、等宽的有限高圆柱面和有限的矩形平面，角系数可写作式（A-23）和式（A-25）的乘积，即：

$$F_{A_1-A_2} = \frac{1}{\pi}\tan^{-1}\frac{R}{D} \cdot \frac{\sqrt{W_1^2+1}+\sqrt{W_2^2+1}-\left(\sqrt{(W_1-W_2)^2+1}+1\right)}{2W_1}$$

（A-26）

A.2.3.2 实例验证

变化 R、D、H_1 和 H_2，形成 24 种不同的有限高度圆柱面和平行正对、等宽的矩形平面组合；利用式（A-26）进行计算，并与 MC 方法的计算结果进行对比；在 MC 法中以 24 边正棱柱面近似圆柱面。角系数计算结果和误差分析如图 A-25（a）和图 A-25（b）所示。可看出，解析法和 MC 法的计算结果误差在 4% 以内，计算精度非常高，且计算极其简便。

A.2.4 求解热源之间角系数的实例

A.2.4.1 求解不同姿态人体之间的角系数

将人体简化为 $R=0.25$m 的圆柱，对于坐姿，取圆柱高 $H=1.2$m，站姿则取 $H=1.8$m。应用前述角系数半解析表达式，计算不同姿态下、不同轴心距离 D 下，两人体表面之间的角系数。结果如图 A-26 所示。从图中可以

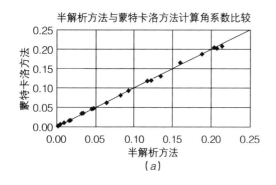

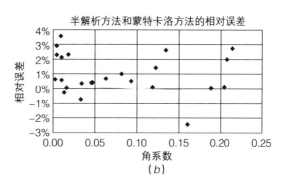

图 A-25 MC 方法和解析法求解有限高圆柱面和平行正对、等宽矩形平面角系数
(a) 对比；(b) 误差

看出，随着两个人体之间距离的增大，角系数迅速减小，当两个人体之间的距离超过 2m 时，其角系数已经小于 0.05。

A.2.4.2 求解计算机设备与人体之间的角系数并估算辐射换热量

将计算机设备简化为宽 0.5m、高 0.4m 的矩形平面；坐姿人体简化为半径 $R = 0.25$m、高 $H = 1.2$m 的圆柱；应用前述半解析方法，计算一般操作状态下，人与计算机距离 $D = 0.5$m 时，人体与计算机设备之间的直接交换面积和角系数；假定计算机设备表面和人体表面温差为 10K，求此时的长波辐射换热量。计算结果如表 A-2 所示。可以看出，在办公室工作状态下，计算机设备与人体的长波辐射换热量在 4~5W 左右。

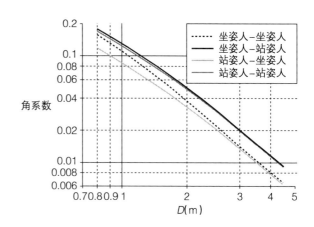

图 A-26 坐姿和站姿人体之间的角系数

计算机设备与人体之间的角系数与估算的辐射换热量　　表 A-2

直接交换面积 (m^2)	人与计算机的角系数	计算机与人的角系数	温差 10K 时的长波辐射换热量 (W)
7.14×10^{-2}	0.038	0.357	4.5

附录B 吸湿盐溶液物性

B.1 溴化锂溶液

B.1.1 结晶曲线

LiBr水溶液结晶曲线图来自国产溴化锂水溶液物性图表集，见图B-1。

B.1.2 比热

Kaita（2001）整理了前人的实验研究，给出了计算LiBr比热的方程如下。式中，T为热力学温度；X为溶液的质量分数。

$$C_p = (A_0 + A_1 X) + (B_0 + B_1 X)T$$

$A_0 = 3.462023$，$A_1 = -2.679895 \times 10^{-2}$，

$B_0 = 1.3499 \times 10^{-3}$，$B_1 = -6.55 \times 10^{-6}$

B.1.3 密度

WimAy等（1994）给出了LiBr溶液密度的最新实验结果，并通过实验数据拟和了密度计算方程如下，其中t为温度（℃）、ξ为浓度（%），系数的$d_1 \sim d_7$如表B-1所示。

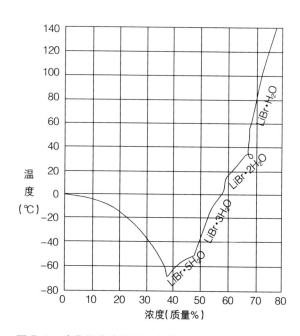

图B-1 溴化锂溶液的结晶曲线

$$\rho(\text{kg} \cdot \text{m}^{-3}) = d_1 + d_2 t + d_3 t^2 + d_4 \xi + d_5 \xi^2 + d_6 \xi t$$
$$+ d_7 \xi^2 t + d_8 t^2 \xi + d_9 \xi^3 + d_{10} \xi^4$$

LiBr 密度方程系数　　表 B-1

参数	数值	参数	数值
d_1	1002.0	d_6	-5.7606×10^{-3}
d_2	-8.7932×10^{-2}	d_7	-8.2838×10^{-6}
d_3	-3.79848×10^{-3}	d_8	7.3658×10^{-5}
d_4	8.5425	d_9	1.4834×10^{-3}
d_5	-2.9368×10^{-2}	d_{10}	4.2006×10^{-7}

B.1.4 黏度

LiBr 水溶液黏度如图 B-2 所示，数据摘自 ASHRAE HandAook（2003）。利用实验数据，拟和出了黏度关于溶液流经黏度计时间的方程如下。式中，μ 为溶液黏度，a、b 为黏度计常数，f 为溶液在黏度计中的流动时间：

$$\mu = a\left(f + (f^2 - b)^{\frac{1}{2}}\right)$$

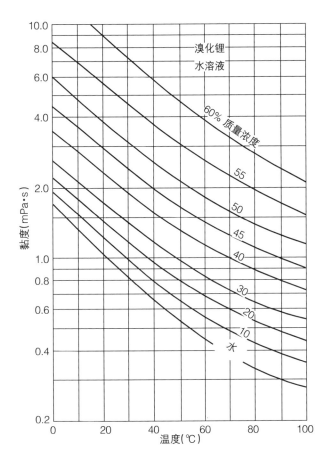

图 B-2　LiBr 水溶液黏度

B.1.5 表面张力

LiBr 溶液的表面张力见表 B-2（Aogatykh 等，1966）。

LiBr 水溶液表面张力　　表 B-2

温度 浓度	20℃	25℃	30℃	40℃	50℃	60℃	70℃	80℃
35%	78.65	78.15	77.75	76.80	75.60	74.25	73.25	72.00
40%	81.30	80.90	80.25	79.10	78.10	77.00	75.80	74.75
43%	81.75	81.40	81.15	80.35	79.60	78.65	77.60	76.50

续表

温度 浓度	20℃	25℃	30℃	40℃	50℃	60℃	70℃	80℃
45%	82.15	81.85	81.60	81.00	80.30	79.40	78.55	77.55
48%	83.15	82.80	82.50	81.90	81.15	80.50	79.60	78.70
50%	84.20	83.95	83.50	83.00	82.10	81.25	80.50	79.75
53%	85.35	84.90	84.70	84.10	83.40	82.70	82.10	81.20
55%	86.60	86.40	86.10	85.60	85.00	84.35	83.70	82.80
57%	—	87.80	87.50	87.10	86.45	85.75	85.00	84.40
60%	—	89.40	89.10	88.60	87.95	87.30	86.70	86.05
62%	—	91.15	91.00	90.45	89.80	89.15	88.60	87.90

B.2 氯化锂溶液

B.2.1 结晶曲线

对 LiCl 水溶液，结晶曲线如图 B-3 所示，由 A、B、C、D、E 组成，每个范围对应的方程系数如表 B-3 所示，这些方程由大量的实验数据得到，在 Conde（2003）的文章中有所总结。结晶线方程的一般形式为，其中 θ 为溶液中盐的质量分数。

$$\theta = \sum_{i=10}^{2} A_i \xi^i, \quad \theta \equiv \frac{T}{T_{c,H_2O}}$$

LiCl 溶液结晶线方程参数　　　　　表 B-3

Aoundary	A_0	A_1	A_2
Ice Line	0.422088	−0.090410	−2.936350
LiCl·5H$_2$O	−0.005340	2.015890	−3.114590
LiCl·3H$_2$O	−0.560360	4.723080	−5.811050
LiCl·2H$_2$O	−0.315220	2.882480	−2.624330
LiCl·H$_2$O	−1.312310	6.177670	−2.034790
LiCl	−1.356800	3.448540	0.0

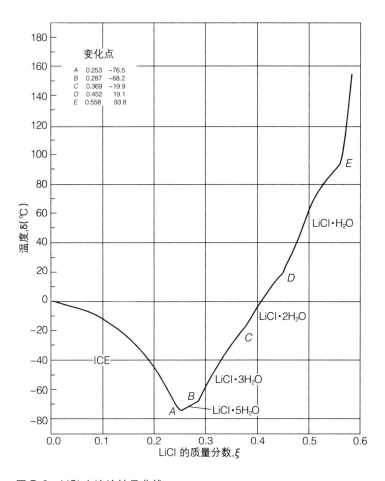

图 B-3 LiCl 水溶液结晶曲线

B.2.2 比热

在 Conde（2003）的总结中，给出了温度从 $-10 \sim 80℃$，浓度从 $0 \sim 60\%$ 的 LiCl 溶液的比热，如图 B-4 所示。并提出了计算氯化物比热的方程，方程系数见表 B-4。式中，Cp 为比热；T 为热力学温度；ξ 为溶质质量分数。

$$Cp_{H_2O} = A + B\theta^{0.02} + C\theta^{0.04} + D\theta^{0.06} + E\theta^{1.8} + FQ^8$$

$$\theta \equiv \frac{T}{228} - 1$$

$$f_1(\xi) = A\xi + B\xi^2 + C\xi^3, \xi \leq 0.31$$
$$f_1(\xi) = D + E\xi, \xi > 0.31$$
$$f_2(T) = f_2(\theta) = F\theta^{0.02} + G\theta^{0.04} + H\theta^{0.06}$$

表 B-4　LiCl 水溶液比热方程系数

	A	B	C	D	E	F	G	H
LiCl-H_2O	1.43980	-1.24317	-0.12070	0.12825	0.62934	58.5225	-105.6343	47.7948

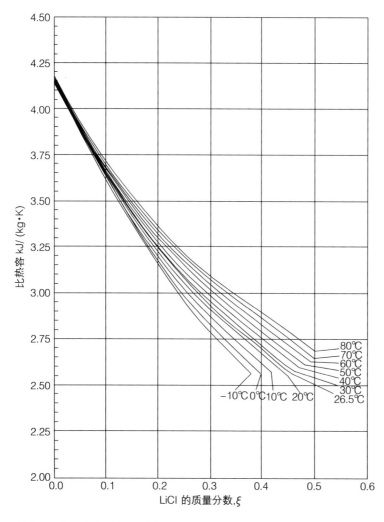

图 B-4　LiCl 水溶液的比热容

B.2.3 密度

WimAy 等（1994）给出了 LiCl 溶液密度的最新实验结果，并通过实验数据拟和了密度计算公式，其中系数的 $d_1 \sim d_{10}$ 如表 B-5 所示。

$$\rho(\text{kg} \cdot \text{m}^{-3}) = d_1 + d_2 t + d_3 t^2 + d_4 \xi + d_5 \xi^2 + d_6 \xi t + d_7 \xi^2 t + d_8 t^2 \xi + d_9 \xi^3 + d_{10} \xi^4$$

LiCl 密度方程系数　　　　表 B-5

方程的系数	数值	方程的系数	数值
d_1	1002.3	d_6	6.0650×10^{-4}
d_2	-0.15582	d_7	-1.2546×10^{-4}
d_3	-2.88385×10^{-3}	d_8	5.8029×10^{-6}
d_4	6.1379	d_9	2.6623×10^{-3}
d_5	-5.8452×10^{-2}	d_{10}	-2.5941×10^{-6}

B.2.4 黏度

利用实验方法，WimAy 等（1994）测量了不同浓度的 LiCl 等溶液在不同温度下的黏度，见表 B-6。

LiCl 水溶液黏度　　　　表 B-6

100ω	t (℃)	$10^3 \eta$ (Pa·s)	100ω	t (℃)	$10^3 \eta$ (Pa·s)
41.50	24.99	9.89	37.97	30.02	6.08
41.50	25.04	9.86	37.97	30.03	6.06
41.50	29.98	8.68	37.97	40.04	4.81
41.50	40.00	6.81	37.97	50.04	3.90
41.50	50.00	5.36	37.97	60.08	3.24
41.50	60.00	4.41	37.97	70.10	2.74
41.50	70.03	3.68	37.97	80.12	2.34
41.50	80.13	3.09	37.97	90.16	2.05
41.50	90.15	2.66	34.53	24.91	4.97
39.88	30.02	7.27	34.53	25.01	5.00

续表

100 ω	t (℃)	10³ η (Pa·s)	100 ω	t (℃)	10³ η (Pa·s)
39.88	30.03	7.28	34.53	29.99	4.44
39.88	40.04	5.69	34.53	39.98	3.58
39.88	50.04	4.58	34.53	50.00	2.95
39.88	60.08	3.80	34.53	59.94	2.47
39.88	70.10	3.18	34.53	69.95	2.12
39.88	80.12	2.71	34.53	79.98	1.84
39.88	90.16	2.33	34.53	90.00	1.62
31.22	24.95	3.82	31.22	60.15	1.94
31.22	29.95	3.41	31.22	70.14	1.67
31.22	39.94	2.77	31.22	80.20	1.46
31.22	50.14	2.30	31.22	90.25	1.29

B.2.5 表面张力

Aogatykh 等在 1966 年测量出了几种盐溶液的表面张力，LiCl 溶液实验数据，见表 B-7。

LiCl 溶液表面张力　　　　　表 B-7

温度＼浓度	20℃	30℃	40℃	50℃	60℃	70℃	80℃
32%	90.65	90.10	89.40	88.55	87.35	86.00	84.95
35%	91.75	90.10	90.35	89.45	88.40	87.20	86.00
37%	93.35	92.40	91.70	90.65	89.60	88.60	87.60
40%	94.75	93.95	93.20	92.20	91.15	90.20	89.20
41%	95.20	94.40	93.60	92.80	91.80	90.80	89.80
42%	95.75	94.90	94.10	93.35	92.40	91.45	90.45
43%	96.20	95.60	94.90	94.10	93.25	92.10	91.25
44%	96.90	96.20	95.40	94.70	93.75	92.80	91.80
45%	97.80	96.90	96.10	95.40	94.55	93.60	92.60
46%	98.45	97.80	97.10	96.30	95.45	94.50	93.50

B.3 氯化钙溶液

B.3.1 结晶曲线

对于 $CaCl_2$ 水溶液，结晶曲线如图 B-5 所示，由 A、B、C、D、E 组成，

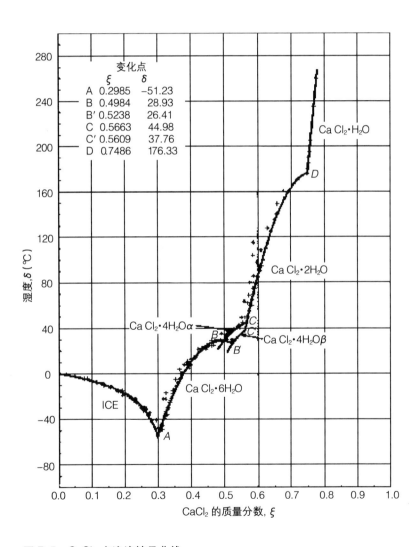

图 B-5 $CaCl_2$ 水溶液结晶曲线

每个范围对应的方程系数，如表 B-8 所示，这些方程由大量的实验数据得到，在 Conde（2003）的文章中有所总结。结晶线方程的一般形式为：

$$\theta = \sum_{i=0}^{2} A_i \xi^i + A_3 \xi^{7.5}$$

CaCl$_2$ 溶液结晶线方程参数 表 B-8

Aoundary	A_0	A_1	A_2	A_3
Ice Line	0.422088	−0.066933	−0.282395	−355.514247
CaCl$_2$·6H$_2$O	−0.378950	3.456900	−3.531310	0.0
CaCl$_2$·4H$_2$O α	−0.519970	3.400970	−2.851290	0.0
CaCl$_2$·4H$_2$O β	−1.149044	5.509111	4.642544	0.0
CaCl$_2$·2H$_2$O	−2.385836	8.084829	−5.303476	0.0
CaCl$_2$·H$_2$O	−2.807560	4.678250	0.0	0.0

B.3.2 比热

在 Conde 等（2003）的总结中，给出了温度从 −10~80℃，浓度 0~60% 的 CaCl$_2$ 溶液的比热，如图 B-6 所示。Conde 还提出了计算氯化物比热的方程，CaCl$_2$ 比热方程系数，见表 B-9。

$$Cp_{sol}(T,\xi) = Cp_{H_2O}(T) \times (1 - f_1(\xi) \times f_2(T))$$

$$Cp_{H_2O} = A + B\theta^{0.02} + C\theta^{0.04} + D\theta^{0.06} + E\theta^{1.8} + F\theta^8$$

$$\theta \equiv \frac{T}{228} - 1$$

$$f_1(\xi) = A\xi + B\xi^2 + C\xi^3, \xi \leq 0.31$$

$$f_1(\xi) = D + E\xi, \xi > 0.31$$

$$f_2(T) = f_2(\theta) = F\theta^{0.02} + G\theta^{0.04} + H\theta^{0.06}$$

Cp 为比热；T 为热力学温度；ξ 为溶质质量分数。

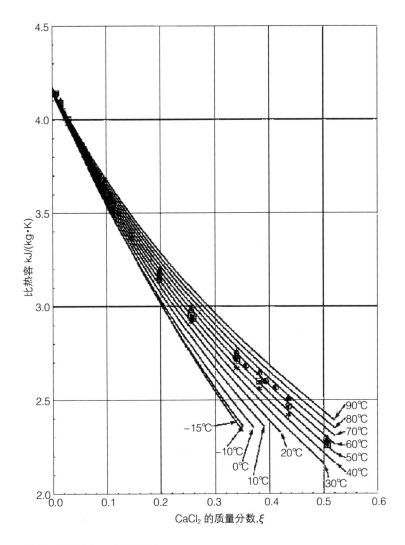

图 B-6 CaCl₂ 水溶液比热

CaCl₂ 水溶液比热方程系数							表 B-9	
	A	A	C	D	E	F	G	H
CaCl₂·H₂O	1.63799	-1.69002	1.05124	0.000	0.000	58.5225	-105.6343	47.7948

B.3.3 密度

WimAy 等（1994）给出了 CaCl₂ 溶液密度的最新实验结果，并通过实验数据拟和了密度计算方程,其中关于 $CaCl_2$ 的方程系数的 $d_1 \sim d_7$ 如表 B-10 所示。

$$\rho(kg \cdot m^{-3}) = d_1 + d_2 t + d_3 t^2 + d_4 \xi + d_5 \xi^2 + d_6 \xi t + d_7 \xi^2 t + d_8 t^2 \xi + d_9 \xi^3 + d_{10} \xi^4$$

式中 t 为温度;ξ 为 100ω,ω 为溶液中 $CaCl_2$ 的质量分数。

$CaCl_2$ 密度方程系数　　　　表 B-10

方程的系数	数　值	方程的系数	数　值
d_1	1002.0	d_6	-1.1526×10^{-2}
d_2	-0.13105	d_7	-1.7701×10^{-5}
d_3	-3.10677×10^{-3}	d_8	7.5160×10^{-5}
d_4	8.6803	d_9	1.9404×10^{-3}
d_5	-5.2079×10^{-3}	d_{10}	-2.3542×10^{-5}

B.3.4　黏度

利用实验方法,WimAy 等(1994)还测量了不同浓度的 $CaCl_2$ 等溶液在不同温度下的黏度,见表 B-11。利用实验数据,拟和出了黏度关于溶液流经黏度计时间的方程。

$$\mu = a(f + (f^2 - b)^{\frac{1}{2}})$$

式中,μ 为溶液黏度;a,b 为黏度计常数;f 为溶液在黏度计中的流动时间。

$CaCl_2$ 水溶液黏度　　　　表 B-11

100ω	t (℃)	$10^3 \eta$ (Pa·s)	100ω	t (℃)	$10^3 \eta$ (Pa·s)
51.32	25.01	33.78	46.50	25.03	17.68
51.32	30.01	28.25	39.58	24.90	7.43
51.32	39.99	20.27	39.58	29.90	6.58
51.32	49.93	15.40	39.58	39.94	5.19

续表

100 ω	t (℃)	$10^3 \eta$ (Pa·s)	100 ω	t (℃)	$10^3 \eta$ (Pa·s)
51.32	59.96	11.91	39.58	49.96	4.20
51.32	69.99	9.45	39.58	60.01	3.48
51.32	80.02	7.68	39.58	70.03	2.95
51.32	90.09	6.35	39.58	80.07	2.54
51.32	24.99	34.07	39.58	90.11	2.20
49.54	24.94	27.44	39.58	24.98	7.44
49.54	29.92	23.01	29.78	25.04	3.07
49.54	39.94	16.80	29.78	30.01	2.82
49.54	49.96	12.75	29.78	39.99	2.28
49.54	60.00	9.95	29.78	49.96	1.92
49.54	70.06	7.93	29.78	60.00	1.64
49.54	80.11	6.48	29.78	70.06	1.42
49.54	90.12	5.43	29.78	80.11	1.24
46.50	24.95	27.55	29.78	90.12	1.08
46.50	25.00	17.45	29.78	24.99	3.01
46.50	29.99	14.89	9.87	24.94	1.22
46.50	39.99	11.21	9.87	29.92	1.09
46.50	49.91	8.80	9.87	39.94	0.91
46.50	59.93	7.05	9.87	49.93	0.77
46.50	69.95	5.76	9.87	59.96	0.68
46.50	80.00	4.78	9.87	24.95	1.21
46.50	90.00	4.04			

B.3.5 表面张力

Aogatykh 等（1966）测量了 $CaCl_2$ 水溶液的表面张力，实验数据见表 B-12。

CaCl$_2$ 水溶液表面张力　　　　表 B-12

温度\浓度	20℃	25℃	30℃	40℃	50℃	60℃	70℃	80℃
30%	86.10	—	85.00	83.90	82.70	81.55	80.30	78.75
35%	90.40	—	89.15	88.10	87.00	85.75	84.65	83.60
36%	90.90	—	89.75	88.80	87.50	86.40	85.25	84.00
37%	91.40	—	90.50	89.50	88.20	87.15	86.10	85.00
38%	91.90	—	91.20	90.20	89.10	88.00	86.85	85.70
39%	92.60	—	91.80	90.90	89.95	88.80	87.65	86.60
40%	93.50	—	92.80	92.00	90.90	89.80	88.70	87.60
41%	94.50	—	93.80	92.75	91.65	90.70	89.60	88.50
42%	95.15	—	94.40	93.40	92.35	91.35	90.25	89.10
43%	95.60	—	94.80	94.00	92.95	91.85	90.80	89.70
44%	96.00	—	95.35	94.50	93.40	92.35	91.25	90.15
45%	96.40	—	95.65	94.80	93.85	92.80	91.75	90.70

附录 C 除湿/再生单元模块性能测试

C.1 单元模块的构成

由于溶液除湿系统在去除潜热负荷上的优越性,近年来得到较快的发展。除湿器和再生器是溶液系统的主要部件,其传热传质效果直接影响整个溶液除湿系统的性能。由于热质交换效果的影响因素很多,如是否与外界有能量的交换、空气与溶液的接触形式、填料的形状和种类、空气与溶液的进口参数等等,难以通过理论分析和数值模拟方法,给出具体形式除湿器(或再生器)的性能,很多学者进行相关的实验研究工作,并在此基础上进行数值模拟分析。

根据除湿过程的外部投入能量条件,除湿器可分为绝热型和内冷型两种。绝热型除湿器中,溶液与空气的热质交换过程中无能量投入或输出;内冷型除湿器中,输入外界冷源带走除湿过程释放的热量以增强溶液的除湿效果。相同情况下,内冷型除湿装置的除湿效果优于绝热型除湿器,而且要求的溶液循环量较小,但其结构十分复杂,加工工艺(尤其防漏)要求复杂。为解决二者之间的矛盾,本文提出了溶液—湿空气接触的除湿单元模块(参见图 5-4),模块有级间流动的溶液、级内循环喷淋的溶液,外部冷却源。循环喷淋的溶液在进入热质交换填料之前,首先经过板式换热器由外部冷(热)源冷却(加热)溶液从而增强其除湿(加湿)能力。内部循环喷淋的溶液流量要满足传热传质的流量要求,外部流动的级间溶液流量满足温湿度匹配即可，因而后者的流量远小于前者的流量。溶液在除湿单元模块中共经历三个过程，有四个状态，一是级间流入溶液（1）与溶液槽内溶液（4）的混合过程，二是混合后的溶液（2）在溶液泵的作用下进入板式换热器的显热换热过程，三是换热后的溶液（3）经过布液装置喷淋而下，润湿填料，并与流过的空气进行热量和质量的交换过程，溶液流出填料的状态为（4）。这三个过程，第一个为溶液的混合过程，第二个为溶液与外界冷（热）源的显热换热过程，第三个为溶液与湿空气的联合热质交换过程。前两个过程研究的比较多，本文的实验研究重点为第三个过程。

文献的实验研究中，绝大多数是针对逆流塔状的除湿装置或再生装置。鉴于本文的研究对象是使用规整填料的叉流绝热型除湿装置和再生装置的联合热质交换性能，而文献中未见相关研究报道，所以搭建除湿和再生装置的性能测试平台，研究溶液与空气进口参数对热质交换效果的影响，为后面的理论分析奠定实验基础。

C.2 热质交换性能的测试

C.2.1 实验台工作原理

溶液除湿—再生系统实验台的工作原理如图 C-1 所示，主要由三部分组成：空气处理装置、溶液除湿再生环路、冷却水系统。空气处理装置包括表冷器、加热器、加湿器、风机等，用于控制进入热质交换模块（可作为除湿器或再生器）的空气参数。溶液除湿—再生环路包括热质交换模块、再生器、溶液槽、溶液泵等，其中热质交换模块（可作为除湿模块或再生模块使用）的性能是本实验台测试的核心内容，详见图 C-2。冷却水系统分别与溶液除湿部分和再生部分相连，前者用于调节进入热质交换模块的溶液温度，后者用于冷却从再生器流回的高温浓溶液，避免高温溶液对实验管路和其他装置造成的不良影响。溶液系统分为两个环路：除湿环路和再

附录 C 除湿/再生单元模块性能测试 337

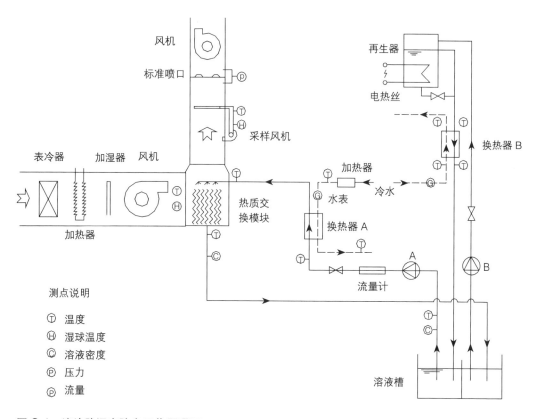

图 C-1 溶液除湿实验台工作原理图

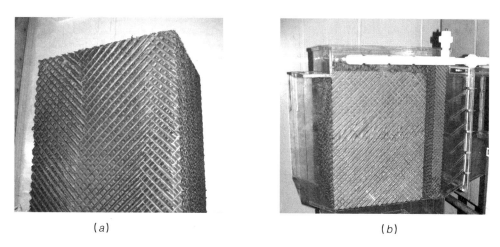

图 C-2 除湿单元模块

(a) Celdek 填料;(b) 热质交换单元模块

生环路，两个环路在溶液槽处交汇。溶液槽分隔溶液的功能使除湿环路的溶液泵 A 能从溶液槽中抽取浓度较高的溶液，通入热质交换模块顶部的布液装置，经除湿塔中的填料后溶液浓度降低，由重力流回溶液槽。而再生环路的溶液泵 B 则从溶液槽中抽取浓度较低的溶液，通入电加热再生器将稀溶液再生成浓溶液，同样也靠重力作用流回溶液槽。

采用变频风机调节空气流量，用表冷器、加热器和加湿器调节进入热质交换模块的空气温度和湿度。通过溶液环路上的调节阀改变溶液的流量，用再生器调节溶液进入热质交换模块的浓度，采用冷却水环路控制溶液的温度。当溶液泵 A、B 和电加热再生器开启时，热质交换模块作为除湿器使用，可以详细测试除湿器在不同进口条件下的工作性能。当电加热再生器关闭、冷却水环路的加热器开启时，热质交换模块作为再生器使用，可以测试再生器的工作性能。本文主要分析热质交换模块在除湿工况下的性能。

热质交换模块的气液接触形式为叉流，溶液自模块顶部的布液装置流下，在重力的作用下润湿填料，与空气完成热量和质量的交换。设置填料的目的，是为了增加空气和溶液的有效接触面积，从而增强其热质交换的能力。热质交换模块的外壁采用透明的有机玻璃板作为材料，可以方便地对模块内溶液的分布情况进行观测，填料选用 Celdek 7090 规整填料，除湿剂选用 LiBr 溶液。

溶液除湿实验台的测试，主要包括空气参数、溶液参数以及冷却水参数的测量。①空气参数的测量包括：干、湿球温度、风量。空气温湿度测点分别布置在热质交换模块的前后，采样装置由空气采样管、采样风机、测量盒等部件组成。采样装置由采样风机从采样管中抽取一个平面上的空气，然后通入测量盒中，测量盒的底部有一个小水槽，将湿球温度计的纱布放在水槽中可使其始终保持湿润，通过两个测点分别测量空气干、湿球温度。温度的测头采用 Pt 电阻温度计进行测量。风量的测量采用了标准喷嘴 GB14294，通过用微压差计测量喷嘴两侧的压差，从而计算出风量；②溶液参数的测量包括：温度、浓度和流量。溶液的温度采用 Pt 电阻温度计进行测量，浓度通过测量得到的溶液温度和密度计算得到，溶液流量通过玻璃转子流量计进行测量；③冷却水参数的测量包括：温度和流量。温度采用 Pt 电阻温度计测量，流量通过水表进行测量；④填料阻力测量装置。Pt 电阻温度测头，通过惠普 34970A 数据采集装置与电脑相连，在线读取数据。

C.2.2 除湿实验测试结果分析

为了得到不依赖于模块尺寸的性能参数表达式，实验测试了两种不同尺寸的除湿模块的压降和热质交换性能。两模块的实验工况变化范围参见表 C-1，实验 A 中除湿模块的高度、厚度和宽度分别为 550mm、400mm 和 350mm，实验 B 中除湿模块的相应尺寸分别为 550mm、300mm 和 350mm；实验 A 和 B 的数据组数分别为 201 组和 88 组。

传质系数可以采用无量纲数 Sh 来表征，根据两种不同尺寸的除湿模块的实验结果，可以得到如下关联式：

$$Sh = 0.0011 \cdot Re_a^{1.363} \cdot Sc_a^{0.333} \cdot \left(\frac{F_z}{F_a}\right)^{0.396} \cdot \left(1 - \frac{\xi}{100}\right)^{1.913} \quad (C-1)$$

NTU 可用 Sh 数表示为：

$$NTU = Sh \cdot \frac{\rho_a \cdot D_a \cdot a \cdot V}{M_a \cdot d_e} \quad (C-2)$$

式中，d_e 为填料的定性尺寸，将式（C-2）计算得到的 NTU 作为数学模型的输入条件，由此得到除湿模块内部的场分布情况与出口参数，采用

除湿实验中参数变化范围　　　　表 C-1

	空气进口参数			溶液进口参数		
	F_a[kg/(m²·s)]	t_a(℃)	ω_a(g/kg)	F_z[kg/(m²·s)]	t_z(℃)	ξ(%)
实验 A	1.58~2.43	24.7~33.9	10.5~21.1	2.12~4.55	20.1~29.5	42.6~54.8
实验 B	1.74~2.50	25.4~35.4	9.5~18.2	2.04~5.35	19.7~27.2	42.2~54.1

全热效率和除湿效率来衡量除湿模块的热质交换效果。全热效率定义为经过除湿器前后空气焓值的变化量与理想变化量的比值，除湿效率定义为空气含湿量变化与理想变化量的比值，两效率的计算式分别见式（C-3）和式（C-4）。

$$\eta_h = \frac{h_{a,in} - h_{a,out}}{h_{a,in} - h_{e,in}} \times 100\% \tag{C-3}$$

$$\eta_m = \frac{\omega_{a,in} - \omega_{a,out}}{\omega_{a,in} - \omega_{e,in}} \times 100\% \tag{C-4}$$

图 C-3 给出了用此方法计算得到的全热效率和除湿效率与实验数据的比较结果。对于实验 A 和实验 B 两种不同尺寸的除湿模块，全热效率的平均偏差分别为 7.9% 和 8.0%，除湿效率的平均偏差分别为 7.7% 和 10.4%，且所有数据的偏差基本都在 ±20% 以内。因此，可以采用式（C-1）和式（C-2）计算得到的 NTU 关联式作为数学模型的输入条件，从而计算得到不同模块尺寸下的热质交换性能。

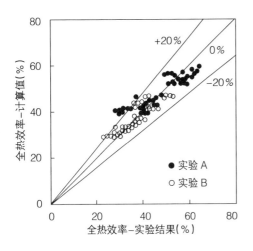 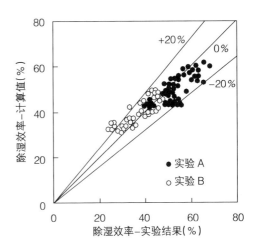

图 C-3 全热效率和除湿效率计算结果与实验结果的比较

(a) 全热效率；(b) 除湿效率

C.2.3 再生实验测试结果分析

再生实验过程中，实验模块的高度、厚度和宽度分别为550mm、400mm和350mm。实验参数的变化范围是：空气的流量1.37~2.19kg/(m²·s)，空气的进口温度28.6~36.4℃、进口含湿量12.6~22.4g/kg；溶液的流量2.50~4.48kg/(m²·s)，溶液的进口温度50.2~62.7℃、进口浓度38.4%~54.0%。

再生过程的传质关联式为：

$$Sh = 3.97 \times 10^{-6} \cdot Re_a^{1.608} \cdot Sc_a^{0.333} \cdot \left(\frac{F_z}{F_a}\right)^{0.606} \cdot \left(1 - \frac{\xi}{100}\right)^{-5.257} \quad (C-5)$$

将上式计算得到的传质系数作为数值模型的输入条件，即可得到数值模拟的计算结果。图C-4给出了全热效率与再生效率的计算结果与实验结果的比较。全热效率和再生效率预测结果与实验结果的平均偏差分别为7.0%和6.9%。

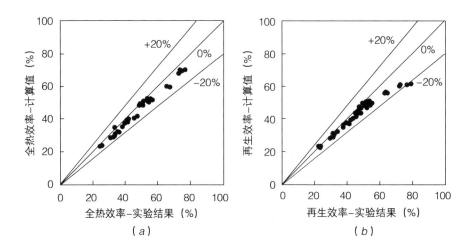

图C-4 全热效率和再生效率计算结果与实验结果的比较
(a) 全热效率；(b) 再生效率

C.3 流体力学性能的测试

C.3.1 阻力测量结果

两模块的压降测试结果,见图 C-5,填料压降均随着空气流量的增加而显著增大,受溶液流量的影响很小。当填料的迎面风速为 1.5m/s 时,厚度为 400mm 和 300mm 填料的压降损失分别约为 60Pa 和 42Pa。

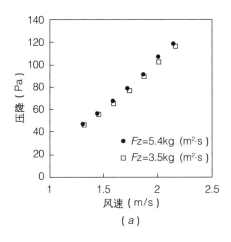
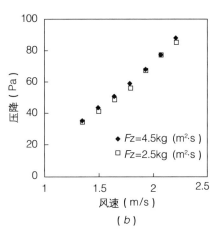

图 C-5 填料阻力测量结果
(a) 模块 A;(b) 模块 B

C.3.2 阻力的经验关联式

对于不同厚度的填料压降,可以采用单位填料厚度的压降 Δp^* 来统一表示,其定义关系如下,单位为 Pa/m:

$$\Delta p^* = \frac{\Delta p}{L} \tag{C-6}$$

将上述填料压降的实验结果表示成 Δp^* 与空气迎面风速 v_a 的关系,参见图 C-6。两种不同厚度的填料的实验结果有相同的规律,Δp^* 可以用相关的关联式表示:

$$\Delta p^* = c_0 + c_1 \cdot v_a + c_2 \cdot v_a^2 \quad \text{(C-7)}$$

式中，c_0、c_1 和 c_2 是拟和常数，分别为 -35.7、58.4 和 41.5。采用式（C-7）的拟和结果与实验结果的比较，见图 C-6，该拟和曲线可以很好的反映除湿模块的压降损失。

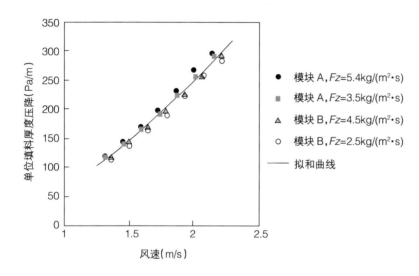

图 C-6　阻力测量结果与拟和结果比较

附录 D　湿空气处理过程的㶲分析

　　㶲（exergy）又称为可用能或者有用能，是指在一定参考状态下，能量中可以转化为有用功的部分，能够反映能量品位的高低。㶲分析是研究能量转化的重要方法，已在能源领域得到广泛的应用。空调领域的研究的对象是湿空气，湿空气的状态由温度和含湿量两个参数来表征。在处理湿空气的过程中既存在热量的传递又存在物质的传递（湿度的变化），使得湿空气的㶲分析复杂程度增加。在能源、化工、材料等领域的㶲分析方法已经发展得比较完善，很多可以借鉴到湿空气处理过程中，文献（San，1985；Cammarata 等人，1997；Fratzscher，1997）就是采用㶲分析方法来分析空调领域问题的尝试。但是，㶲分析至今却未能成功地用于空调系统的分析中，对空调系统各环节的能量转换状况未能做出指导性分析。实际上从上一世纪 70 年代开始，已有许多学者开始这方面的工作，但得到的许多结果并不能很好地解释空调系统中实际的能量转换现象，也不能对进一步提高空调系统的用能效率给出指导性意见。究其原因，是对㶲分析时的环境参考点选择的问题。例如，Wepfer 等人（1979）采用环境状态为参考点，在分析表冷器的㶲效率时，发现表冷器的㶲效率只有 26%，究其原因在于冷凝水带走的㶲与被处理空气带走的㶲几乎相等，而冷凝水的㶲在计算效率时不被考虑，导致表冷器输出的㶲很少；另外，在用同样的参考点分析等焓喷雾过程时，发现空气从㶲值低的状态自发的变化到了㶲值高的状态，整个过程㶲值竟然增加，这些结论显然是不合理的。

零㶲参考点的正确选择对空调领域内的分析结果有至关重要的意义，不适当的选择可导致得到不合理的结论，为此，需进一步探讨用于空调系统湿空气处理过程分析的零㶲参考点的选择问题。下面首先介绍目前学术界对零㶲点选择的讨论，然后提出笔者的意见和理由，最后根据本章提出的观点分析一些典型的问题，说明其应用方法和可能解决的问题。

D.1 湿空气的零㶲点

D.1.1 湿空气的零㶲点

从 60 年代末至今，关于㶲分析参考状态选择的讨论从来没有停止过。所谓参考状态是人为定义的一个环境状态，它实质是一个在一定压力下的无穷大的热源和无穷大的物质源。至今已经提出了许多环境模型来确定参考状态，如 Ahrendts（1980）、Szargut（1969，1980）、Kameyama 和 Yoshida（1982）、郑丹星（2002）等提出的环境模型等。这些模型并不是专门针对湿空气处理过程，而是涵盖了能源、化工、材料等诸多领域的㶲分析的参考点，其中包含了自然界中所有存在的物质，涉及到每种化学元素复杂形态。所有的环境模型，按照本章所关注的湿空气状态参考点的选取情况，可将它们分为以下三类：

（1）取环境大气参数作为㶲分析参考点；

（2）取环境大气平均气象参数作为㶲分析的参考点；

（3）取环境温度下的饱和空气状态为㶲分析的参考点。

Wepfer et al.（1979）选择 ARI 的标准室外工况作为湿空气的零㶲状态，推导了湿空气的㶲的表达式，并分析了几个基本的湿空气处理过程。Jung Yang San（1985）同样选择了该参考点，分析了转轮除湿冷却系统的㶲耗散。在 Moran（1989）及 Bejan 等（1996，1997）的著作中，对湿空气的㶲分析的理论进行综述，介绍及运用该理论时所采用的参考点也是室外空气状态。Cammarata 等（1997）选取室外空气状态作为零㶲参考点，对全空气系统进行了㶲经济分析及优化。以上的分析的共同特点都是选取室外状态为参考点。

J. Szargut 和 Styrylska（1969）提出考虑室外状态的波动，取某一时段平均气象参数为㶲分析的参考点。Brodjanskij（1996）总结了局部环境介质的概念，采用局部环境模型来分析热力过程；并且还进行了空调系统的㶲分析计算，选取的湿空气零㶲参考点为分时间和区段计算得到的环境参数平均值。该种参考点的取法跟第一种没有本质的区别，都是选取不饱和湿空气状态为参考点。

第三类参考点的选取方式就是考虑到湿空气与水的平衡状态，选择环境温度下饱和空气为零㶲参考点。Ahrendts（1980）的环境模型与 Kameyama 和 Yoshida（1982）环境模型就是选取饱和湿空气作为零㶲参考点。Koro Kato（1985）在对干燥过程进行㶲分析的时候，采用饱和湿空气作为零㶲参考点。另外，任承钦（2001）提出在分析间接蒸发冷却设备时，采用了室外状态的饱和点作为环境参考点。

以上介绍了目前几种典型的参考状态选择的方法，所谓参考状态是人为定义的一个环境状态，它实质是一个在一定压力下的无穷大的热源和无穷大的物质源。但是，参考状态不是随意选定的，Brodjanskij（1996）指出作为参考状态的环境介质模型应该具备以下 3 个条件：①与系统作用时能够保持不变；②环境介质应该在热力学平衡的范围内；③比较接近实际运行的条件或不能相差太远。在以上文献中，选择环境参考点的时候，关键是对水的处理，若认为液态水是环境中广泛存在的物质，则应选取饱和点为参考点；若得到液态水是需要付出代价的，则应当选取环境空气状态为参考点。这就是以上介绍的不同文献选取不同零㶲参考点的主要区别。下面，将针对空调系统具体的应用情况，来解决如何选取参考点的问题。

D.1.2 㶲分析参考点的确定

空气处理系统与外界既有物质的交换,又有能量的交换,属于敞开体系。空调系统工作的环境与室外湿空气和水有广泛的接触。实际的湿空气处理过程中,液态水可以认为能够无代价得到,可当作环境中无限大的质量源来考虑。比如冷却塔中蒸发的水,我们不必考虑得到这些水所需花费的热力学代价问题;在表冷器产生的冷凝水也排掉,而不会考虑它的利用价值。所以认为水有可用能的看法与对这一实际问题的观点不一致。

自然界中的空气作为无限大的热量源和自然界中的液态水作为水蒸气源同时存在,而在环境中二者之间往往没有达到热力学平衡态,环境空气经常是不饱和的,不饱和空气与水接触会自发发生水向空气中蒸发、空气趋向饱和态的过程,这种自发进行的过程进行的终点就是室外温度下的饱和湿空气状态。该饱和状态是热量源和质量源的平衡状态,应取它为空调工程中湿空气㶲分析中的环境参考点,即零㶲点。该点为水与湿空气这两个无限大源接触所能够实现的熵值最大的点。

当然,本章所考虑的空调系统,是针对绝大多数的空调系统情况。对于某些特殊环境,若不存在可任意吸取的液态水,则应将参考点选取在不饱和的大气状态,这是根据实际系统和环境特征来确定的。在这样的环境参考点下,水所具有的㶲,即是由液态水的状态变化到环境不饱和状态水蒸气,释放出的扩散㶲。Bejan(1999)介绍了如何计算水的扩散㶲。以湿空气的饱和状态为参考点,液态水由于与环境温度不同而具有热量㶲,而环境温度下的水㶲值为零。

如图 D-1 所示,参考点 (T_0, w_0) 针对每一个具体的室外状况来说是惟一的。根据该参考点,就可以计算各个状

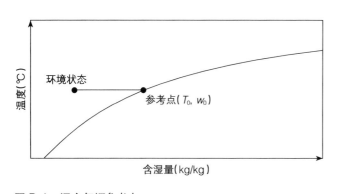

图 D-1 湿空气㶲参考点

态湿空气的㶲，就可以在复杂的温湿度交换过程中判断某一过程中的㶲的利用情况。而且，利用㶲分析方法可以分析自然界中不饱和大气中蕴藏的㶲。

下面介绍湿空气㶲值的计算方法。参考点的状态参数可表示为：大气压力 P_0(kPa)，环境温度为 T_0(K)，环境温度下的饱和含湿量为 w_0(kg/kg)。湿空气的㶲用 E 表示，根据 Bejan（1997）湿空气㶲的表达式，选择 (P_0, T_0, w_0) 为环境参考点，则任意湿空气状态 (P, T, w) 㶲的表达式为：

$$E = (c_{p,a} + wc_{p,v})T_0\left(\frac{T}{T_0} - 1 - \ln\frac{T}{T_0}\right) + (1 + 1.608w)R_aT_0\ln\frac{P}{P_0} +$$

$$R_aT_0\left[(1 + 1.608w)\ln\frac{1 + 1.608w_0}{1 + 1.608w_w} + 1.608w\ln\frac{w}{w_0}\right] \quad \text{(D-1)}$$

式中，干空气气体常数 $R_a = 0.287$kJ/(kg·K)；水蒸气的气体常数 $R_v = 0.461$kJ/(kg·K)；干空气的定压比热 $c_{p,a} = 1.003$kJ/(kg·K)；水蒸气的定压比热 $c_{p,v} = 1.872$kJ/(kg·K)。式（D-1）中的第一项表代表湿空气中热量㶲，即表示由于温差而具有的㶲；第二项代表机械㶲，在我们研究恒压开式系统范畴内，这一项为零，本文后文如无特殊说明，大气压都为 $P_0 = 101.3$kPa 的情况；第三项代表湿空气的化学㶲或称为扩散㶲，是在研究湿空气热力过程主要考虑的部分。

当确定参考点之后，就可以得到各个状态下湿空气的㶲值。图 D-2 为湿空气㶲值随温度 t 和含湿量 w 的变化情况，此时环境空气温度为 35℃，参考点的状态为 35℃、100% 相对湿度。

参考点选择在饱和状态，则常压下液态水可以被看作只具有热量㶲，而无化学㶲。由于湿空气处理中，参与过程中的水量相对很少，因此其热量㶲的影响通常也可忽略。

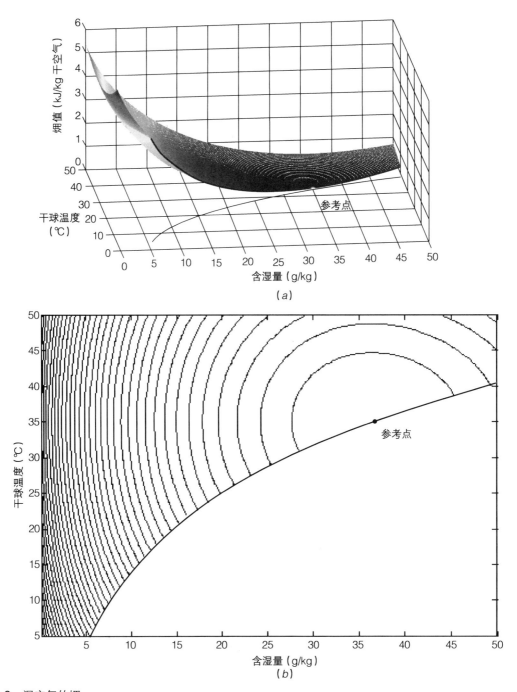

图 D-2 湿空气的㶲

(a) 曲面图；(b) 等值线图

D.2 㶲分析方法的应用

根据㶲分析方法可以判断湿空气处理过程进行需要付出或得到功的多少,进而可以判断哪个过程最省功;还可以通过对过程的㶲转化计算,得出过程进行的热力学极限;还可以根据㶲平衡结合热量平衡和质量平衡来判断过程进行的方向等。以下结合几个实例来说明㶲分析方法的应用。

D.2.1 依据㶲分析结果确定空调方案

空调系统中,新风的状态随着室外气候条件变化很大,送风和回风状态也会由于室内工况的波动而改变。单从节能的角度看,在新风处理到送风状态的代价小于回风处理到送风状态的代价时应该选取全新风运行;反之,则应尽量多利用回风来达到空气调节的目的。这里所说的代价是指热力学代价,即处理过程所要投入的有用功的多少,因此其判别的标准是㶲。㶲分析法是单纯从热力学角度进行分析得出结论的,而不涉及具体的空调设备。

比较新风或回风状态与要求的送风状态的㶲值,如果新风或回风的㶲值高于要求的送风状态的㶲值,则新风或回风经过一些特定的热力过程可以自发的变化到送风状态,不需要额外投入功。而如果二者的㶲值都低于要求的送风状态的㶲值,则相差小的需要投入的功较少,可以用图 D-3 所示的情况进行说明。图中表示出了湿空气的等㶲值线,湿空气的㶲值以参考点为中心,向四周㶲值逐渐增大。

室外状态点 O 的㶲值小于室内状态 N 的㶲值的情况见图 D-3 (a)。新风变化到送风所需投入㶲为:$W_1 = E_S - E_O$;回风变化到送风状态需要投入的㶲为:$W_2 = E_S - E_N$。由于 $E_N > E_O$,所以 $W_1 > W_2$,即利用回风的投入功会小于利用新风的投入功,因此该种情况应该尽量多利用回风。图 D-3 (a) 的工况发生在室外湿热的季节。但在室外干燥炎热夏季,有时会出现图 D-3 (b) 中的情况,新风的㶲值大于回风的㶲值,根据以㶲值大小来判断的原

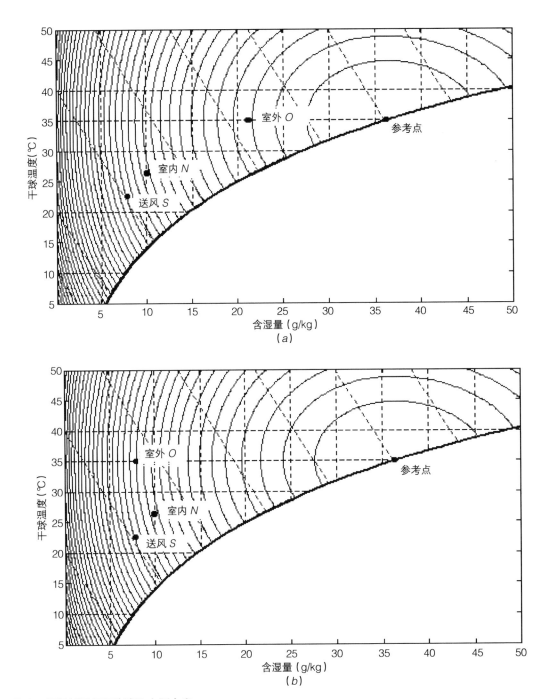

图 D-3　根据新回风焓值选取空调方案

(a) 室外焓值低于室内的情况；(b) 室外焓值高于室内的情况

则，此时应该选择全新风运行。

若不以㶲分析方法来判断，采用通常的以能量（焓）分析法来判断，则当室外空气的焓值高于室内空气的焓值（图 D-3（b）中就是这样）时，应该尽量利用室内回风，这种判断方法与采用㶲值判断的方法得到的结论是相悖的。表面上看来，处理室外空气所付出的能量由于处理的焓差大了而增大，但是这忽略了㶲值的作用，就像图 D-3（b）中 O 点的空气可以不费代价的变化到 N 点，也可通过间接蒸发冷却（详细分析见第 7 章 7.3 节）处理到要求的 S 点，而 N 点则不可能。

以上的结论与环境参考点的选取有很大的关系，若环境参考点选择在室外的不饱和空气点，则新风的㶲值恒为零，回风的㶲值恒大于新风，此时水的㶲值很大，根据新风和回风可以与水作用释放冷量㶲的能力决定选择回风还是新风。如采用间接蒸发冷却时，要把 O 点处理到 S 点，要使一部分液态水蒸发，并将蒸发出的水蒸气排除；当选择饱和态为零㶲参考点时，此部分液态水的㶲为零，而采用非饱和态为零㶲参考点时，这部分液态水具有很大的㶲。而在实际的空调系统中，我们不认为加入水做功与真正投入机械功等效。所以，选取室外温度下饱和点作为环境参考点来分析空调系统是合理的。

D.2.2 利用㶲平衡来判断过程进行的方向

要判断一个湿空气的热力过程是否可能进行，有如下几个平衡条件需要满足：能量平衡、质量平衡和㶲平衡。能量平衡在湿空气热力过程中可以理解为显热和潜热之间的平衡，或者说是焓的平衡；质量平衡主要指湿空气热力过程中水分的守恒关系；㶲平衡则是指过程进行前的㶲等于过程终止后的㶲与过程中㶲损失之和，其中㶲损失永远大于或等于零（理想可逆过程）。满足以上三个平衡后，才能确定过程如何进行。

虽然从热力学第二定律角度看，㶲是推动热力过程进行的动力，但是热力过程不一定是朝着㶲减少最显著的方向进行的，还受其他条件的限制，也就是说要满足其他几个平衡条件。

以绝热加湿过程为例,即空气与湿球温度的水接触的过程。首先,应满足能量平衡条件,由于整个过程没有外部的热量输入,所以湿空气自身焓值应该不变,即该过程应该沿着等焓线进行。然后,过程要满足㶲平衡才能自发进行,如图 D-4 所示,沿等焓线向饱和状态进行的过程㶲是减少的,即 $E_A > E_B$,所以该过程能够进行。A 到 B 的绝热加湿过程的㶲损失 $\Delta E = E_A - E_B$(以上讨论中忽略加湿中水的显热)。

显然,由 B 到 A 的绝热减湿过程虽然满足能量守恒的关系,但是,由于该过程是㶲增加的过程,所以不能自发进行,需要外部投入㶲才可能进行。

以上举的例子比较简单,对于复杂的热力系统,同样可应用上述原则判断过程能否自发进行。比如,一个系统有两股空气,一股空气出口的㶲升高了,另一股空气出口的㶲减少了,在满足热量、质量平衡的前提下,只有

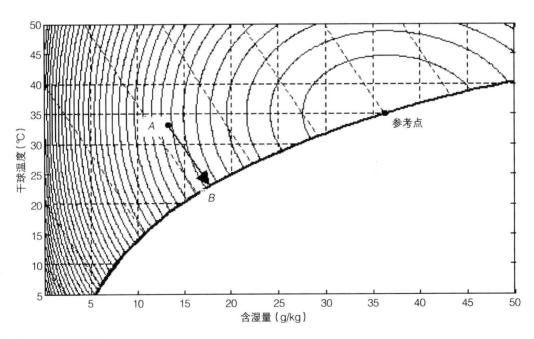

图 D-4 绝热加湿过程

在满足升高的㶲小于减少的㶲情况下，过程才能自发的进行；反之就要投入㶲才能使过程完成，投入㶲等于系统㶲的增加与系统㶲损失之和。

D.2.3　间接蒸发供冷装置的㶲分析

除了第 7 章 7.3 节介绍的产生冷水的间接蒸发冷却装置外，还可以利用间接蒸发冷却装置直接产生冷风，其工作原理见图 D-5。

产生冷风的间接蒸发冷却装置中，整个过程在温湿图上的变化过程，如图 D-6 所示。$A(T_A, w_A)$ 点为进口空气的状态，$L(T_L, w_A)$ 点为 A 的露点，排风为 $C(T_C, w_C)$ 点。根据图 D-5 的流程，室外空气 A 通过逆流换热器 1 与温度为 B 点的冷水换热后其温度降低至 A_1 点，状态为 A_1 的空气一部分携带冷量输出，另一部分与同其等焓的点 B 状态的水通过等焓加湿进行充分的热湿交换，使其达到 B 点。B 点状态的液态水进入换热器 1 以冷却空气。水的出口温度接近 A 的干球温度，再从塔顶淋下，与空气进行逆流的热湿交换。B 点状态的空气向上进入直接接触式热质交换装置 2，与顶部淋下的

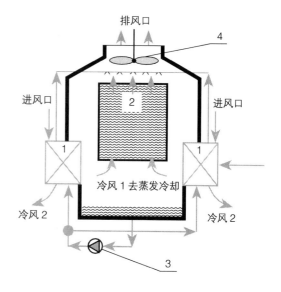

图 D-5　间接蒸发式供冷装置

1—空气—水逆流换热器；2—空气—水直接接触逆流换热器；3—循环水泵；4—风机

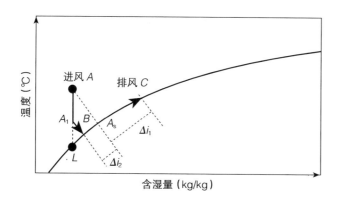

图 D-6　间接蒸发供冷装置空气处理过程

水逆流接触，进行热湿交换，沿饱和线升至点 C 后排出。

D.2.3.1 间接蒸发冷却过程的㶲平衡

根据图 D-6 所示的过程，可以推导得到该过程化学㶲与冷量㶲的转化关系。在整个过程中，如果排出的空气状态点 C 的温度与 A 点的温度相同，湿空气中的干空气由 A 状态到 C 状态没有变化，则整个过程输出冷量的过程为 L 状态（假设理想逆流换热，空气被冷却到露点）到 C 状态水分蒸发吸热的过程。

由于研究的是可逆过程，$A—C$ 过程可以等效为 $A—L—C$ 的过程，在 $A—L—C$ 过程中，干空气的状态是不变的，过程中间降温、升温的过程可以采用回热的方法来实现。那么，$A—C$ 㶲差即为 $L—C$ 过程水分蒸发所释放的冷量㶲。那么，对于 $L—C$ 过程进行冷量的积分即可得到 $A—C$ 的㶲差。下面是具体的推导过程。

对于某一不饱和的环境状态的空气 (T, w)，其水蒸气分压力 P（kPa）与含湿量 w（kg/kg 干空气）的关系为：

$$P = \frac{P_0}{\frac{0.622}{w} + 1} \tag{D-2}$$

或表示为：

$$w = 0.622 \frac{P}{P_0 - P} \tag{D-3}$$

根据 Clausius-Clapeyron 方程：

$$\ln P_s = \frac{-\Delta H_w}{R_v T_s} + A \tag{D-4}$$

式中，A 为常数，ΔH_w 为汽化潜热，kJ/kg，T_s 为对应 P_s 的水的饱和温度，K，R_v 为水蒸气的气体常数，kJ/(kg·K)；则：

$$T_s = \frac{\Delta H_w}{R_v(A - \ln P_s)} \tag{D-5}$$

蒸发冷却过程输出的冷量㶲为：

$$E = \int_w^{w_0} \left(\frac{T_0}{T_s} - 1\right) \cdot \Delta H_w \cdot dw = \int_w^{w_0} \left(\frac{R_v T_0 (A - \ln P_s)}{\Delta H_w} - 1\right) \cdot \Delta H_w \cdot dw$$

(D-6)

将式（D-2）中的 P 取为露点的分压力 P_s，则 $P_s = P$；设 C 点时饱和水蒸气分压力为 P_{0s}，则得到：

$$E = 0.622 P_0 \int_p^{p_{0s}} \frac{R_v T_0 A - R_v T_0 \ln p_s - \Delta H_w}{(P_0 - P_s)^2} dp_s \quad \text{(D-7)}$$

式（D-4），在 T_0，P_0 状态，表示为：

$$R_v T_0 \ln P_0 = -\Delta H_w + R_v T_0 A \quad \text{(D-8)}$$

式（D-8）带入式（D-7），整理得到：

$$E = 0.622 R_v T_0 \left(\frac{P}{P_0 - P} \ln \frac{P}{P_{0s}} + \ln \frac{P_0 - P}{P_0 - P_{0s}}\right)$$

上式可以进一步化简，R_a 为空气的气体常数，kJ/(kg·K)，$R_a = 1.608 R_v$：

$$E = (1 + 1.608 w) R_a T_0 \ln \frac{0.622 + w_0}{0.622 + w} + 1.608 w R_a T_0 \ln \frac{w}{w_0} \quad \text{(D-9)}$$

上式即为式（D-1）中的化学㶲（扩散㶲）部分。根据推导的过程不难看出，在参考温度下，不饱和湿空气 A 的扩散㶲等于在相应的饱和线（L—C）上加湿过程的蒸发吸热冷量㶲。

根据以上导出的关系，可以看出间接蒸发冷却过程输出冷量的极限，即输出冷量的最低温度为进气状态对应的露点温度；输出的冷量㶲数值上等于进气状态及与其对应的饱和状态的化学㶲的差，输出的冷量等于进气状态及与其对应的饱和状态的焓差。

D.2.3.2 间接蒸发冷却过程的不可逆因素

下面举例说明间接蒸发冷却过程的不匹配系数及㶲损失情况。图 D-7 是一个实际的间接蒸发冷却过程，产生 A 点状态的冷风。进风状态为 O，被换热器 1 冷却后状态为 A，而后沿 B—C 线在传热传质装置 2 中被加湿升温，t_w 和 t_{w1} 分别为传热传质装置 2 中水的进出口温度。C 点为排风。

采用同上一节中相同的计算条件,在 B—C 过程中风量不变(计算时取 1kg)的情况下,改变进口风量,并相应改变循环的水量以在换热器 1 中实现流体热容量流量相等,可得到不同情况下的㶲损失情况,如图 D-8。由图 D-8 可以得出,冷风量是参与间接蒸发冷却风量的 3 倍附近的时候,蒸发冷却过程输出的㶲最大。

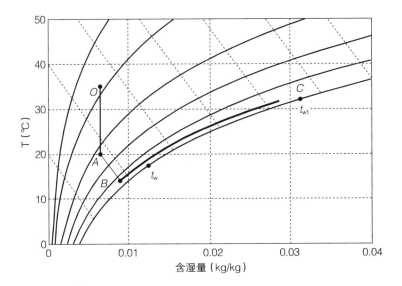

图 D-7 间接蒸发冷却实际过程

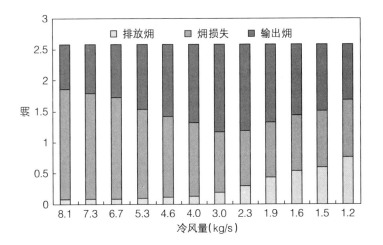

图 D-8 间接蒸发冷却过程㶲平衡

参考文献

一、相关国家法律、规范

1. 国标 GB50189—93．旅游旅馆建筑热工与空气调节节能设计标准．1994

2. 国标 GB9663—1996．旅店业卫生标准．1996

3. 国标 GB9664—1996．文化娱乐场所卫生标准．1996

4. 国标 GB9666—1996．理发店、美容店卫生标准．1996

5. 国标 GB9668—1996．体育馆卫生标准．1996

6. 国标 GB9669—1996．图书馆、博物馆、美术馆、展览馆卫生标准．1996

7. 国标 GB9670—1996．商场（店）、书店卫生标准．1996

8. 国标 GB9672—1996．公共交通等候室卫生标准．1996

9. 国标 GB9673—1996．公共交通工具卫生标准．1996

10. 国标 GB19577—2004．冷水机组能效限定值及能源效率等级．2004

二、相关专利

1. 江亿，李震，薛志峰．一种间接蒸发式供冷的方法及其装置．ZL 02100431.5，2002

2. 江亿，李震，薛志峰．一种逆流使温差相同进行热交换的空气-水换热器．ZL 02100432.3，2002

3. 江亿，李震，陈晓阳，刘晓华．一种卧式带预冷的逆流式冷却塔．ZL 02156413.2，2002

4. 江亿, 刘晓华, 李震. 一种液体除湿系统中吸湿溶液的再生装置. ZL 02155303.3, 2002

5. 李震, 江亿, 陈晓阳, 刘晓华. 双效冷热联供吸收机与溶液除湿空调相结合的循环系统. ZL 02288785.7, 2002

6. 李震, 陈晓阳, 刘晓华, 江亿. 一种利用吸湿溶液为循环工质的全热交换方法及其装置. ZL 02155301.7, 2002

7. 李震, 江亿, 陈晓阳, 刘晓华. 一种带热回收的空气除湿冷却装置. ZL 02289769.0, 2002

8. 李震, 陈晓阳, 江亿, 刘晓华. 利用溶液为媒介的全热交换装置. ZL 03251151.5, 2003

9. 李震, 刘晓华, 陈晓阳, 江亿. 一种溶液全热回收型新风空调机. ZL 03249067.4, 2003

10. 江亿, 李震, 刘晓华, 陈晓阳. 一种气液直接接触式全热换热装置. ZL 03249068.2, 2003

11. 江亿, 刘晓华, 陈晓阳, 李震. 利用吸湿溶液为循环工质的热回收型新风处理系统. ZL 200510011826.9, 2005

12. 江亿, 刘晓华, 陈晓阳, 李震. 一种带有全热回收回收装置的新风处理系统. ZL 200510011827.3, 2005

三、主要参考文献

1. 电子工业部第十设计研究院 主编. 空气调节设计手册（第二版）. 北京：中国建筑工业出版社, 1995

2. 赵荣义, 范存养, 薛殿华, 钱以明 编. 空气调节（第三版）. 北京：中国建筑工业出版社, 2000

3. 彦启森, 赵庆珠. 建筑热过程. 北京：中国建筑工业出版社, 1981

4. ASHRAE. ASHRAE Handbook – Fundamentals. Atlanta：American Society of Heating, Refrigerating and Air – Conditioning Engineers, Inc., USA, 2005

5. ASHRAE. ASHRAE Handbook – Fundamentals. Atlanta: American Society of Heating, Refrigerating and Air-Conditioning Engineers, Inc., USA, 2001

6. Fanger PO. Improving human productivity, comfort and health by increasing indoor air quality. Presatation in Tsinghua University, 2004

7. 魏庆芃. 辐射空调方式研究, 博士学位论文, 清华大学, 2004

8. Koschenz M, Dorer V. Interaction of an air system with concrete core conditioning, Energy and Buildings, 1999, 30 (2): 139 – 145

9. Roulet C, Rossy J, Roulet Y. Using large radiant panels for indoor climate conditioning, Energy and Buildings, 1999, 30 (2): 121 – 126

10. Nusselt W. Graphische Bestimmung des Winkelverhaltnisses bei der Wärmestrahlung, 1976, 72: 311 – 313

11. Murakami S, Kato S, Zeng J. Combined simulation of airflow, radiation and moisture transport for heat release from a human body. Building and Environment, 2000, 35: 489 – 500

12. Hosni MH, Jones BW, Sipes JM. Total Heat Gain and the Split Between Radiant and Convective Heat Gain from Office and Laboratory Equipment in Buildings. ASHRAE Transactions, 1998, 104 (1A): 356 – 365

13. Chapman KS, Zhang P. Radiant heat exchange calculations in radiantly heated and cooled enclosures. ASHRAE Transactions, 1995, 101 (1): 1236 – 1247

14. Chapman KS, Zhang P. Energy transfer simulation for radiantly heated and cooled enclosures. ASHRAE Transactions, 1996, 102 (1): 76 – 85

15. Feingold A, Gupta KG. New analytical approach to the evaluation of configuration factors in radiation from spheres and infinitely long cylinders. Journal of Heat Transfer Trans ASME, 1970, 92 (1): 69 – 76

16. Gagge AP, Fobelets AP, Berglund LG. A standard predictive index of human response to the thermal environment. ASHRAE Transactions, 1986, 92 (1): 709 – 731

17. 李强民. 置换通风原理、设计及应用, 暖通空调, 2000, 30 (5): 41-46

18. 周鹏, 李强民. 置换通风与冷却顶板, 暖通空调, 1998, 28 (5): 1-5

19. Jaakkola JJK, Heinonen OP, Seppaanen O. Sick building syndrome, sensation of dryness and thermal comfort in relation to room temperature in an office building: need for individual control of temperature, Environment International, 1989, 15 (1-6): 163-168

20. Bauman FS, Carter TG, Baughman AV, Arens EA. Field study of the impact of a desktop task/ambient conditioning system in an office building, ASHRAE Transactions, 1998, 104 (1): 1153-1171

21. 李俊. 个体送风特性及人体热反应研究, 博士学位论文, 清华大学, 2004

22. 欧阳沁. 建筑环境中气流动态特征与影响因素研究, 博士学位论文, 清华大学, 2005

23. 李先庭, 杨建荣, 王欣. 室内空气品质研究现状与发展. 暖通空调, 2000, 30 (3): 36-40

24. 朱明善, 刘颖, 林兆庄, 彭晓峰. 工程热力学, 清华大学出版社, 1995

25. 天津大学 编, 地下建筑的通风空调, 1972 年为空军班编写的教材

26. 中国化工装备总公司, 上海工程技术大学 组织编写. 塔填料产品及技术手册. 化学工业出版社, 1995

27. Waugaman D G, Kini A, Kettleborough C F. A review of desiccant cooling systems. Journal of Energy Resources Technology, 1993, 115 (1): 1-8

28. 李震, 江亿, 陈晓阳, 刘晓华. 除湿法空调及温湿度独立处理空调系统, 暖通空调, 2003, 33 (6): 26-29

29. 江亿, 李震, 陈晓阳, 刘晓华. 溶液式空调及其应用, 暖通空调, 2004, 34 (11): 88-97

30. 铃木谦一郎, 大矢信男 著. 李先瑞 译. 除湿设计. 中国建筑工业出版社, 1983

31. Albers WF, Beckman JR. Method and apparatus for simultaneous heat and mass transfer. U.S. Patent 4982782, 1991

32. 李震. 湿空气处理过程热力学分析方法及其在溶液除湿空调中应用, 博士学位论文, 清华大学, 2004

33. 张立志 编著. 除湿技术. 北京: 化学工业出版社, 2005

34. 李震, 江亿, 刘晓华, 曲凯阳. 从建筑物内除湿过程的能效分析, 暖通空调, 2005, 35 (1): 90-96

35. 陈晓阳. 溶液式空调系统的应用研究, 硕士学位论文, 清华大学, 2005

36. Kessling W, Laevemann E, Kapfhammer C. Energy storage for desiccant cooling systems component development. Solar Energy, 1998, 64 (4-6): 209-221

37. 张小松, 费秀峰. 溶液除湿蒸发冷却系统及其蓄能特性初步研究. 大连理工大学学报 2001, 41 (S1): 30-33

38. 赵云, 施明恒. 太阳能液体除湿空调系统中除湿器形式的选择. 太阳能学报, 2002, 23 (1): 32-35

39. Chung TW, Ghosh TK, Hines AL, et al. Dehumidification of moist air with simultaneous removal of selected indoor pollutants by triethylene glycol solutions in a packed-bed absorber. Separation Science and Technology, 1995, 30 (7-9): 1809-1832

40. 张伟荣, 曲凯阳, 刘晓华, 常晓敏. 溶液除湿方式对室内空气品质的影响的初步研究. 暖通空调, 2004, 34 (11): 114-117

41. 可吸入颗粒物采样报告. 北京环科除尘设备检测中心, 2004

42. 溴化锂、氯化锂混合液灭活SARS病毒的检测及其结果. 中国疾病预防控制中心（CDC）病毒病预防控制所, 2003

43. Khan AY. Cooling and dehumidification performance analysis of internally-cooled liquid desiccant absorbers. Applied Thermal Engineering, 1998, 18 (5): 265-281

44. Stevens DI, Braun JE, Klein SA. An effectiveness model of liquid-desiccant

system heat/mass exchangers. Solar energy, 1989, 42 (6): 449 – 455

45. 刘晓华, 江亿等. 溶液全热回收装置及其优化分析. 拟投稿. 2005

46. Li Zhen, Liu Xiaohua, Jiang Yi, Chen Xiaoyang. New type of fresh air processor with liquid desiccant total heat recovery. Energy and Buildings, 2005, 37 (6): 587 – 593

47. 刘晓华, 李震, 江亿. 溶液全热回收装置与热泵系统结合的新风机组. 暖通空调, 2004, 34 (11): 98 – 102

48. 刘晓华, 李震, 江亿, 陈晓阳. 溶液全热回收器与单级喷淋模块结合的新风机组. 清华大学学报. 2004, 44 (12): 1626 – 1629

49. X. H. Liu, K. C. Geng, B. R. Lin, Y. Jiang. Combined Cogeneration and Liquid Desiccant System Applied in a Demonstration Building. Energy and Buildings, 2004, 36 (9): 945 – 953

50. 陈晓阳, 江亿, 李震. 湿度独立控制空调系统的工程实践, 暖通空调, 2004, 34 (11): 103 – 109

51. 薛志峰 等著. 建筑节能技术与实践丛书——超低能耗建筑技术及应用. 北京: 中国建筑工业出版社, 2005

52. 倪真, 贾学斌. 水源热泵深井水循环系统的分析与研究, 安装, 2003, 5: 16 – 18

53. 辛长征. 深井回灌式水源热泵系统耦合传热研究, 硕士学位论文, 清华大学, 2003

54. 查普曼 著, 何用梅 译. 传热学. 北京: 冶金工业出版社, 1986

55. 陈矣人, 周春风, 叶瑞芳. 关于地源水环热泵中央空调系统设计的讨论, 建筑热能通风空调, 2002, 3: 64 – 66

56. 李元旦, 张旭. 土壤源热泵的国内外研究和应用现状及展望, 制冷空调与电力机械, 2002, 23 (1): 4 – 7

57. 丁力行, 陈季芬, 彭梦珑. 土壤源热泵垂直单埋管换热性能影响因素研究, 流体机械, 2002, 30 (3): 47 – 49

58. 张开犁. 垂直埋管土壤源热泵（U-TUBE）的供暖供冷研究. 青岛：青岛建筑工程学院硕士学位论文，2000

59. 刘宪英，胡鸣明. 地热源热泵地下埋管换热器传热模型的综述，重庆建筑大学学报，1999，21（4）：20-26

60. 周亚素，张旭，陈沛霖. 土壤源热泵埋地换热器传热性能影响因素分析. 全国暖通空调制冷2002年学术年会论文集. 2002，414-417

61. 中国气象局气象信息中心气象资料室，清华大学建筑技术科学系 编著. 中国建筑热环境分析专用气象数据集. 北京：中国建筑工业出版社，2005.

62. 谢晓云，江亿，陈晓阳，曲凯阳. 利用盐溶液制备冷水的冷水机组，暖通空调，2004，34（11）：110-113

63. 开利公司. 开利风机盘管样本，2005

64. Danfoss公司. Danfoss风机盘管样本，2004

65. 彦启森，石文星，田长青 编著. 空气调节用制冷技术（第三版）. 北京：建筑工业出版社，2004

66. 戴永庆 主编. 溴化锂吸收式制冷技术及应用. 北京：机械工业出版社，1996

67. Winandy E, Saavedra O, Lebrun J. Experimental analysis and simplified modeling of a hermetic scroll refrigeration compressor. Applied Thermal Engineering, 2002, 22 (2): 107-120

68. 缪道平，吴业正. 制冷压缩机. 北京：机械工业出版社，2001

69. BITZER公司产品样本，制冷压缩机. 2003

70. 叶振邦，常鸿寿 编. 离心式制冷压缩机. 北京：机械工业出版社，1981

71. Mitsubishi Heavy Industries, LTD. High efficient chiller "MicroTurbo" is the best suited for building energy efficiency, The First Building energy efficiency Forum in Tsinghua University. Mar 22-25, 2005, Tsinghua University, Beijing, China

72. Mitsubishi Heavy Industries, LTD. MHI Turbo Chiller Microturbo Series "W" MTWC175/350 (for R134a refrigerant) Operating & Maintenance Manual, Issued in November, 2004

73. 林波荣. 绿化对室外热环境影响的研究, 博士学位论文, 清华大学, 2004

74. 张景群, 徐钊, 吴宽让. 40 种木本植物水分蒸发所需热能估算与燃烧性分类. 西南林学院学报, 1999, 19 (3): 170 – 175

四、附录的参考文献

1. Fanger PO. Thermal Comfort, Reprint Edition. Robert E. Krieger Publishing Company, USA, 1982

2. Horikoshi T, Tsuchikawa T, Kobayashi Y, et al. The effective radiation area and angle factor between man and a rectangular plane near him. ASHRAE Transactions, 1990, 96 (1): 60 – 66

3. Jones BW, McCullough EA, Hong S. Detailed projected area data for the human body. ASHRAE Transactions, 1998, 104 (2): 1327 – 1339

4. Kalisperis LN, Steinman M, Summers LH. Expanded research on human shape factors for inclined surfaces. Energy and Buildings, 1991, 17: 283 – 295

5. Rizzo G, Franzitta G, Cannistraro G. Algorithms for the calculation of the mean projected area factors of seated and standing persons. Energy and Buildings, 1991, 17: 221 – 230

6. Cannistraro G, Franzitta G, Giaconia C, Rizzo G. Algorithms for the calculation of the view factors between human body and rectangular surfaces in parallelepiped environments. Energy and Buildings, 1992, 19: 51 – 60

7. Ozeki Y, Konishi M, Narita C, Tanabe S. Angle factors between human body and rectangular planes calculated by a numerical model. ASHRAE Transactions, 2000, 106 (PA): 511 – 520

8. Matsuki N, Nakano Y, Miyanaga T, et al. Performance of radiant cooling system integrated with ice storage. Energy and Buildings, 1999, 30: 177 – 183

9. Omori T, et al. Accurate Monte Carlo Simulation of Radiative Heat Transfer with Unstructured Grid Systems. Proceeding of 11th International Symposium on Transport Phenomena, G. J. Hwang ed. , 1998, 567 – 573

10. Gebhart B. A new method for calculating radiant exchanges. ASHRAE Transactions, 1959, 65: 321 – 3

11. Hottel HC. Radiant – Heat Transmission, in William H. McAdams (ed.), New York, 1954

12. Siegel R, Howell JR. Thermal Radiation Heat Transfer (4th edition). New York: Taylor & Francis, 2002

13. 国产溴化锂水溶液物性图表集. 舰船辅助机电设备编辑组, 1976

14. Kaita Y. Thermodynamic properties of lithium bromide-water solutions at high temperatures, International Journal of Refrigeration, 2001, 24 (5): 374 – 390

15. Wimby JM, Berntsson TS. Viscosity and Density of Aqueous Solutions of LiBr, LiCl, $ZnBr_2$, $CaCl_2$, and $LiNO_3$. 1. Single Salt Solutions, Journal of Chemical and Engineering Data, 1994, 39 (1): 68 – 72

16. Bogatykh SA, Evnovich ID, Sidorov VM. Investigation of the surface tension of LiCl, LiBr, and $CaCl_2$ aqueous solutions in relation to conditions of gas drying, Journal of Applied Chemistry. 1966, 39: 2432 – 2433

17. Conde MR. Properties of aqueous solutions of lithium and calcium chlorides: formulations for use in air conditioning equipment design, International Journal of Thermal sciences, 2004, 43 (4): 367 – 382

18. 刘晓华, 张岩, 张伟荣, 等. 溶液除湿过程热质交换规律分析. 暖通空调, 2005, 35 (1): 110 – 114

19. 刘晓华, 曲凯阳, 江亿. 盐溶液与空气接触的除湿单元模块性能研究. 太阳能学报. 已录用, 2005

20. Cammarata G, Fichera A, Mammino L, Marletta L. Exergonomic Optimization of an Air – conditioning System, Journal of Energy resources Technology, 1997, 119: 62 – 69

21. Fratzscher W. Exergy and Possible Applications, Rev Gen Therm, 1997, 36: 690 – 696

22. Wepfer WJ, Gaggioli RA, Obert EF. Proper Evaluation of Available Energy for HVAC, ASHRAE Transactions, 1979, 85 (1): 214 – 230

23. San JY. Exergy Analysis of Desiccant Cooling Systems, Ph. D Thesis Illinois Institute of Technology, 1985

24. Szargut J, Styrylska T. Die Exergetische Analyse Von Prozenssen der feuchten Luft, Heiz. – Lueft – Haustech, 1969, 20: 173 – 178

25. Szargut J. International Progress in Second Law Analysis, Energy, 1979, 5 (8 – 9): 709 – 718

26. Ahrendts J, Reference States, Energy, 1980, 5 (8 – 9): 667 – 677

27. Kameyama H, Yoshida K, Yamauchi S, Fueki K. Evaluation of Reference Exergies for the Elements, Applied Energy, 1982, 11 (1): 69 – 83

28. Moran MJ. Availability Analysis: A Guide to Efficient Use, ASME Press, New York, 1989

29. Bejan A, Tsatsaronis G, Moran M. Thermal Design and Optimization, Wiley, New York, 1996

30. Bejan A. Thermodynamic Engineering Thermodynamics (Second Edition), John Wiley & Sons, New York, 1997

31. Kato K. Exergy Evaluation in Grain Drying, Drying's 85, Hemisphere Pub Corp, 1985

32. Bejan A. Energy and the Environment, Kluwer Academic Pub, 1999

33. Brodjanskij BW. 㶲方法及其应用（王加旋译），中国电力出版社，1996

34. 郑丹星，武向红，郑大山. 㶲函数热力学一致性基础，化工学报，2002，

57（7）：673－679

35. 任承钦. 蒸发冷却㶲分析及板式换热器的设计与模拟研究，博士学位论文，湖南大学，2001

36. 李震，江亿，刘晓华，谢晓云. 湿空气处理的㶲分析. 暖通空调，2005，35（1）：97－102